ENGINEERING MATHEMATICS with MATLAB®

 제2판

공학수학

with MATLAB®(상)

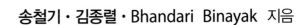

송철기 · 김종렬 · Bhandari Binayak 지음

 한티미디어

저자소개

송철기 교수   현) 경상대학교 기계공학부, 공학연구원(ERI), cksong@gnu.ac.kr
서울대학교 대학원 기계설계학과 졸업(공학박사, 공학석사)
서울대학교 기계공학과 졸업(공학사)
University of California, Berkeley 기계공학과, 방문교수

수상 : 1992년 대통령상 수상, 2011년 교육과학기술부장관상 수상
2013년 국토교통부장관상 수상, 2015년 중소기업청장상 수상
2017년 산업통상자원부장관상 수상, 2021년 중소벤처기업부장관상 수상

김종렬 교수   현) 세종대학교 전자정보통신공학과, jrkim@sejong.ac.kr
한국과학기술원 물리학과 졸업(이학박사)
서울대학교 대학원 물리학과 졸업(이학석사)
서울대학교 자연과학대학 물리학과 졸업(이학사)
삼성종합기술원, 삼성전자, 수석연구원

Bhandari Binayak 교수   현) 우송대학교 글로벌철도융합학과, binayak@sis.ac.kr
서울대학교 대학원 기계항공공학부 졸업(공학박사)
명지대학교 대학원 기계공학과 졸업(공학석사)
Nepal Kathmandu University 기계공학과 졸업(공학사)

공학수학 with MATLAB® (상) 제2판

발행일   2022년 2월 15일 1쇄
지은이   송철기·김종렬·Bhandari Binayak
펴낸이   김준호
펴낸곳   한티미디어 | **주 소**   서울시 마포구 동교로 23길 67 Y빌딩 3층
등 록   제15–571호 2006년 5월 15일
전 화   02)332–7993~4 | **팩 스**   02)332–7995
ISBN   978–89–6421–433–6 (93410)
가 격   27,000원

마케팅   노호근 박재인 최상욱 김원국 김택성 | **관 리**   김지영 문지희
편 집   김은수 유채원 | **본 문**   이경은 | **표 지**   유채원

이 책에 대한 의견이나 잘못된 내용에 대한 수정 정보는 한티미디어 홈페이지나 이메일로 알려주십시오.
독자님의 의견을 충분히 반영하도록 늘 노력하겠습니다.

홈페이지 www.hanteemedia.co.kr | **이메일**   hantee@hanteemedia.co.kr

PREFACE

공학수학은 공학을 전공하는 모든 학생들이 공통으로 이수하여야 하는 필수적인 교과목이다.

그동안 좋은 내용의 외국의 공학수학 서적들이 많이 출판되어 공학수학을 보다 쉽게 이해할 수 있도록 발전해 왔다. 여러 가지 우수한 외국서적들과 더불어 관련 번역서들도 많이 출판되었지만, 외국어 전공서적에 익숙하지 않은 일부 학생들은 내용을 확실하게 이해하지 못하기도 하였고, 번역서들 중 일부는 실제로 대학에서 한 학기 동안 가르칠 수 있는 분량을 초과하여 서술되어 있다. 또한 대부분의 외국서적들이 그렇듯이 본문의 설명이 필요 이상으로 장황하여 초점을 흐리는 경우가 있어, 간결하게 정리된 입시서적으로 공부하던 우리나라 학생들에게 생경한 느낌을 주기도 하였다. 더불어 일부 외국서적들은 연습문제의 분량이 과도하게 많고 난이도의 폭이 넓어서, 정확한 개념을 효율적으로 정리하기 힘든 경우가 발생하기도 하였다.

본 교재에서는 이러한 문제점들을 보완함으로써, 국내 대학들의 교육 여건을 반영한 공학수학 교재가 될 수 있도록 노력하였다. 본 교재의 특징은 다음과 같다.

첫째, 본문은 원리와 개념 위주로 설명을 간단명료하게 하였다. 또한 개념 정리를 위하여 **CORE** , **별해** 와 **검토** 로 분류하였다.

둘째, 예제와 연습문제로 분류하였으며, 연습문제를 예제 유형별로 정리하였다. 또한 각 단원에 기계공학, 전기전자, 화학공학 등의 응용문제를 추가하였다.

셋째, 수치해석법을 추가하였으며, MATLAB을 활용하여 내용을 더 확실하게 이해할 수 있도록 전개하였다.

넷째, 계산이 지나치게 복잡한 기본 및 응용문제들을 가급적 배제하고, 식의 의미를 정확히 파악하여 개념을 정리할 수 있는 문제들을 중심으로 편성하였다.

다섯째, 내용이 비교적 어려운 단원들을 *(선택 가능)으로 별도로 분류하고 상세히 설명하였다.

여섯째, 국내 대학들의 교육 여건에 맞게 연습문제 문항 수를 조절하였으며, 상권과 하권을, 각각 한 학기 동안 적절하게 배울 수 있는 분량으로 조정하였다.

아무쪼록 본 교재로 공부하는 공학도들에게 많은 도움이 되기를 바란다. 그리고 본 교재의 모든 문제를 풀어보면서 내용을 검토하고 교정을 도와준, 사랑하는 아들 재용에게 깊은 감사의 마음을 전한다. 또한 본 교재를 제작하는 데 노고를 아끼지 않으신 한티미디어 관계자분들께 심심한 감사를 드린다.

2022. 1.
저자 송철기, 김종렬

CONTENTS

CHAPTER 2   2계 선형 상미분방정식   85

CHAPTER 3 고계 선형상미분방정식

CHAPTER 4   Laplace 변환 (Laplace Transform)   177

CHAPTER 5 상미분방정식의 급수해

APPENDIX A

CHAPTER

1

Engineering Mathematics with MATLAB

1계 상미분방정식

고전역학의 기본이 되는 뉴턴의 운동법칙(Newton's law)에서는 물체의 위치를 시간의 함수로 나타내고, 이를 미분한 속도, 속도를 다시 미분한 가속도의 개념을 도입함으로써, 힘, 운동량, 및 에너지 등의 물리적 개념을 미분방정식으로 표현하고 있다.

따라서 미분방정식은 전기-전자공학, 구조역학, 동역학, 열역학, 유체역학, 및 항공역학 등 거의 모든 공학 및 물리학의 기본이 되고 있다.

이 장에서는 미분방정식의 가장 간단한 형태인 1계 상미분방정식을 학습하도록 한다. 미분방정식에 관한 기본 용어, 미분방정식(differential equation)의 해(solution), 초기값 문제(initial value problem) 등을 익히게 된다. 또한, 1계 상미분방정식의 여러 형태, 즉, 분리가능 상미분방정식(1.2절), 완전 상미분방정식과 적분인자(1.3절), 1계 선형 상미분방정식의 표준형 등에 대한 풀이법(1.4절)을 배운다.

미분방정식에서는 주어진 미분방정식으로부터 해를 구한 후, 그 구해진 해를 다시 미분방정식에 대입하는 검토 과정이 필수적이다.

1계 상미분방정식이 실제 열전달, 유체역학, 방사능, 전기회로 등에서 적용되어 응용된다(1.5절).

또한 수치해법(numerical method)을 이용하여 미분방정식의 근사해를 구하는 방법을 설명할 것이며(1.6절), 상용 프로그램인 MATLAB을 이용하여 미분방정식의 해를 쉽게 도시하는 방법과 미분방정식의 해를 직접적으로 구하는 방법을 배우게 된다(1.7절).

1.1 미분방정식과 그 해

1.1.1 미분방정식(differential equation)의 기본

물리적 현상을 해석하고자 할 때에는, 그 물리적 현상을 여러 변수 및 함수를 이용하여 수학적으로 수식화(formulation)하며, 이렇게 만들어진 수식을 수학적 모형(mathematical model)이라 한다. 또한 이러한 수식화 과정을 수학적 모형화(mathematical modeling)라 한다.

대부분의 물리적 개념을 가진 수학적 모형은 도함수를 포함한 방정식으로 표현된다. 따라서, 이를 미분방정식이라 부른다. 이 미분방정식을 만족하는 해를 구하고, 그 해의 특성을 분석함으로써 물리적 특성을 이해하게 된다.

1.1.2 1계 미분방정식(the first order differential equation)

미분방정식에 포함된 가장 높은 계수의 도함수가 n계이면, 그 미분방정식을 n계 (order n) 미분방정식이라 한다. 본 장에서는 1계 미분방정식을 고려하기로 하자.

즉, 1계 미분방정식에서는 $y'\left(= \dfrac{dy}{dx}\right)$, y, x 등으로 구성된 식을 다룬다.

1.1.3 상미분방정식과 편미분방정식
(ordinary differential equation and partial differential equation)

상미분방정식(ordinary differential equation)은 1계 또는 고계의 도함수를 포함한다. 상미분방정식의 예는 다음과 같다.

$$y' = xy \tag{1.1}$$

$$y'' + 2y' + 9y = e^{-x} \tag{1.2}$$

$$y''' - 3y' = 0 \tag{1.3}$$

여기서, (종속)변수 y는 (독립)변수 x의 함수, 즉, $y = y(x)$이며, y'', y'''는 각각 d^2y/dx^2, d^3y/dx^3을 의미한다.

반면에 편미분방정식(partial differential equation)은 두 개 또는 그 이상의 (독립)변수를 가진 편도함수를 포함한다. 편미분방정식의 예는 다음과 같다.

$$\frac{\partial^2 u}{\partial x^2} + \frac{\partial^2 u}{\partial y^2} = 0 \tag{1.4}$$

여기서, u는 두 개의 변수 x, y를 갖는 함수, 즉, $u = u(x, y)$이다. 편미분방정식은 공학에서 중요하게 응용되지만, 학습의 효율성을 위하여 하권의 제11장에서 배우게 될 것이다.

1.1.4 미분방정식의 표현 방법

일반적으로 방정식의 표현에는 두 가지 방법, 즉 암시형(또는 음형태, implicit form)과 명시형(또는 양형태, explicit form)이 있다. 예를 들면, 반지름 2인 원의 방정식 $x^2 + y^2 = 4$는 암시형 표현이며, $y = \pm\sqrt{4 - x^2}$은 명시형 표현이다.

따라서, 1계 상미분방정식은 다음과 같이 두 가지 형식으로 표현될 수 있다.

$$F(x, y, y') = 0 \tag{1.5}$$

$$y' = f(x, y) \tag{1.6}$$

여기서, 식 (1.5)는 암시형 표현이며, 식 (1.6)은 명시형 표현이다. 예를 들면, $x^{-2}y' - 3y^2 = 0$은 암시형 표현이며, $y' = 3x^2y^2$은 명시형 표현이다.

1.1.5 미분방정식의 해(solution)

반지름 2인 원 주위를 회전하는 시스템에서, 회전각 x에 대한 높이 y를 다음과 같이 표현할 수 있다.

$$y = 2\sin x \tag{1.7}$$

이를 미분하면 $y' = 2\cos x$가 되어, 이를 만족하는 미분방정식은 다음과 같다.

$$y'^2 + y^2 = 4 \tag{1.8}$$

따라서, 식 (1.7)로 만들어지는 미분방정식이 바로 식 (1.8)이 되며, 또한 미분방정식 (1.8)을 만족하는 하나의 해가 식 (1.7)이다.

 예제 1.1

다음 물음에 답하라.

(a) $y = \dfrac{2}{x}$가 상미분방정식 $xy' = -y$의 해임을 증명하라.

(b) $y = Ce^{2x}$ (C는 상수)이 상미분방정식 $y' = 2y$의 해임을 증명하라.

풀이

(a) $y' = -2/x^2$이므로

　　좌변 : $xy' = -2/x$

　　우변 : $-y = -2/x$

　　따라서, (좌변) = (우변) 이므로 증명 끝

(b) 좌변 : $y' = 2Ce^{2x}$

　　우변 : $2y = 2Ce^{2x}$

　　따라서, (좌변) = (우변) 이므로 증명 끝

⚙ 예제 1.2

다음의 해를 구하라.

(a) $y' = \sin x + 2$

(b) $y' = \dfrac{1}{1 + x^2}$

(c) $y' = \dfrac{1}{1 - x^2}$

(d) $y' = \dfrac{f'(x)}{f(x)}$

풀이

(a) $y = \displaystyle\int (\sin x + 2)\,dx = -\cos x + 2x + C$ (C는 적분상수)

(b) $y = \displaystyle\int \dfrac{1}{1 + x^2}\,dx$ 에서

$$x = \tan\theta \quad \left(|\theta| < \frac{\pi}{2}\right)$$

로 치환하면, $dx = \sec^2\theta\,d\theta$ 이며, $1 + x^2 = 1 + \tan^2\theta = \sec^2\theta$ 이다. 이를 본 식에 대입하면

$$y = \int \frac{1}{1 + x^2}\,dx = \int \frac{1}{\sec^2\theta}\sec^2\theta\,d\theta = \theta + C = \arctan x + C \quad (C\text{는 적분상수})$$

가 된다.

(c) $\dfrac{1}{1 - x^2} = \dfrac{1}{2}\left(\dfrac{1}{1 + x} + \dfrac{1}{1 - x}\right)$

로 부분분수 전개되므로

$$dy = \frac{1}{2}\left(\frac{1}{1 + x} + \frac{1}{1 - x}\right)dx$$

따라서

$$y = \frac{1}{2}\left(\ln|1 + x| - \ln|1 - x|\right) + C$$

$$= \frac{1}{2}\ln\left|\frac{1 + x}{1 - x}\right| + C \ (C\text{는 적분상수})$$

가 된다.

(d) $dy = \dfrac{f'(x)}{f(x)} dx$

따라서

$$y = \ln|f(x)| + C \,(C는 \text{ 적분상수})$$

가 된다.

답 (a) $y = -\cos x + 2x + C,$ (b) $y = \arctan x + C,$

(c) $y = \dfrac{1}{2}\ln\left|\dfrac{1+x}{1-x}\right| + C,$ (d) $y = \ln|f(x)| + C$

1.1.6 초기값 문제(initial value problem)

일반적으로 상미분방정식의 일반해(general solution)는 적분상수를 포함하여 무수히 많은 해를 가지므로, 초기조건(initial condition)을 이용하여 특수해(particular solution)를 구하게 된다. 이와 같이 초기조건을 갖고 있는 상미분방정식을 초기값 문제(initial value problem, IVP)라 한다. 즉, 초기값 문제는 다음과 같은 형태로 표현된다.

$$y' = f(x, y), \quad y(x_0) = y_0 \tag{1.9}$$

예제 1.3

다음의 초기값 문제를 풀어라.

$$y' = 2y, \quad y(0) = 3$$

풀이

예제 1.1의 (b)에서 $y' = 2y$의 해가

$$y = Ce^{2x} \,(C는 \text{ 상수})$$

임을 알았다.

(이에 대한 직접적인 해법은 1.2절에서 배우기로 하자.)

일반해 $y = Ce^{2x}$ 에 초기조건 $y(0) = 3$을 대입하여 $C = 3$을 구한다.

따라서, 특수해는

$$y = 3e^{2x}$$

이다.

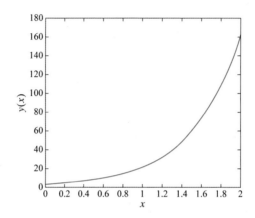

1.1.7 미분법(differentiation)

다음은 기본적인 미분법을 정리한 것이다.

(1) 다항함수의 미분

$$\frac{d}{dx} x^n = n\, x^{n-1} \tag{a}$$

(2) 복합함수의 미분

$$\frac{d}{dx} \{ f(x) \}^n = n \{ f(x) \}^{n-1} f'(x) \tag{b}$$

(3) 곱함수의 미분

$$\{ f(x)g(x) \}' = f'(x)g(x) + f(x)g'(x) \tag{c1}$$

$$\{ f(x)g(x)h(x) \}' = f'(x)g(x)h(x) + f(x)g'(x)h(x) + f(x)g(x)h'(x) \tag{c2}$$

(4) 분수함수의 미분

$$\left\{\frac{f(x)}{g(x)}\right\}' = \frac{f'(x)\,g(x) - f(x)\,g'(x)}{\{g(x)\}^2} \tag{d}$$

(5) 지수함수와 로그함수의 미분

$$\frac{d}{dx}\,e^x = e^x \tag{e1}$$

$$\frac{d}{dx}\,a^x = a^x \ln a \tag{e2}$$

$$\frac{d}{dx}\,(\ln x) = \frac{1}{x} \tag{e3}$$

$$\left\{e^{f(x)}\right\}' = e^{f(x)} f'(x) \tag{e4}$$

$$\left\{a^{f(x)}\right\}' = a^{f(x)} f'(x) \ln a \tag{e5}$$

$$\left\{\ln|f(x)|\right\}' = \frac{f'(x)}{f(x)} \tag{e6}$$

(6) 삼각함수의 미분

$$\frac{d}{dx}\,\sin x = \cos x \tag{f1}$$

$$\frac{d}{dx}\,\cos x = -\sin x \tag{f2}$$

$$\frac{d}{dx}\,\tan x = \sec^2 x \tag{f3}$$

$$\frac{d}{dx}\,\cot x = -\csc^2 x \tag{f4}$$

$$\frac{d}{dx}\,\sec x = \sec x \tan x \tag{f5}$$

$$\frac{d}{dx}\,\csc x = -\csc x \cot x \tag{f6}$$

>>> 참고

$$\frac{d}{dx}\tan x = \frac{d}{dx}\left(\frac{\sin x}{\cos x}\right) = \frac{\cos x \cos x - \sin x(-\sin x)}{\cos^2 x} = \frac{1}{\cos^2 x} = \sec^2 x$$

$$\frac{d}{dx}\cot x = \frac{d}{dx}\left(\frac{\cos x}{\sin x}\right) = \frac{(-\sin x)\sin x - \cos x(\cos x)}{\sin^2 x} = \frac{-1}{\sin^2 x} = -\csc^2 x$$

$$\frac{d}{dx}\sec x = \frac{d}{dx}\cos^{-1}x = -\cos^{-2}x \cdot (-\sin x) = \sec x \tan x$$

$$\frac{d}{dx}\csc x = \frac{d}{dx}\sin^{-1}x = -\sin^{-2}x \cdot \cos x = -\csc x \cot x$$

(7) 쌍곡선함수의 미분

>>> 참고

$$\sinh x = \frac{e^x - e^{-x}}{2}, \qquad \cosh x = \frac{e^x + e^{-x}}{2}$$

$$\frac{d}{dx}\sinh x = \cosh x \tag{g1}$$

$$\frac{d}{dx}\cosh x = \sinh x \tag{g2}$$

$$\frac{d}{dx}\tanh x = \operatorname{sech}^2 x \tag{g3}$$

$$\frac{d}{dx}\coth x = -\operatorname{csch}^2 x \tag{g4}$$

>>> 참고

$$\frac{d}{dx}\tanh x = \frac{d}{dx}\left(\frac{\sinh x}{\cosh x}\right) = \frac{\cosh x \cosh x - \sinh x \sinh x}{\cosh^2 x}$$

$$= \frac{\left(\frac{e^x + e^{-x}}{2}\right)^2 - \left(\frac{e^x - e^{-x}}{2}\right)^2}{\cosh^2 x}$$

$$= \frac{\left(\dfrac{e^{2x}+2+e^{-2x}}{4}\right)-\left(\dfrac{e^{2x}-2+e^{-2x}}{4}\right)}{\cosh^2 x}$$

$$= \frac{1}{\cosh^2 x} = \operatorname{sech}^2 x$$

$$\frac{d}{dx}\coth x = \frac{d}{dx}\left(\frac{\cosh x}{\sinh x}\right) = \frac{\sinh x \sinh x - \cosh x \cosh x}{\sinh^2 x}$$

$$= -\frac{1}{\sinh^2 x} = -\operatorname{csch}^2 x$$

1.1.8 적분법(Integration)

다음은 기본적인 적분법을 정리한 것이다.

(1) 유리함수의 적분

$$\int x^n dx = \frac{1}{n+1}x^{n+1} + C \quad (n \neq -1) \tag{h1}$$

$$\int \frac{1}{x}\,dx = \ln|x| + C \tag{h2}$$

(2) 복합함수의 적분법

$$\int \{f(x)\}^n f'(x) dx = \frac{1}{n+1}\{f(x)\}^{n+1} + C \quad (n \neq -1) \tag{i1}$$

$$\int \frac{f'(x)}{f(x)}\,dx = \ln|f(x)| + C \tag{i2}$$

(3) 부분적분법

$$\int (f \cdot g)dx = F \cdot g - \int (F \cdot g')dx \quad \left(F = \int f\,dx\right) \tag{j}$$

(4) 지수함수의 적분

$$\int e^x dx = e^x + C \qquad (a > 0,\ a \neq 1) \tag{k1}$$

$$\int e^{f(x)} f'(x) dx = e^{f(x)} + C \tag{k2}$$

$$\int a^x dx = \frac{1}{\ln a} a^x + C \qquad (a > 0,\ a \neq 1) \tag{k3}$$

$$\int a^{f(x)} f'(x) dx = \frac{1}{\ln a} a^{f(x)} + C \qquad (a > 0,\ a \neq 1) \tag{k4}$$

$$\int x e^x dx = x e^x - e^x + C \tag{k5}$$

>>> 참고 : 부분적분법

$$\int x e^x dx = x e^x - \int 1 \cdot e^x dx = x e^x - e^x + C$$

(5) 로그함수의 적분

$$\int \frac{1}{x} (\ln x)^n dx = \frac{1}{n+1} (\ln x)^{n+1} + C \qquad (n \neq -1) \tag{l1}$$

$$\int \frac{1}{x \ln x} dx = \ln|\ln x| + C \tag{l2}$$

$$\int \ln x\, dx = x \ln x - x + C \tag{l3}$$

$$\int \ln(x+1)\, dx = (x+1)\ln(x+1) - x + C \tag{l4}$$

$$\int x \ln x\, dx = \frac{x^2}{2} \ln x - \frac{x^2}{4} + C \tag{l5}$$

>>> 참고 : 부분적분법

$$\int 1 \cdot \ln x\, dx = x \ln x - \int x \cdot \frac{1}{x} dx = x \ln x - x + C$$

$$\int 1 \cdot \ln(x+1)\,dx = (x+1)\ln(x+1) - \int (x+1) \cdot \frac{1}{x+1}\,dx$$

$$= (x+1)\ln(x+1) - x + C$$

$$\int x \cdot \ln x\,dx = \frac{x^2}{2}\ln x - \int \frac{x^2}{2} \cdot \frac{1}{x}\,dx = \frac{x^2}{2}\ln x - \frac{x^2}{4} + C$$

(6) 삼각함수의 적분

$$\int \sin x\,dx = -\cos x + C \tag{m1}$$

$$\int \cos x\,dx = \sin x + C \tag{m2}$$

$$\int \tan x\,dx = -\ln|\cos x| + C \tag{m3}$$

$$\int \cot x\,dx = \ln|\sin x| + C \tag{m4}$$

>>> **참고**

$$\int \tan x\,dx = \int \frac{\sin x}{\cos x}\,dx = \int -\frac{(-\sin x)}{\cos x}\,dx = -\ln|\cos x| + C$$

$$\int \cot x\,dx = \int \frac{\cos x}{\sin x}\,dx = \ln|\sin x| + C$$

$$\int x \sin x\,dx = -x\cos x + \sin x + C \tag{m5}$$

$$\int x \cos x\,dx = x\sin x + \cos x + C \tag{m6}$$

>>> **참고 : 부분적분법**

$$\int x\sin x\,dx = x(-\cos x) - \int 1 \cdot (-\cos x)\,dx + C = -x\cos x + \sin x + C$$

$$\int x\cos x\,dx = x\sin x - \int 1 \cdot \sin x\,dx + C = x\sin x + \cos x + C$$

(7) 쌍곡선함수의 적분

$$\int \sinh x \, dx = \cosh x + C \tag{n1}$$

$$\int \cosh x \, dx = \sinh x + C \tag{n2}$$

$$\int \operatorname{sech}^2 x \, dx = \tanh x + C \tag{n3}$$

$$\int \operatorname{csch}^2 x \, dx = -\coth x + C \tag{n4}$$

$$\int \tanh x \, dx = \ln(\cosh x) + C \tag{n5}$$

$$\int \coth x \, dx = \ln|\sinh x| + C \tag{n6}$$

> **》 참고**
>
> $$\int \tanh x \, dx = \int \frac{\sinh x}{\cosh x} dx = \ln|\cosh x| + C$$
>
> $$\int \coth x \, dx = \int \frac{\cosh x}{\sinh x} dx = \ln|\sinh x| + C$$

(8) 부분분수 적분

$$\int \frac{1}{(x-a)(x-b)} dx = \frac{1}{a-b} \ln\left|\frac{x-a}{x-b}\right| + C \tag{o}$$

> **》 참고 : 부분분수 계산**
>
> $$\frac{1}{(x-a)(x-b)} = \frac{1}{a-b}\left(\frac{1}{x-a} - \frac{1}{x-b}\right) \text{이므로}$$
>
> $$\int \frac{1}{(x-a)(x-b)} dx = \frac{1}{a-b} \int \left(\frac{1}{x-a} - \frac{1}{x-b}\right) dx$$
>
> $$= \frac{1}{a-b}(\ln|x-a| - \ln|x-b|) + C$$
>
> $$= \frac{1}{a-b} \ln\left|\frac{x-a}{x-b}\right| + C$$

(9) 치환적분

$$\int \frac{1}{x^2+1}dx = \arctan x + C \qquad\qquad (\text{p})$$

≫ 참고 : 치환적분

$x = \tan\theta \left(|\theta| < \dfrac{\pi}{2}\right)$로 치환하면

$$dx = \sec^2\theta\, d\theta, \qquad x^2+1 = \tan^2\theta + 1 = \sec^2\theta$$

($\sin^2\theta + \cos^2\theta = 1$에서 양변을 $\cos^2\theta$로 나누면 $\tan^2\theta + 1 = \sec^2\theta$가 된다.)

따라서, $\displaystyle\int \frac{dx}{x^2+1} = \int \frac{\sec^2\theta\, d\theta}{\sec^2\theta} = \int d\theta = \theta + C = \arctan x + C$가 유도된다.

※ 다음 미분방정식을 풀어라. [1 ~ 12]

1. $y' = 2\sin 3x + x$

2. $y' = \dfrac{1-x}{x^2} - 3e^{-x}$

3. $y' = 2xe^{x^2}$

4. $y' = \cosh 2x + 3^x$

5. $y' = \left(\dfrac{x^2 - 1}{x}\right)\ln x$

6. $y' = \dfrac{1}{x\ln x} + x$

7. $y' = x\,e^x$

8. $y' = \dfrac{x}{e^x}$

9. $y' = x\sin x$

10. $y' = 4x^3\cos(x^4 + 1)$

11. $y' = e^x\cos x$

12. $y' = e^x\sin x$

※ 수식 y가 상미분방정식의 해임을 보이고, 특수해를 구하라. [13 ~ 17]

13. $y' + 2y = 4, \quad y = Ce^{-2x} + 2, \quad y(0) = 4$

14. $y' + 2xy = 0, \quad y = Ce^{-x^2}, \quad y(0) = 1$

15. $y' = 2y + e^x, \quad y = Ce^{2x} - e^x, \quad y(0) = 2$

16. $yy' = 2x, \quad y^2 = 2x^2 + C, \quad y(1) = 1$

17. $y' = y - y^2, \quad y = \dfrac{1}{1 + Ce^{-x}}, \quad y(0) = \dfrac{1}{2}$

1.2 분리 가능 상미분방정식

1.2.1 간단한 변수분리법(method of separating variables)

많은 미분방정식 중에서 식 (1.10)과 같이 변수 x, y를 포함하는 부분을 변수에 따라 각각 분리하여 표현할 수 있는 상미분방정식이 있다.

$$g(y)y' = f(x) \qquad\qquad (1.10)$$

여기서, $y' = dy/dx$이므로 다음과 같이 표현된다.

$$g(y)dy = f(x)dx \qquad\qquad (1.11)$$

양변을 적분하면

$$\int g(y)dy = \int f(x)dx + C \qquad\qquad (1.12)$$

가 된다. 이를 계산하여 상미분방정식 (1.10)의 일반해를 얻을 수 있다. 이러한 풀이 방법을 변수분리법(method of separating variables)이라 하며, 식 (1.10)을 분리 가능 상미분방정식(separable ordinary differential equation)이라 부른다.

 예제 1.4

다음 상미분방정식의 해를 구하라.

(a) $y' = 1 + y^2$ 　　　　　　　　　(b) $y' = (x+1)y$

> **풀이**

(a) $\dfrac{dy}{1+y^2} = dx$

　　적분을 취하면 $\displaystyle\int \dfrac{dy}{1+y^2} = \int 1dx + C$

　　따라서, $\arctan y = x + C$, 또는 $y = \tan(x+C)$

◎ **검토**

$y = \tan(x+C)$ 에서

　좌변 $= y' = \sec^2(x+C)$

　우변 $= 1 + y^2 = 1 + \tan^2(x+C) = \sec^2(x+C)$

따라서, (좌변) = (우변) 이므로 증명 끝

(b) $\dfrac{dy}{y} = (x+1)dx$

　　적분을 취하면, $\displaystyle\int \dfrac{dy}{y} = \int (x+1)dx + C^*$

　　따라서, $\ln|y| = \dfrac{x^2}{2} + x + C^*$

　　$y = Ce^{\frac{x^2}{2}+x}$ (단, $C = e^{C^*}$)

◎ **검토**

$y = Ce^{\frac{x^2}{2}+x}$ 에서

　좌변 $= y' = C(x+1)e^{\frac{x^2}{2}+x}$

　우변 $= (x+1)y = (x+1)Ce^{\frac{x^2}{2}+x}$

따라서, (좌변) = (우변) 이므로 증명 끝

답 (a) $y = \tan(x+C)$,　(b) $y = Ce^{\frac{x^2}{2}+x}$

예제 1.5

다음 상미분방정식의 해를 구하라.

$$yy' + 2e^x = 0, \quad y(0) = 2$$

풀이

$y\,dy = -2e^x dx$

적분을 취하면, $\displaystyle\int y dy = -\int 2e^x dx + C^*$

따라서, $\dfrac{y^2}{2} = -2e^x + C^*$, 즉 $y^2 + 4e^x = C$ (단, $C = 2C^*$)

초기조건을 대입하면 $C = 8$

 $y^2 + 4e^x = 8$

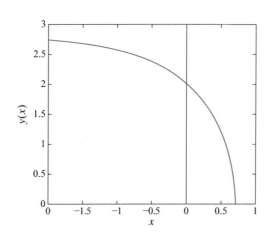

검토

$y^2 + 4e^x = 8$에서

양변을 미분하면 $2yy' + 4e^x = 0$

따라서, 준 식을 만족한다.

1.2.2 응용된 변수분리법

식 (1.10)과 같은 분리가능한 상미분방정식 형태는 아니지만 간단한 변환을 통하여 분리가능 형태로 만들어지는 상미분방정식이 있다. 그 예는 다음과 같다.

$$y' = f\left(\frac{y}{x}\right) \tag{1.13}$$

여기에서 $u = y/x$라고 놓으면 $y = ux$가 된다. 이를 미분하면 $y' = u'x + u$가 되므로, 식 (1.13)는

$$u'x + u = f(u) \tag{1.14}$$

가 성립한다. 따라서 식 (1.14)는 다음과 같은 분리 가능 미분방정식 형태로 변환됨을 알 수 있다.

$$\frac{du}{f(u) - u} = \frac{dx}{x} \tag{1.15}$$

한편, 미분방정식의 형태에 따라 다른 함수, 즉, $u = x/y$, $u = y - 2x$ 등으로 치환시킴으로써 분리 가능 미분방정식으로 변환될 수도 있다.

 예제 1.6

다음 상미분방정식의 해를 구하라.

(a) $2xyy' = x^2 + y^2$　　　　　　(b) $y' = (y + x)^2$

풀이

(a) $y' = \dfrac{x^2 + y^2}{2xy} = \dfrac{x}{2y} + \dfrac{y}{2x}$

여기에서 $u = y/x$ 라고 놓으면

$$y = ux$$

가 된다. 이를 미분하면

$$y' = u'x + u$$

가 되므로,

$$u'x + u = \frac{1}{2u} + \frac{u}{2}$$

가 된다. 즉, 변수 분리하면

$$\frac{2u}{u^2 - 1} du = -\frac{dx}{x}$$

적분하면

$$\ln|u^2 - 1| = -\ln|x| + C^*,$$

즉,

$$\ln|x(u^2 - 1)| = C^*$$

이다. $u = y/x$ 를 다시 대입하면

$$x\left\{\left(\frac{y}{x}\right)^2 - 1\right\} = C, \,(단, \, C = e^{C^*})$$

즉,

$$y^2 - x^2 = Cx$$

이다.

⊚ 검토

$y^2 - x^2 = Cx$ 에서

양변을 미분하면 $2yy' - 2x = C$,   즉, $2yy' = 2x + C$

  좌변 $= 2xyy' = 2x^2 + Cx$

  우변 $= x^2 + y^2 = x^2 + (x^2 + Cx) = 2x^2 + Cx$

따라서, (좌변) = (우변) 이므로 증명 끝

(b) $u = y + x$라고 놓으면 $u' = y' + 1$이 된다.

이를 방정식에 대입하면

$$u' - 1 = u^2$$

이 된다.

이를 변수 분리 형태로 정리하면

$$\frac{du}{u^2 + 1} = dx$$

이다. 이를 적분하면

$$\arctan u = x + C,$$

즉

$$u = \tan(x + C)$$

이다. 따라서

$$y + x = \tan(x + C)$$

이다.

🧐 검토

$y = -x + \tan(x + C)$에서

좌변$= y' = -1 + \sec^2(x + C)$

우변$= (y + x)^2 = \tan^2(x + C)$

따라서, (좌변)=(우변) 이므로 증명 끝

답 (a) $y^2 - x^2 = Cx$, (b) $y = -x + \tan(x + C)$

※ 다음 미분방정식의 일반해를 구하라. 일반해를 미분방정식에 대입하여 검증하라. [1 ~ 10]

   1. $y^2 y' - x^2 = 0$

   2. $y' \cos x = y^2 \sin x$

   3. $xy' = y^2 + 2y$

   4. $y' = e^{-x} y^2$

   5. $x y' = 2y \ln x$

   6. $2y y' = (2x + 1) e^{-y^2}$

   7. $x y' = y - x^2 e^{y/x}$ (힌트: $u = y/x$로 놓는다.)

   8. $y' = (x - y + 1)^2$ (힌트: $u = x - y + 1$로 놓는다.)

   9. $y' = y + 2x$ (힌트: $u = y + 2x$로 놓는다.)

  10. $xy' = x + y$ (힌트: $u = \dfrac{y}{x}$로 놓는다.)

※ 다음의 초기값 문제를 풀어라. [11 ~ 16]

  11. $x y' + 2y = 0, \quad y(1) = 1$

  12. $yy' = 1 + 2y^2, \quad y(0) = 0$

  13. $(x^2 + 1)y' = \tan y, \quad y(0) = \dfrac{\pi}{2}$

  14. $y' = 2(\cos x)y, \quad y(0) = 1$

  15. $xy' = y + 2x^3 \cos^2(y/x), \quad y(1) = \pi/4$

  16. $y' = (x + y + 1)^2, \quad y(0) = 0$

1.3 완전 상미분방정식과 적분인자

1.3.1 완전 상미분방정식(exact ordinary differential equation)

어떤 미분가능 함수 u가 $u = u(x, y)$라면 전미분(total differential)은

$$du = \frac{\partial u}{\partial x}dx + \frac{\partial u}{\partial y}dy \tag{1.16}$$

이다. 만약, $u = 2x + xy^2 = C$라면,

$$du = (2 + y^2)dx + (2\,x\,y)dy = 0$$

이 된다. 따라서

$$y' = \frac{dy}{dx} = -\frac{2 + y^2}{2xy}$$

을 얻을 수 있다. 이 과정을 역으로 하면, 즉, 미분방정식 $y' = -\dfrac{2 + y^2}{2xy}$의 해를 구하면 $2x + xy^2 = C$가 된다. 이 과정을 통하여 미분방정식의 해를 구하는 새로운 방법을 제시할 수 있다.

식 (1.16)에서 $du = 0$을 만족하는 미분방정식을 완전 상미분방정식(exact ordinary differential equation)이라고 하며, 이를 적분하면 $u = C$가 된다. 따라서 식 (1.16)에서

$$\frac{\partial u}{\partial x} = M(x, y) \tag{1.17a}$$

$$\frac{\partial u}{\partial y} = N(x, y) \tag{1.17b}$$

라 놓으면,

$$M(x, y)dx + N(x, y)dy = 0 \tag{1.18}$$

과 같이 표현할 수 있으며, 식 (1.18)이 완전 상미분방정식이 되기 위한 필요충분조건은 다음 식이 된다.

$$\frac{\partial M}{\partial y} = \frac{\partial N}{\partial x} \tag{1.19}$$

식 (1.18)이 완전 상미분방정식이면, 식 (1.17)을 적분하여 함수 u를 다음과 같이 각각 구할 수 있다.

$$u = \int M(x, y)dx + f(y) \tag{1.20a}$$

$$u = \int N(x, y)dy + g(x) \tag{1.20b}$$

식 (1.20a)의 적분에서는 y를 상수로 간주하여야 하며, $f(y)$는 적분상수 역할을 한다. 또한, 식 (1.20b)의 적분에서는 x를 상수로 간주하여야 하며, $g(x)$는 적분상수 역할을 한다. 따라서, y만의 함수 $f(y)$와 x만의 함수 $g(x)$를 비교하여 함수 u를 완성하면 된다.

 예제 1.7

다음 상미분방정식을 풀어라.

$$\{x + \sin(x + y)\}dx + \{y^2 + \sin(x + y)\}dy = 0$$

풀이

먼저, 주어진 식이 분리 가능 함수인가를 확인하여야 한다.
주어진 식이 분리 가능 함수가 아니므로

$$M = \frac{\partial u}{\partial x} = x + \sin(x+y) \qquad\qquad ①$$

$$N = \frac{\partial u}{\partial y} = y^2 + \sin(x+y) \qquad\qquad ②$$

로 놓고, 각각을 미분하면

$$\frac{\partial M}{\partial y} = \frac{\partial}{\partial y}\left(\frac{\partial u}{\partial x}\right) = \cos(x+y)$$

$$\frac{\partial N}{\partial x} = \frac{\partial}{\partial x}\left(\frac{\partial u}{\partial y}\right) = \cos(x+y)$$

가 된다. 따라서

$$\frac{\partial M}{\partial y} = \frac{\partial N}{\partial x}$$

을 만족하므로, 완전미분방정식임을 확인하였다.

식 ①, ②를 각각 적분하면

$$u = \frac{x^2}{2} - \cos(x+y) + f(y)$$

$$u = \frac{y^3}{3} - \cos(x+y) + g(x)$$

가 된다. 따라서, y만의 함수 $f(y)$와 x만의 함수 $g(x)$를 비교하여 함수 u를 완성하면,

$$u = \frac{x^2}{2} - \cos(x+y) + \frac{y^3}{3} = C$$

가 됨을 알 수 있다.

답 $\dfrac{x^2}{2} + \dfrac{y^3}{3} - \cos(x+y) = C$

🔍 **검토**

$u = \dfrac{x^2}{2} - \cos(x+y) + \dfrac{y^3}{3} = C$를 미분하여

$$du = \frac{\partial u}{\partial x}dx + \frac{\partial u}{\partial y}dy = \{x + \sin(x+y)\}dx + \{y^2 + \sin(x+y)\}dy = 0$$

을 확인한다.

예제 1.8

다음의 초기값 문제를 풀어라.

$$(y \sinh x + y)dx + (\cosh x + x)dy = 0, \quad y(0) = 2$$

별해

먼저, 주어진 식을 약간 변형하면 분리 가능 함수가 됨을 알 수 있다.

$$y(\sinh x + 1)dx + (\cosh x + x)dy = 0$$

즉,

$$\left(\frac{\sinh x + 1}{\cosh x + x} \right)dx + \frac{dy}{y} = 0$$

따라서, 양변을 적분하면

$$\ln|\cosh x + x| + \ln|y| = \ln C$$

이다. 즉,

$$(\cosh x + x)y = C$$

가 된다.

그러나 본 문제는 완전 상미분방정식을 연습하고자 하는 문제이니, 완전 상미분방정식 풀이법을 사용하여 풀이해 보자.

풀이

주어진 식에서

$$M = \frac{\partial u}{\partial x} = y \sinh x + y \qquad\qquad ①$$

$$N = \frac{\partial u}{\partial y} = \cosh x + x \qquad\qquad ②$$

로 놓고, 각각을 미분하면

$$\frac{\partial M}{\partial y} = \frac{\partial}{\partial y}\left(\frac{\partial u}{\partial x} \right) = \sinh x + 1$$

$$\frac{\partial N}{\partial x} = \frac{\partial}{\partial x}\left(\frac{\partial u}{\partial y}\right) = \sinh x + 1$$

이 된다. 따라서

$$\frac{\partial M}{\partial y} = \frac{\partial N}{\partial x}$$

을 만족하므로 완전 상미분방정식임을 확인하였다.

식 ①, ②를 각각 적분하면

$$u = y\cosh x + xy + f(y)$$
$$u = y\cosh x + xy + g(x)$$

가 된다. 따라서, y만의 함수 $f(y)$와 x만의 함수 $g(x)$를 비교하여 함수 u를 완성하면,

$$u = y\cosh x + xy = C$$

가 됨을 알 수 있다. 여기에 초기조건 $x = 0, \quad y = 2$를 대입하면 $y\cosh x + xy = 2$

🔲 $y\cosh x + xy = 2$

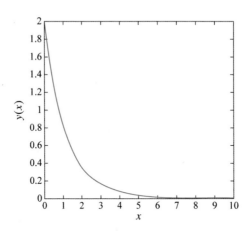

🔘 **검토**

$u = y\cosh x + xy = C$를 미분하여

$$du = \frac{\partial u}{\partial x}dx + \frac{\partial u}{\partial y}dy = (y\sinh x + y)\,dx + (\cosh x + x)\,dx = 0$$

을 확인한다.

예제 1.9

다음 상미분방정식을 풀어라.

$$-y\,dx + x\,dy = 0$$

별해

먼저, 주어진 식이 분리 가능 함수임을 알 수 있다.

$$-\frac{dx}{x} + \frac{dy}{y} = 0$$

즉,

$$-\ln|x| + \ln|y| = \ln C, \qquad \therefore\ \frac{y}{x} = C$$

그러나 본 문제는 완전 상미분방정식을 연습하고자 하는 문제이니, 완전 상미분방정식 풀이법을 사용하여 풀이해 보자.

풀이

먼저, 주어진 식에서

$$P = \frac{\partial u}{\partial x} = -y, \quad Q = \frac{\partial u}{\partial y} = x$$

로 놓고, 각각을 미분하면

$$\frac{\partial P}{\partial y} = \frac{\partial}{\partial y}\left(\frac{\partial u}{\partial x}\right) = -1, \quad \frac{\partial Q}{\partial x} = \frac{\partial}{\partial x}\left(\frac{\partial u}{\partial y}\right) = 1$$

이 된다. 따라서

$$\frac{\partial P}{\partial y} \neq \frac{\partial Q}{\partial x}$$

이므로, 완전 상미분방정식이 아님을 확인하였다.

따라서, 이 문제는 1.2절의 변수분리법으로 풀거나, 또는 다른 방법으로 풀어야 한다. 만약, 본 문제를 변수분리법으로 푼다면,

$$\frac{dy}{y} = \frac{dx}{x}$$

이다. 이를 적분하면

$$\ln|y| = \ln|x| + C^*$$

이다. 따라서

$$y = Cx$$

이다.

답 $y = Cx$

🧠 **검토**

$y = Cx$를 미분하여 $dy = Cdx$

준 식: $-y\,dx + x\,dy = -(Cx)dx + x(Cdx) = 0$

을 확인한다.

1.3.2 적분인자(integrating factor)를 이용한 완전 상미분방정식

예제 1.9를 적분인자(integrating factor)를 이용하여 풀어보기로 하자.

문제의 양변에 적분인자 $1/x^2$을 곱하면 다음과 같다.

$$-\frac{y}{x^2}dx + \frac{1}{x}dy = 0 \tag{1.21}$$

먼저, 주어진 식에서

$$M = \frac{\partial u}{\partial x} = -\frac{y}{x^2} \tag{1.22a}$$

$$N = \frac{\partial u}{\partial y} = \frac{1}{x} \tag{1.22b}$$

로 놓고, 각각을 미분하면

$$\frac{\partial M}{\partial y} = \frac{\partial}{\partial y}\left(\frac{\partial u}{\partial x}\right) = -\frac{1}{x^2}$$

$$\frac{\partial N}{\partial x} = \frac{\partial}{\partial x}\left(\frac{\partial u}{\partial y}\right) = -\frac{1}{x^2}$$

이 된다. 따라서

$$\frac{\partial M}{\partial y} = \frac{\partial N}{\partial x}$$

을 만족하므로, 완전 상미분방정식임을 확인하였다.

식 (1.22)의 두 식을 각각 적분하면

$$u = \frac{y}{x} + f(y)$$

$$u = \frac{y}{x} + g(x)$$

가 된다. 따라서, y만의 함수 $f(y)$와 x만의 함수 $g(x)$를 비교하여 함수 u를 완성하면,

$$u = \frac{y}{x} = C$$

가 됨을 알 수 있다. 또는, 식 (1.21)은

$$-\frac{y}{x^2}\,dx + \frac{1}{x}\,dy = d\left(\frac{y}{x}\right) = 0$$

으로 나타낼 수 있으므로, 다음과 같이 간단히 정리할 수도 있다.

$$\frac{y}{x} = C$$

> **검토**
>
> 주어진 식 $-y\,dx + x\,dy = 0$에 양변에 적분인자 $1/x^2$을 곱하여 완전 상미분방정식을 얻었다. 완전 상미분방정식 (1.21)로부터 다음 식을 바로 얻을 수 있도록 숙달이 되면 더 유용하다.
>
> $$d\left(\frac{y}{x}\right) = 0$$

적분인자를 이용한 상미분방정식 풀이 방법을 정리하면 다음과 같다.

먼저, 식 (1.23)과 같이 표현되는 완전 미분방정식이 아닌 미분방정식이 있다고 하자.

$$P(x, y)dx + Q(x, y)dy = 0 \tag{1.23}$$

이 식에 적절한 적분인자 F를 곱하여 완전미분방정식으로 만든다면, 해를 쉽게 구할 수 있을 것이다.

$$FPdx + FQdy = 0 \tag{1.24}$$

1.3.3 적분인자를 구하는 방법

식 (1.24)가 완전미분방정식이 되기 위한 필요충분조건은

$$\frac{\partial(FP)}{\partial y} = \frac{\partial(FQ)}{\partial x} \tag{1.25}$$

이다. 이로부터 곱의 미분법을 쓰고 정리하면, 다음 식을 얻는다.

$$\frac{\partial F}{\partial y}P + F\frac{\partial P}{\partial y} = \frac{\partial F}{\partial x}Q + F\frac{\partial Q}{\partial x} \tag{1.26}$$

문제를 단순화시키기 위하여, 적분인자 F가 x만의 함수, 즉, $F = F(x)$라면, $\frac{\partial F}{\partial y} = 0$이 되므로

$$F\frac{\partial P}{\partial y} = \frac{dF}{dx}Q + F\frac{\partial Q}{\partial x} \tag{1.27}$$

가 된다. 양변을 FQ로 나누면

$$\frac{1}{F}\frac{dF}{dx} = R, \qquad 여기서 \ R = \frac{1}{Q}\left(\frac{\partial P}{\partial y} - \frac{\partial Q}{\partial x}\right) \tag{1.28}$$

를 얻게 된다. 여기서, 적분인자 F가 x만의 함수이므로, R 또한 x의 함수, $R = R(x)$ 이어야 한다. 따라서, 이를 적분하여 적분인자를 구하면 다음과 같다.

$$F(x) = e^{\int R(x)dx} \tag{1.29}$$

같은 방법으로, 적분인자 F가 y만의 함수, 즉, $F = F^*(y)$라면,

$$\frac{1}{F^*}\frac{dF^*}{dy} = R^*, \qquad 여기서 \ R^* = \frac{1}{P}\left(\frac{\partial Q}{\partial x} - \frac{\partial P}{\partial y}\right) \tag{1.30}$$

를 얻게 된다. 여기서, 적분인자 F^*가 y만의 함수이므로, R^* 또한 y의 함수, $R^* = R^*(y)$이어야 한다. 따라서, 이를 적분하여 적분인자를 구하면 다음과 같다.

$$F^*(y) = e^{\int R^*(y)dy} \tag{1.31}$$

🧩 CORE **적분인자 구하는 방법**

i) 적분인자 F가 x만의 함수, 즉, $F = F(x)$일 때

$$R = \frac{1}{Q}\left(\frac{\partial P}{\partial y} - \frac{\partial Q}{\partial x}\right), \quad F(x) = e^{\int R(x)dx}$$

ii) 적분인자 F가 y만의 함수, 즉, $F = F^*(y)$일 때

$$R^* = \frac{1}{P}\left(\frac{\partial Q}{\partial x} - \frac{\partial P}{\partial y}\right), \quad F^*(y) = e^{\int R^*(y)dy}$$

예제 1.10

예제 1.9의 상미분방정식 $-ydx + xdy = 0$에서 적분인자를 구하라.

풀이

$-ydx + xdy = 0$에서

$$P = -y, \ Q = x$$

이다. 적분인자가 x만의 함수라고 한다면

$$R = \frac{1}{Q}\left(\frac{\partial P}{\partial y} - \frac{\partial Q}{\partial x}\right) = \frac{1}{x}(-1-1) = -\frac{2}{x}$$

이다. 따라서, 적분인자는

$$F(x) = e^{\int R(x)dx} = e^{\int -\frac{2}{x}dx} = e^{-2\ln|x|} = \frac{1}{x^2}$$

이다.

답 $F(x) = \dfrac{1}{x^2}$

별해

적분인자가 y만의 함수라고 한다면

$$R^* = \frac{1}{P}\left(\frac{\partial Q}{\partial x} - \frac{\partial P}{\partial y}\right) = -\frac{1}{y}(1-(-1)) = -\frac{2}{y}$$

이다. 따라서, 적분인자는

$$F^*(y) = e^{\int R^*(y)dy} = e^{-\int \frac{2}{y}dy} = e^{-2\ln|y|} = y^{-2}$$

이다.

답 $F^*(y) = \dfrac{1}{y^2}$

>> 참고

상미분방정식 $-ydx + xdy = 0$에 적분인자 $F^*(y) = \dfrac{1}{y^2}$을 곱하면

$$-\frac{1}{y}dx + \frac{x}{y^2}dy = 0$$

즉,

$$d\left(-\frac{x}{y}\right) = 0$$

이므로

$$-\frac{x}{y} = c^*$$

가 된다. (c^*는 적분상수) $c = -\dfrac{1}{c^*}$라 놓으면

$$y = cx$$

가 된다.

답 $y = cx$

 예제 1.11

다음 상미분방정식에서 적분인자를 구한 후, 방정식의 해를 구하라.

$$e^{x-y}dx + (1 - e^{-y})dy = 0$$

풀이

$e^{x-y}dx + (1 - e^{-y})dy = 0$에서

$$P = e^{x-y},\ Q = 1 - e^{-y}$$

이다. 따라서

$$R = \frac{1}{Q}\left(\frac{\partial P}{\partial y} - \frac{\partial Q}{\partial x}\right) = \frac{1}{1 - e^{-y}}\left(-e^{x-y} - 0\right)$$

이 되어 x만의 함수가 아니다.

이 식으로는 구할 수 없으므로, y만의 함수 조건을 사용하여 구해보자.

따라서

$$R^* = \frac{1}{P}\left(\frac{\partial Q}{\partial x} - \frac{\partial P}{\partial y}\right) = \frac{1}{e^{x-y}}\left(0 + e^{x-y}\right) = 1$$

이 된다. 따라서, 적분인자는

$$F^*(y) = e^{\int R^*(y)dy} = e^{\int 1 dy} = e^y$$

이다.

준 식에 적분인자 $F^*(y) = e^y$을 곱하면 완전 상미분방정식 $e^x dx + (e^y - 1)dy = 0$이 된다. 여기서, 변수분리법을 이용하든지, 또는, 완전 상미분방정식으로 놓고, 해를 구하면 된다.

답 $e^x + e^y - y = C$

검토

주어진 식 $e^{x-y}dx + (1 - e^{-y})dy = 0$의 양변에 적분인자 e^y을 곱하여 완전 상미분방정식을 얻었다.

완전 상미분방정식 $e^x dx + (e^y - 1)dy = 0$으로부터 다음 식을 바로 얻을 수 있도록 숙달이 되면 더 유용하다.

$$d(e^x + e^y - y) = 0$$

검토

$e^x + e^y - y = C$를 미분하면

$$e^x dx + (e^y - 1)dy = 0$$

이 된다. 양변에 e^{-y}을 곱하면

$$e^{x-y}dx + (1 - e^{-y})dy = 0$$

이 성립한다.

※ 다음 미분방정식의 일반해를 구하라. [1 ~ 8]

1. $(x^2 + y)\,dx + x\,dy = 0$

2. $e^y\,dx + (x\,e^y + 3\,y^2)\,dy = 0$

3. $(\cos y + y\,e^{-x})\,dx - (x\sin y + e^{-x})\,dy = 0$

4. $(y\sec^2 x + 2x\ln y)\,dx + (\tan x + \dfrac{x^2}{y})\,dy = 0$

5. $(x^2 + y^2)\,dx - 2xy\,dy = 0$

6. $(4xe^y + 3y)\,dx + (x^2 e^y + x)\,dy = 0$

7. $(ye^y + e^{x+y})\,dx + (xe^y - 1)\,dy = 0$

8. $(y\ln y + 2xy)\,dx + (x + 2y^2)\,dy = 0$

※ 다음 미분방정식의 초기값 문제를 풀어라. [9 ~ 15]

9. $(4x^3 + y^3)\,dx + 3xy^2\,dy = 0,\ y(1) = 1$

10. $(y - y\cos xy)\,dx + (x + 2y - x\cos xy)\,dy = 0,\ y(0) = 0$

11. $(\sin 2x + xy^2)\,dx + (1 + x^2)\,y\,dy = 0,\ y(0) = 1$

12. $(3x + y^2)\,dx + xy\,dy = 0,\ y(1) = -1$

13. $(2 - y + e^x)\,dx - dy = 0,\ y(0) = 1$

14. $3xy\,dx + (2y + 3x^2)\,dy = 0,\ y(0) = 1$

15. $y\cos x\,dx + (y + 1)\sin x\,dy = 0,\ y\left(\dfrac{\pi}{2}\right) = 1$

1.4 1계 선형 상미분방정식의 해

1.4.1 1계 선형 상미분방정식의 표준형(standard form)

상미분방정식이 다음과 같은 형태로 표현될 때, 1계 선형(linear) 상미분방정식의 표준형(standard form)이라 한다.

$$y' + p(x)y = r(x) \tag{1.32}$$

반면에, 이와 같이 표현될 수 없는 것을 비선형(nonlinear) 상미분방정식이라 한다. 또한 수식의 우변 $r(x) = 0$일 때, 제차(homogeneous) 상미분방정식이라 하며, $r(x) \neq 0$일 때, 비제차(nonhomogeneous) 상미분방정식이라 한다.

제차 상미분방정식은

$$y' + p(x)y = 0 \tag{1.33}$$

이 되므로, 변수분리를 통하여

$$\frac{dy}{y} = -p(x)dx$$

가 되며, 이를 적분하여

$$\ln|y| = -\int p(x)dx + C^*$$

를 얻는다. 따라서, 제차 상미분방정식의 일반해는

$$y(x) = Ce^{-\int p(x)dx} \tag{1.34}$$

이다. 한편, 비제차 상미분방정식 (1.32)의 양변에 적분인자 $F(x)$를 곱하면

$$Fy' + pFy = rF \tag{1.35}$$

가 된다. 만약, 식 (1.35)의 좌변의 둘째 항이 다음 조건을 만족한다면,

$$pFy = F'y, \quad 즉, pF = F' \tag{1.36}$$

　식 (1.35)는

$$Fy' + F'y = rF,$$

즉,

$$(Fy)' = rF$$

가 성립된다. 따라서

$$y(x) = \frac{1}{F}\left(\int rFdx + C\right) \tag{1.37}$$

로 정리된다. 이 때, $F(x)$는 식 (1.36)으로부터 다음의 조건을 만족하여야 한다.

$$\frac{dF}{F} = p(x)dx$$

　즉, 1계 선형 상미분방정식 (1.32)에 대한 적분인자 $F(x)$는

$$F(x) = e^{\int p(x)dx} \tag{1.38}$$

이 된다. 적분인자 (1.38)을 이용하여 식 (1.35)에서 식 (1.37)의 과정을 다시 정리하면 다음과 같다.

$$e^{\int p(x)dx}y' + p(x)e^{\int p(x)dx}y = e^{\int p(x)dx}r(x)$$

윗 식의 좌변은 $e^{\int p(x)dx}y$를 미분한 형태이므로, $F = e^{\int p(x)dx}$이라 할 때,

$$(Fy)' = Fr$$

이 된다. 따라서, 다음과 같은 1계 선형 상미분방정식의 일반해로 정리된다.

$$y(x) = \frac{1}{F}\left(\int Frdx + C\right) \tag{1.39}$$

🧩 **CORE**

1계 비제차 선형 상미분방정식 $y' + p(x)y = r(x)$의 일반해는 다음과 같다.

$$y(x) = \frac{1}{F}\left(\int Fr\,dx + C\right) \tag{1.39 반복}$$

(단, 적분인자 $F = e^{\int p(x)dx}$이다.)

⚙️ **예제 1.12**

다음 1계 상미분방정식의 일반해를 구하라.

$$y' - 2y = e^x$$

풀이

여기서, $p(x) = -2, \quad r(x) = e^x$이므로
적분인자

$$F = e^{\int p(x)dx} = e^{-2x}$$

이며, 일반해는

$$y(x) = \frac{1}{F}\left(\int Fr\,dx + C\right) = e^{2x}\left(\int e^{-2x} \cdot e^x dx + C\right) = e^{2x} \cdot \left(-e^{-x} + C\right) = Ce^{2x} - e^x$$

이다.

$$\boxed{\text{답}} \quad y(x) = Ce^{2x} - e^x$$

⊛ 검토

$y(x) = Ce^{2x} - e^x$을 미분하면

$$y' = 2Ce^{2x} - e^x$$

이 된다.

좌변 $= y' - 2y = \left(2Ce^{2x} - e^x\right) - 2\left(Ce^{2x} - e^x\right) = e^x$

우변 $= e^x$

따라서, (좌변)=(우변)이 성립한다.

⊛ 예제 1.13

다음 1계 상미분방정식의 초기값 문제를 풀어라.

$$xy' + y = 2x, \quad y(1) = 2$$

풀이

주어진 식을 표준형으로 바꾸면, $y' + \dfrac{1}{x}y = 2$이므로,

$$p(x) = \frac{1}{x}, \quad r = 2$$

이다. 적분인자

$$F = e^{\int p(x)\,dx} = e^{\int \frac{1}{x}\,dx} = e^{\ln|x|} = x$$

이며, 일반해는

$$y(x) = \frac{1}{F}\left(\int Fr\,dx + C\right) = \frac{1}{x}\left(\int x \cdot 2dx + C\right) = \frac{1}{x} \cdot (x^2 + C) = x + Cx^{-1}$$

이다. 초기조건 $y(1) = 2$를 적용하면 $C = 1$이 된다.

답 $y(x) = x + x^{-1}$

검토

$y(x) = x + Cx^{-1}$을 미분하면

$$y' = 1 - Cx^{-2}$$

이 된다.

좌변 $= xy' + y = x(1 - Cx^{-2}) + (x + Cx^{-1}) = 2x$

우변 $= 2x$

따라서, (좌변)=(우변)이 성립한다.

1.4.2 베르누이 방정식(Bernoulli equation) (*선택 가능)

비선형 상미분방정식을 간단한 변환 과정을 통하여 선형 상미분방정식으로 변환시킬 수 있는 형태들도 있다. 그 중 대표적인 비선형 상미분방정식이 다음과 같은 베르누이 방정식이다.

$$y' + p(x)y = g(x)y^a \qquad (a는 임의의 실수) \tag{1.40}$$

여기서, 만약 $a = 0$ 또는 $a = 1$이면 식 (1.40)은 선형 상미분방정식이지만, 그 외에는 비선형 상미분방정식이다. 이 때

$$u(x) = [y(x)]^{1-a} \tag{1.41}$$

이라 놓고, 식 (1.41)을 미분하면

$$u' = (1-a)y^{-a}y' \tag{1.42}$$

이 된다. 식 (1.40)을 식 (1.42)에 대입하면

$$
\begin{aligned}
u' &= (1-a)y^{-a}(gy^a - py) \\
&= (1-a)(g - py^{1-a}) \\
&= (1-a)(g - pu)
\end{aligned}
$$

가 된다. 따라서, 비선형 상미분방정식인 베르누이 방정식 (1.40)은 다음과 같은 선형 상미분방정식으로 변환된다.

$$u' + (1-a)pu = (1-a)g \tag{1.43}$$

 예제 1.14

다음 베르누이 방정식을 풀어라.
$$y' + 2y = 3y^2, \quad y(0) = 0.4$$

풀이

식 (1.40)의 베르누이 방정식에서
$$p(x) = 2, \quad g(x) = 3, \quad a = 2$$
임을 알 수 있다. 따라서
$$u = y^{1-a}, \ \text{즉} \ u = y^{-1}$$
이라 놓고 이를 미분하면,
$$u' = -\frac{y'}{y^2} = -u^2 y'$$
이 된다. 이 식의 y'에 주어진 식을 대입하면,

$$u' = -u^2\left(-2y + 3y^2\right) = -u^2\left(-2u^{-1} + 3u^{-2}\right) = 2u - 3$$

이므로, 다음의 선형 상미분방정식으로 정리된다.

$$u' - 2u = -3$$

따라서, 이에 대한 일반 해를 구하면 된다.

적분인자

$$F = e^{\int (-2)dx} = e^{-2x}$$

이므로

$$u = \frac{1}{F}\left(\int Frdx + C\right) = e^{2x}\left(\int e^{-2x}(-3)dx + C\right) = Ce^{2x} + \frac{3}{2}$$

여기에서

$$u = y^{-1}$$

이므로 이를 다시 대입하면

$$\frac{1}{y} = Ce^{2x} + \frac{3}{2}$$

이 된다. 이 식에 초기값

$$y(0) = 0.4$$

를 대입하면

$$C = 1$$

이다.

답 $y = \dfrac{1}{e^{2x} + 1.5}$

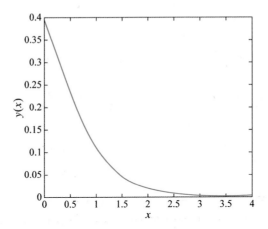

$y = \dfrac{1}{e^{2x} + 1.5}$ 를 미분하면

$$y' = -\frac{2\,e^{2x}}{\left(e^{2x} + 1.5\right)^2}$$

이 된다.

$$\text{좌변} = y' + 2y = -\frac{2e^{2x}}{\left(e^{2x} + 1.5\right)^2} + 2 \cdot \frac{1}{e^{2x} + 1.5} = \frac{3}{\left(e^{2x} + 1.5\right)^2}$$

$$\text{우변} = 3\,y^2 = \frac{3}{\left(e^{2x} + 1.5\right)^2}$$

따라서, (좌변)=(우변)이 성립한다.

※ 다음 미분방정식의 일반해 또는 초기값 문제를 풀어라. [1 ~ 12]

1. $y' - y = 2$

2. $y' + 2y = -4x$

3. $y' + y = 2xe^{-x}$

4. $y' + \dfrac{y}{x} = e^x$

5. $y' + 2y = e^{-2x}$

6. $y' + y\tan x = 2e^x\cos x$

7. $xy' + y = 4x^3$

8. $y' + y = 2\cos x$

9. $y' = (y-1)\cot x, \quad y(0) = 1$

10. $y' + y\tan x = \sin x, \quad y(0) = 1$

11. $xy' + 2y = 4x^2, \quad y(1) = 2$

12. $xy' - 2y = x^3 e^x, \quad y(1) = e$

※ 다음 미분방정식의 일반해 또는 초기값 문제를 풀어라. [13 ~ 18]

13. $y' + y = y^2$

14. $y' + xy = xy^{-2}$

15. $y' = 2(y-3)\tanh x, \, y(0) = 4$

16. $y' = 3y - 2y^3, \, y(0) = 1$

17. (*선택 가능) $yy' + y^2 = -x$

18. (*선택 가능) $xy' - y = -xy^2, \, y(1) = 1$

1.5 1계 상미분방정식의 응용

1계 상미분방정식은 열전달(heat transfer), 방사성 붕괴(radioactive decay), 전기 회로(electric circuit) 등에서 응용된다.

1.5.1 열전달 문제(뉴턴의 냉각법칙, Newton's law of cooling)

열을 잘 전도하는 어느 물체의 온도 T의 시간에 대한 변화율은 주위 온도 T_∞와 의 온도차, 즉, $T - T_\infty$에 비례한다고 알려져 있다(뉴턴의 냉각법칙).

이를 수식화하면 다음과 같은 1계 상미분방정식이 된다.

$$\frac{dT}{dt} = k(T - T_\infty) \tag{1.44}$$

여기서, k는 비례상수이다. 만약, 물체의 현재의 온도 T가 주위 온도 T_∞보다 높으 면 온도 T는 시간에 따라 낮아지므로(냉각, $\frac{dT}{dt} < 0$), 비례상수는 $k < 0$이 된다. 또 한, 물체의 현재의 온도 T가 주위 온도 T_∞보다 낮으면 온도 T는 시간에 따라 높아 지므로(가열, $\frac{dT}{dt} > 0$), 비례상수는 역시 $k < 0$이 된다.

미분방정식 (1.44)의 해를 변수분리법으로 구하면

$$\frac{dT}{T - T_\infty} = k\,dt$$

즉,

$$\ln(T - T_\infty) = kt + \tilde{c}$$

따라서, 다음과 같은 일반해를 얻을 수 있다.

$$T = c e^{kt} + T_\infty \quad \text{(여기서 } c = e^{\tilde{c}} \text{이다.)}$$

(1.45)

초기조건 $T(0) = T_0$를 적용하면, 다음의 해를 얻게 된다.

$$T(t) = (T_0 - T_\infty) e^{kt} + T_\infty$$

(1.46)

가 된다. [그림 1.1]은 열전달 문제의 그래프를 보여준다.

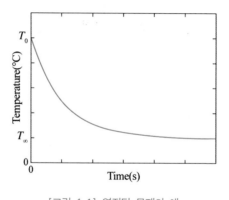

[그림 1.1] 열전달 문제의 해

예제 1.15

100℃의 물체를 상온 20℃에 5분간 놓았더니 40℃가 되었다고 한다. 이를 추가로 5분간 더 두면 물체의 온도는 몇 ℃가 될까?

풀이

물체의 온도를 T, 상온을 T_0라 할 때, 뉴턴의 냉각법칙으로부터

$$\frac{dT}{dt} = k(T - T_0)$$

가 성립한다. 이에 대한 일반해는

$$T = ce^{kt} + T_0$$

이다.

$t=0$에서 $100 = c + 20$으로부터 $c = 80$이다.

$$t=5에서 \qquad 40 = 80\,e^{5k} + 20 \qquad\qquad ①$$

$$t=10에서 \qquad T = 80\,e^{10k} + 20 \qquad\qquad ②$$

식 ①, ②로부터

$$T = 25\,℃$$

가 된다.

답　$T = 25\,℃$

1.5.2 방사성 원소(radioactive element)의 붕괴 문제

시간에 대한 방사성 원소의 붕괴 속도 $\dfrac{dy}{dt}$는 현재 남아있는 양 $y(t)$에 비례한다고 알려져 있다. 즉,

$$\frac{dy}{dt} = -\,ky \tag{1.47}$$

여기서, k는 양의 감쇠상수($k > 0$)이다. 미분방정식 (1.47)의 해를 변수분리법으로 구하면

$$\frac{dy}{y} = -\,k\,dt$$

즉,

$$\ln|y| = -\,kt + \tilde{c}$$

따라서, 다음과 같은 일반해를 얻을 수 있다.

$$y = y_0 e^{-kt} \text{ (여기서 } y_0 = e^{\tilde{c}} \text{이다.)}$$ (1.48)

이 때, 방사성 물질이 초기량의 1/2로 줄어드는데 소요되는 기간을 반감기 (half-life)라 한다. [그림 1.2]는 방사성 원소 붕괴 문제의 그래프를 보여준다.

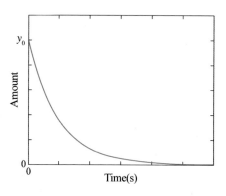

[그림 1.2] 방사성 원소의 붕괴 문제 해

🏵️ 예제 1.16

어느 방사성 원소의 반감기가 400년이라고 알려져 있다. 이 물질이 현재량의 1/10로 줄 어드는데 몇 년이 소요될까?

풀이

시간에 대한 방사성 원소의 붕괴 속도 $\dfrac{dy}{dt}$ 는 현재량 $y(t)$ 에 비례하므로

$$\frac{dy}{dt} = -ky$$

이에 대한 일반해는 다음과 같다.

$$y = y_0 e^{-kt}$$

반감기 400년을 대입하면

$$0.5 y_0 = y_0 e^{-400k}$$ ①

현재량의 1/10로 줄어들 때는

$$0.1y_0 = y_0 e^{-kt} \qquad ②$$

식 ①에서

$$\ln 0.5 = -400k$$

식 ②에서

$$\ln 0.1 = -kt$$

따라서

$$t = 400\frac{\ln 0.1}{\ln 0.5} = 400\frac{\ln 10}{\ln 2} \cong 1329$$

가 된다.

🔲 약 1329년

1.5.3 전기회로(electric circuit)

전기회로(electric circuit)는 전류(current, i)가 순환되는 회로를 말하며, 저항 (resistor, R), 유도기(inductor, L), 축전기(capacitor, C)로 구성된다. 직렬회로는 전원장치로 전력(electrical power)이 공급되며, 전원 공급 시 전류의 방향이 변하지 않는다.

(1) RL 직렬회로

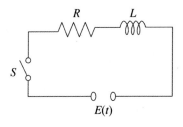

[그림 1.3] RL 직렬회로

[그림 1.3]과 같이, 저항 R과 유도기 L로만 구성된 RL 직렬회로에서 $t = 0$에서 스위치 S가 연결될 때, 전압 $E(t)$는 저항 R에서의 전압강하 $E_R(t) \, (= Ri)$와 유도기

L에서의 전압강하 $E_L(t)\left(=L\dfrac{di}{dt}\right)$의 합이 된다. 즉,

$$E(t) = E_R(t) + E_L(t) = Ri + L\frac{di}{dt} \tag{1.49}$$

가 된다. 전압이 일정하다고 한다면, 다음과 같은 1계 상미분방정식으로 표현된다.

$$L\frac{di}{dt} + Ri = E, \ (E는 \ 상수) \tag{1.50}$$

식 (1.50)의 일반해를 구하기 위하여 변수분리하면

$$\frac{di}{E - Ri} = \frac{1}{L}dt \tag{1.51}$$

가 된다. 이를 적분하면

$$-\frac{1}{R}\ln|Ri - E| = \frac{1}{L}t + \tilde{c}$$

가 되며, 이를 정리하면 다음과 같은 일반해를 얻는다.

$$i(t) = \frac{E}{R}\left(1 + ce^{-\frac{R}{L}t}\right) \quad (여기서 \ c = \frac{1}{E}e^{-R\tilde{c}}이다.) \tag{1.52}$$

초기조건 $t = 0$에서 초기전류 $i = 0$을 식 (1.52)에 대입하여, 다음의 해를 구할 수 있다.

$$i(t) = \frac{E}{R}\left(1 - e^{-\frac{R}{L}t}\right) \tag{1.53}$$

[그림 1.4]는 RL 직렬회로의 해(전류)를 그래프로 나타낸 것이다.

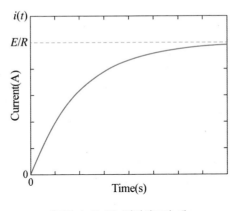

[그림 1.4] *RL* 직렬회로의 해

　이 회로에서 스위치를 단락시켜 전압을 0(영)으로 만들 경우, 다음과 같은 1계 상
미분방정식으로 표현된다.

$$L\frac{di}{dt} + Ri = 0 \tag{1.54}$$

　식 (1.54)의 일반해를 구하기 위하여 변수분리하면

$$\frac{di}{i} = -\frac{R}{L}dt \tag{1.55}$$

가 된다. 이를 적분하면

$$\ln|i| = -\frac{R}{L}t + \tilde{c}$$

가 되며, 이를 정리하면 다음과 같은 일반해를 얻는다.

$$i(t) = ce^{-\frac{R}{L}t} \quad \text{(여기서 } c = e^{\tilde{c}} \text{이다.)} \tag{1.56}$$

만약, 초기조건 $t = 0$에서 초기전류 $i = \dfrac{E}{R}$를 식 (1.56)에 대입하면 다음의 특수해를 구할 수 있다.

$$i(t) = \frac{E}{R} e^{-\frac{R}{L}t} \tag{1.57}$$

[그림 1.5]는 스위치를 단락시킨 경우에 대한 RL 직렬회로의 해(전류)를 그래프로 나타낸 것이다.

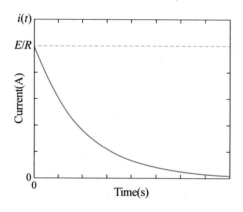

[그림 1.5] 스위치를 단락시킨 경우에 대한 RL 직렬회로의 해

(2) RC 직렬회로

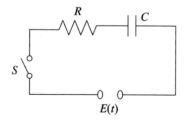

[그림 1.6] RC 직렬회로

[그림 1.6]과 같이, 저항 R과 축전기 C로만 구성된 RC 직렬회로에서 $t = 0$에서 스위치 S가 연결될 때, 전압 $E(t)$는 저항 R에서의 전압강하 $E_R(t) \, (= Ri)$와 축전

기 C에서의 전압강하 $E_C(t) \left(= \dfrac{1}{C} \displaystyle\int i\, dt \right)$의 합이 된다. 즉,

$$E(t) = E_R(t) + E_C(t) = Ri + \frac{1}{C} \int i\, dt \tag{1.58}$$

가 된다. 전압이 일정하다고 한다면, 다음과 같은 적분방정식으로 표현된다.

$$Ri + \frac{1}{C} \int i\, dt = E, \quad (E\text{는 상수}) \tag{1.59}$$

여기서, 전하량 $Q = \displaystyle\int i\, dt$라 놓으면, 다음과 같은 1계 상미분방정식을 얻게 된다.

$$\frac{dQ}{dt} + \frac{1}{RC}Q = \frac{E}{R} \tag{1.60}$$

식 (1.60)의 일반해를 구하기 위하여 변수분리하면

$$\frac{dQ}{Q - CE} = -\frac{1}{RC} dt \tag{1.61}$$

가 된다. 이를 적분하면

$$\ln |Q - CE| = -\frac{1}{RC} t + \tilde{c}$$

가 되며, 이를 정리하면 다음과 같은 일반해를 얻는다.

$$Q(t) = c\, e^{-\frac{1}{RC} t} + CE \quad (\text{여기서 } c = e^{\tilde{c}} \text{이다.}) \tag{1.62}$$

초기조건 $t = 0$에서 $Q = 0$을 식 (1.62)에 대입하여, 다음의 해를 구할 수 있다.

$$Q(t) = CE \left(1 - e^{-\frac{1}{RC} t} \right) \tag{1.63}$$

$i = \dfrac{dQ}{dt}$ 이므로 전류 $i(t)$는 다음과 같이 나타난다.

$$i(t) = \frac{E}{R} e^{-\frac{t}{RC}} \tag{1.64}$$

[그림 1.7]은 RC 직렬회로의 해(전류)를 그래프로 나타낸 것이다.

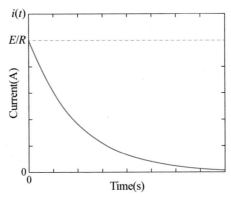

[그림 1.7] RC 직렬회로의 해

이 회로에서 스위치를 단락시켜 전압을 0(영)으로 만들 경우, 다음과 같은 적분방정식으로 표현된다.

$$Ri + \frac{1}{C} \int i\, dt = 0 \tag{1.65}$$

여기서, 전하 $Q = \displaystyle\int i\, dt$라 놓으면, 다음과 같은 1계 상미분방정식을 얻게 된다.

$$\frac{dQ}{dt} + \frac{1}{RC} Q = 0 \tag{1.66}$$

식 (1.66)의 일반해를 구하기 위하여 변수분리하면

$$\frac{dQ}{Q} = -\frac{1}{RC}dt$$

(1.67)

가 된다. 이를 적분하면

$$\ln|Q| = -\frac{1}{RC}t + \tilde{c}$$

가 되며, 이를 정리하면 다음과 같은 일반해를 얻는다.

$$Q(t) = c\,e^{-\frac{1}{RC}t} \quad (\text{여기서 } c = e^{\tilde{c}} \text{이다.})$$

(1.68)

초기조건 $t = 0$에서 $Q = CE$을 식 (1.68)에 대입하여 다음의 해를 구할 수 있다.

$$Q(t) = CEe^{-\frac{1}{RC}t}$$

(1.69)

전류 $i = \dfrac{dQ}{dt}$이므로 전류 $i(t)$는 다음과 같이 나타난다.

$$i(t) = -\frac{E}{R}e^{-\frac{1}{RC}t}$$

(1.70)

여기서, 전류의 값이 음(−)이라 하면, 전류가 기준 방향과 반대로 흐르는 것을 의미한다. [그림 1.8]은 스위치를 단락시킨 경우에 대한 RC 직렬회로의 해(전류)를 그래프로 나타낸 것이다.

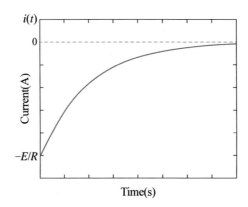

[그림 1.8] 스위치를 단락시킨 경우에 대한 RC 직렬회로의 해

연습문제 1.5

※ 다음 1계 상미분방정식의 응용 예를 풀어라. [1 ~ 8]

1. 뉴턴의 냉각법칙

    50℃로 가열된 물체를 일정한 온도 4℃의 냉장고에 넣었을 때 10분 후에 물체의 온도가 30℃로 되었다고 한다. 1시간 후에는 물체의 온도가 몇 ℃가 되리라 예측할 수 있는가?

2. 뉴턴의 냉각법칙

    주위 온도가 25℃로 유지되는 환경에서 -5℃인 냉동물체를 2시간 동안 방치하였더니 물체의 온도가 3℃로 변하였다. 물체의 온도가 언제 18℃로 변할지를 예측하라.

3. 방사성 원소의 반감기

    이화학, 공학, 생물, 의학 등의 분야에서 다양하게 이용되고 있는 방사성 동위원소 코발트(Co) 60의 반감기는 5.27년이라고 한다. 현재 4g의 코발트가 몇 년 경과 후에 0.1g 이내로 줄어들겠는가?

4. 세균 수의 증가

    어떤 세균이 2배로 증가하는 데 2일이 걸린다고 한다. 개체수가 100배로 증가하는 데 며칠이 소요되는지를 예측하라.

5. RL 직렬회로

    그림과 같이 저항 R과 유도기 L로 구성된 RL 직렬회로에서 $t = 0$에서 스위치 S가 연결될 때, 회로에 흐르는 전류 $i(t)$를 구하라. 여기서 $E(t) = 10 \text{ V}$, $R = 1 \text{ }Ω$, 및 $L = 0.1 \text{ H}$를 가정하라. 또한 $i(0) = 0$을 가정하라.

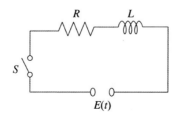

6. RL 직렬회로

문제 5에서와 같이 저항 R과 유도기 L로 구성된 RL 직렬회로에서 $0 \leq t \leq 0.1$ s에서 스위치 S가 연결되고 $t > 0.1$ s에서는 단락된다고 할 때, 회로에 흐르는 전류 $i(t)$를 구하라. 또한 $i(0) = 0$을 가정하라.

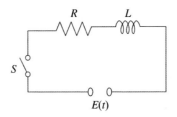

7. RC 직렬회로

그림과 같이 저항 R과 축전기 C로 구성된 RC 직렬회로에서 $t = 0$에서 스위치 S가 연결될 때, 회로에 흐르는 전류 $i(t)$를 구하라. 여기서 $E(t) = E = 10$ V, $R = 1$ Ω, 및 $C = 0.1$ C을 가정하라. 또한 $Q(0) = 0$을 가정하라.

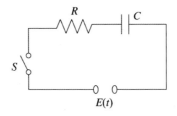

8. RC 직렬회로

문제 7에서와 같이 저항 R과 축전기 C로 구성된 RC 직렬회로에서 $0 \leq t \leq 0.1$ s에서 스위치 S가 연결되고 $t > 0.1$ s에서는 단락된다고 할 때, 회로에 흐르는 전류 $i(t)$를 구하라. 또한 $Q(0) = 0$을 가정하라.

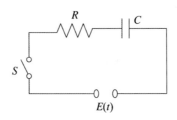

1.6* 상미분방정식의 수치해법 (*선택 가능)

앞 절까지는 미분방정식의 해를 해석적으로(analytically) 구하는 방법을 배웠다. 그러나 일반적인 미분방정식은 해를 가지고 있음에도 불구하고 해석적으로 구할 수 없는 경우가 많을 것이다. 이러한 경우에 해를 근사적으로(approximately) 구하는 수치해법(numerical method)이 있다.

대표적인 수치해법에는 Euler 방법(Euler method), Runge-Kutta 방법(Runge-Kutta method) 등이 있다.

1.6.1 Euler 방법

다음과 같은 1계 초기값 문제가 해를 가지고 있다고 하자.

$$y' = f(x, y), \quad y(x_0) = y_0 \tag{1.71}$$

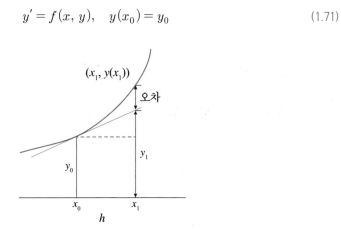

[그림 1.9] 접선을 이용한 $y(x_1)$의 근사값

[그림 1.9]에서 보는 바와 같이, y_1의 근사값을 초기값 (x_0, y_0)에서 그은 접선으로부터 얻을 수 있다. 즉,

$$y_1 = y_0 + hf(x_0, y_0) \tag{1.72}$$

여기서, h는 양의 x 증분이다. 이렇게 얻은 (x_1, y_1)을 새로운 시작점으로 하여 다음 점도 구할 수 있을 것이다.

$$y_2 = y_1 + hf(x_1, y_1) \tag{1.73}$$

따라서, 같은 방법으로 반복하면 다음 식으로 표현되는 Euler 방법이 구해진다.

CORE Euler 방법

미분방정식 $y' = f(x, y)$에서 y_{n+1}의 근사값은 다음과 같이 구한다.

$$y_{n+1} = y_n + hf(x_n, y_n) \qquad (n = 0, 1, 2, \cdots) \tag{1.74}$$

여기서, $x_{n+1} = x_0 + nh$이며, h는 양의 x 증분이다.

예제 1.17

다음 미분방정식에 대하여 Euler 방법을 이용하여, 초기값 $(0, 1)$이고 양의 x 증분이 0.1일 때 $x = 0.2$에서의 근사값 $y(0.2)$를 구하라.

$$y' = 2y$$

풀이

초기값 $(0, 1)$이므로 $x_0 = 0$, $y_0 = 1$이라 놓자.

먼저, $x_0 = 0$에서의 기울기는 $y'|_{x_0 = 0} = 2y|_{x_0 = 0} = 2 \cdot 1 = 2$이므로

$$x_1 = x_0 + h = 0 + 0.1 = 0.1$$
$$y_1 = y_0 + h \cdot 2 = 1 + 0.2 = 1.2$$

$x_1 = 0.1$에서의 기울기는 $y'\big|_{x_1 = 0.1} = 2y\big|_{x_1 = 0.1} = 2 \cdot 1.2 = 2.4$이므로

$$y_2 = y_1 + h \cdot 1.2 = 1.2 + 0.1 \cdot 2.4 = 1.44$$

답 1.44

🧠 검토

미분방정식 $y' = 2y$, $y(0) = 1$의 해는

$$y = e^{2x}$$

이다.

따라서, Euler 방법에 의한 근사값을 정리하면 다음과 같다.

	Euler 방법의 근사값	참값 $y = e^{2x}$
$x_0 = 0$	$y_0 = 1$	$y(x_0) = 1$
$x_1 = 0.1$	$y_1 = 1.2$	$y(x_1) = 1.2214$
$x_2 = 0.2$	$y_2 = 1.44$	$y(x_2) = 1.4918$
$x_3 = 0.3$	$y_3 = 1.728$	$y(x_3) = 1.8221$

x 증분을 작게 하면 할수록 참값에 근접한 근사값을 얻을 수 있을 것이다.

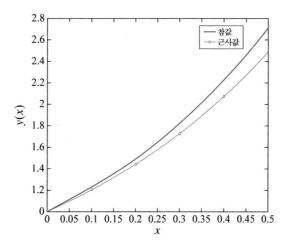

1.6.2 Runge–Kutta 방법

Runge-Kutta 방법은 앞 절에서 설명한 Euler 방법을 일반화한 것으로, 다음 식에서 같이 기울기 함수 $f(x_n, y_n)$ 대신 구간 $x_n < x < x_{n+1}$에서 측정된 평균기울기로 대체한 것이다.

🧩 CORE   Runge–Kutta 방법

i) 2차 Runge-Kutta 방법

$$y_{n+1} = y_n + h\frac{k_1 + k_2}{2} \qquad (n = 0, 1, 2, \cdots) \tag{1.75}$$

여기서, $k_1 = f(x_n, y_n)$, $k_2 = f(x_n + h, y_n + hk_1)$이다.

ii) 4차 Runge-Kutta 방법

$$y_{n+1} = y_n + h\frac{k_1 + 2k_2 + 2k_3 + k_4}{6} \qquad (n = 0, 1, 2, \cdots) \tag{1.76}$$

여기서, $k_1 = f(x_n, y_n)$, $k_2 = f\left(x_n + \frac{h}{2}, y_n + \frac{h}{2}k_1\right)$,

$k_3 = f\left(x_n + \frac{h}{2}, y_n + \frac{h}{2}k_2\right)$, $k_4 = f(x_n + h, y_n + hk_3)$이다.

1.7* MATLAB 활용 (*선택 가능)

MATLAB의 사용법은 하권의 Appendix B를 참조하기 바란다.

1.7.1 MATLAB 시작하기

① 프로그램이 설치된 컴퓨터의 메인 화면에서 MATLAB 아이콘 █을 마우스의 좌측 부분을 두 번 클릭한다.

② Command Window에서 작업을 시작한다.

MATLAB Toolbox

MATLAB에서 숫자 외에 문자(symbolic) 처리를 실행하기 위해서는 "Symbolic Math" Toolbox가 필요하다.

다음 연습을 수행하면서 MATLAB의 기본 기능을 익혀가기로 하자.

M_prob 1.1 다음을 연습하라.

```
>> x=1:10                  % 1부터 10까지 자동배열
>> x=1:0.5:10              % 1부터 0.5 간격으로 10까지 배열

>> c=1:3; d=2:4;           % 여기서의 semicolon(;)은 화면 비출력
>> x=c.*d                  % 각 원소끼리의 곱셈
>> x=c./d                  % 각 원소끼리의 나눗셈
>> x=c.^2                  % 행렬 c의 각 원소끼리의 제곱
```

M_prob 1.2 행렬 $A = \begin{bmatrix} 1 & 1 & 1 \\ 1 & 2 & 3 \\ 1 & 3 & 6 \end{bmatrix}$을 입력하라.

풀이

```
>> A=[1 1 1; 1 2 3; 1 3 6]      % 행렬에서의 semicolon(;)은 행 바꿈
```

M_prob 1.3 행렬 $A = \begin{bmatrix} 1 & 2 & -3 \\ -1 & 1 & 2 \\ 1 & 1 & 0 \end{bmatrix}$에 대한 행렬식을 계산하라. (det.m)

풀이

```
% det.m
>> A= [ 1 2 -3 ; -1 1 2 ; 1 1 0]    % 대문자, 소문자를 구별함
>> det(A)
```

답 8

M_prob 1.4 행렬 $A = \begin{bmatrix} 1 & 2 & -3 \\ -1 & 1 & 2 \\ 1 & 1 & 0 \end{bmatrix}$ 에 대한 역행렬을 계산하라. (inv.m)

풀이

```
% inv.m
>> A= [ 1 2 -3 ; -1 1 2 ; 1 1 0]
>> inv(A)
```

답
```
-0.25   -0.375   0.875
 0.25    0.375   0.125
-0.25    0.125   0.375
```

1.7.2 MATLAB에서 m-file 만들기

MATLAB의 왼쪽 상단의 ◻(new M-file)을 클릭하여 새로운 파일 창을 열어 내용을 입력한 후 신규 파일 명으로 저장한다(◼, save).

CORE 파일 명 주의사항

파일 명을 정할 때에는 빈 칸이나 한글, 특수 문자를 사용할 수 없으며, 숫자만으로 이루면 절대 안된다. (언더 바 "_"는 가능하다. 예, M2_6.m)

1.7.3 함수 그래프 그리기

M_prob 1.5 일계 상미분방정식 $y' + 2y = 0$, $y(0) = 1$에 대한 해가 $y(x) = e^{-2x}$ 이라고 할 때, 해의 그래프를 그려라.

```
% main file mprob1_5.m
close all; clear all;
x=0:0.01:2;
y=exp(-2*x);
plot(x, y, 'linewidth', 3)
xlabel('x', 'fontsize', 14)
ylabel('y(x)', 'fontsize', 14)
title('by analytic solution', 'fontsize', 14)
```

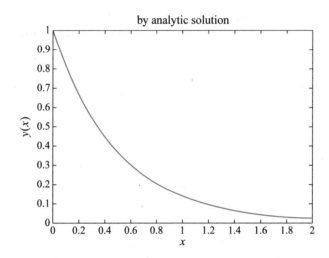

1.7.4 Runge-Kutta 방법을 이용하여 함수 그래프 그리기

MATLAB 함수에 포함되어 있는 Runge-Kutta 방법을 이용하면, 선형미분방정식에 대한 해석적 해(analytic solution)를 구하지 않고 해의 그래프를 얻을 수 있다. 또한, 비선형 미분방정식 등해석적 해를 구할 수 없는 경우에도 잘 활용할 수 있다.

M_prob 1.6 1계 선형미분방정식 $y' + 2\,y = 0$, 초기조건 $y(0) = 2$에 대한 해를 그려라.

풀이

$f = y'$ 이라고 놓으면

$$f = -2\,y$$

가 된다.

이러한 함수를 정의하는 함수 파일(파일 명은 song1_6으로 하자)을 먼저 만든다.

```
% song1_6.m
function f=song1_6(x, y)
f= zeros(1,1);
f=-2*y;
```

또한 다음과 같은 실행 파일을 별도로 만들고 파일 명을 mprob1_6으로 하자.

```
% main file mprob1_6.m
close all; clear all;
x=0:0.01:2;
y_initial=2;                        % initial condition
[x, y]= ode23('song1_6', x, y_initial);        % ode (ordinary differential
equation)
plot(x, y, 'linewidth', 3)
xlabel('x', 'fontsize', 15)
ylabel('y(x)', 'fontsize', 15)
title('by Runge-Kutta method', 'fontsize', 14)
```

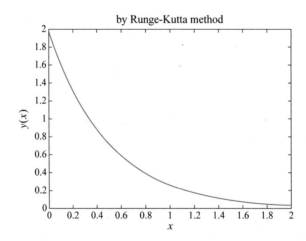

M_prob 1.7 1계 비선형 미분방정식 $y' + 2\sin y = 1$, 초기조건 $y(0) = 0$에 대한 해를 그려라.

```
% song1_7.m
function f=song1_7(x,y)              % 별도의 파일
f= zeros(1,1);
f=1-2*sin(y);
```

```
% main file mprob1_7.m
clear all; close all;
x=0:0.01:3;
y00=0;                          % initial condition
[x, y]= ode23('song1_7', x, y00);    % ode (ordinary differential equation)
plot(x, y, 'linewidth', 3)
xlabel('x', 'fontsize', 15)
ylabel('y(x)', 'fontsize', 15)
title('by Runge-Kutta method', 'fontsize', 14); grid
```

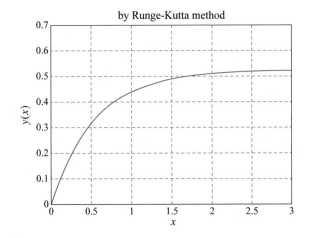

1.7.5 MATLAB을 활용하여 1계 미분방정식의 해를 구하기

MATLAB 명령어 dsolve.m을 이용하면, 초기조건이 있는 상미분방정식의 해를 직접적으로 구할 수 있다. ("Symbolic Math" Toolbox가 필요함)

M_prob 1.8 MATLAB을 활용하여 다음 1계 상미분방정식에 대한 해를 구하라.

(a) $\dot{y} + 2y = 2, \quad y(0) = 0$

(b) $\dot{y} + ay = \sin t, \quad y(0) = 1$

(c) $t\dot{y} + y = t^2, \quad y(0) = 1$

(d) $\dot{y} + y\tan t = \sin t, \quad y(0) = 1$ % 예제 1.13

풀이

(a) 주어진 미분방정식을 명시형으로 고치면

$$\frac{dy}{dt} = -2y + 2, \ y(0) = 0$$

이다.

먼저, $\frac{dy}{dt} = -2y + 2$에 대한 일반해를 구해보자.

```
syms y(t)
Dy = diff(y);                  % diff(y): the 1st order differential equation
dsolve('Dy=-2*y+2')            % dsolve.m 미분방정식의 일반해 구하기
```

※ 참고 : 처음 두 줄 내용(syms y(t)과 Dy = diff(y);)을 생략하여도 무방하다.

```
ans =
    C1*exp(-2*t) + 1
```

$$\boxed{답} \ y = 1 - C_1 e^{-2t}$$

초기값 $y(0) = 0$을 대입한 특수해를 구해보자.

```
dsolve('Dy=-2*y+2', 'y(0)=0')            % 초기조건이 있는 특수해
```

```
ans =
    1 - exp(-2*t)
```

$$\boxed{답} \ y = 1 - e^{-2t}$$

(b) 주어진 미분방정식을 명시형으로 고치면

$$\frac{dy}{dt} = -ay + \sin t, \ y(0) = 0$$

이다.

먼저, $\frac{dy}{dt} = -ay + \sin t$에 대한 일반해를 구해보자.

```
>> dsolve('Dy=-a*y+sin(t)')            % 초기조건이 없는 일반해
```

```
ans =
    C2*exp(-a*t) - (cos(t) - a*sin(t))/(a^2 + 1)
```

$$\boxed{답} \ y = C_2 e^{-at} + \frac{1}{a^2 + 1}(-\cos t + a \sin t)$$

초기값 $y(0) = 0$을 대입한 특수해를 구해보자.

```
>> dsolve('Dy=-a*y+sin(t)', 'y(0)=0')  % 초기조건이 있는 특수해

ans =
    exp(-a*t)/(a^2 + 1) - (cos(t) - a*sin(t))/(a^2 + 1)
```

$$\text{답}\quad y = \frac{1}{a^2+1}\left(e^{-at} - \cos t + a\sin t\right)$$

(c) 주어진 미분방정식을 명시형으로 고치면

$$\frac{dy}{dt} = -\frac{1}{t}\,y + t,\ \ y(0) = 0$$

이다.

```
>> dsolve('Dy=-1/t*y+t', 'y(0)=0')

ans =
    t^2/3
```

$$\text{답}\quad y = \frac{t^2}{3}$$

(d) 주어진 미분방정식을 명시형으로 고치면

$$\frac{dy}{dt} = -y\tan t + \sin t,\ \ y(0) = 1$$

이다.

```
>> dsolve('Dy=-tan(t)*y+sin(t)', 'y(0)=1')

ans =
    cos(t) - log(cos(t))*cos(t)
```

$$\text{답}\quad y = \cos t \cdot (1 - \ln|\cos t|)$$

(*선택 가능)

1. 행렬 $A = \begin{bmatrix} 1 & 2 & -3 & 1 \\ -1 & 1 & 2 & -2 \\ 1 & 1 & 0 & 2 \\ 2 & -1 & 2 & 3 \end{bmatrix}$ 에 대한 행렬식(determinant)을 MATLAB을 이용하여 계산하라.

2. 행렬 $A = \begin{bmatrix} 1 & 3 & -1 \\ -2 & 1 & 2 \\ 0 & 1 & 3 \end{bmatrix}$ 에 대한 역행렬(inverse matrix)을 MATLAB을 이용하여 계산하라.

3. $y = e^{-0.1x} \sin x$의 그래프를 그려라.

4. 1계 선형 상미분방정식 $y' + y = 0$, 초기조건 $y(0) = 1$의 해에 대한 그래프를 그려라.

5. 1계 비선형 상미분방정식 $y' - y \cos x = \sin x$, 초기조건 $y(0) = 1$의 해에 대한 그래프를 그려라.

6. 1계 비선형 상미분방정식 $y' = 3y - 2y^3$, 초기조건 $y(0) = 0.1$의 해에 대한 그래프를 그려라.

7. MATLAB을 이용하여, 다음 1계 상미분방정식의 해를 구하라.

   (a) $\dot{y} + 2y = -3t$, $y(0) = 0$

   (b) $\dot{y} = (y - 1) \cot t$, $y(\pi/2) = 2$

   (c) $t\dot{y} + 2y = 4t^2$, $y(1) = 3$

   (d) $\dot{y} + 2y = 3y^2$, $y(0) = 0.4$

   (e) $\dot{y} = 2(y - 3) \tanh t$, $y(0) = 2$

   (f) $y\dot{y} + 2e^t = 0$, $y(0) = 2$

CHAPTER

2

2계 선형 상미분방정식

미분방정식에 포함된 가장 높은 계수의 도함수가 y'' 일 때, 2계 상미분방정식이라 부르며, 특히 기계공학이나 전기공학에서 주기적으로 요동하는 진동(vibration) 신호는 주로 2계 선형상미분방정식으로 표현된다.

선형상미분방정식은 그 형태에 따라 제차(homogeneous) 상미분방정식(2.1절, 2.2절, 2.3절)과 비제차(non-homogeneous) 상미분방정식(2.3절, 2.4절)으로 나눌 수 있다.

2계 상미분방정식은 진동학 및 전기회로 등에서 응용된다(2.5절). 또한, 상용 프로그램인 MATLAB을 이용하여 2계 상미분방정식의 해를 쉽게 도시하는 방법과 미분방정식의 해를 직접적으로 구하는 방법을 배우게 된다(2.6절).

2.1 2계 제차 선형상미분방정식

2.1.1 2계 선형상미분방정식의 표준형(standard form)

상미분방정식이 다음과 같은 형태로 표현될 때, 2계 선형 상미분방정식의 표준형 (standard form)이라 한다.

$$y'' + p(x)y' + q(x)y = r(x) \tag{2.1}$$

이 때, 수식의 우변 $r(x) = 0$일 때, 제차(homogeneous) 상미분방정식이라 하며 다음과 같다.

$$y'' + p(x)y' + q(x)y = 0 \tag{2.2}$$

2.1.2 기저의 선형결합(linear combination of bases), 기저(basis)와 제차해

제차 상미분방정식 (2.2)를 만족하는 독립적인(independent) 두 개의 해(즉, 두 개의 기저)가 각각 y_1과 y_2라면 식 (2.2)의 일반해는 y_1과 y_2의 선형결합(linear combination)으로 이루어진다. 이를 선형 중첩의 원리(linear superposition principle)라고 한다. 즉, 제차해(homogeneous solution)는 $y = C_1 y_1 + C_2 y_2$가 된다. 이 때, y_1과 y_2를 제차 상미분방정식의 기저(basis)라 하며, C_1과 C_2는 임의의 상수이다.

이에 대한 증명은 다음과 같다.

제차해 $y = C_1 y_1 + C_2 y_2$를 식 (2.2)에 대입하면

$$\begin{aligned}
C_1 y_1'' &+ C_2 y_2'' + p(C_1 y_1' + C_2 y_2') + q(C_1 y_1 + C_2 y_2) \\
&= C_1(y_1'' + p y_1' + q y_1) + C_2(y_2'' + p y_2' + q y_2) \\
&= 0
\end{aligned}$$

2.1.3 초기값 문제(initial value problem)

식 (2.2)의 제차 상미분방정식 $y'' + p(x)y' + q(x)y = 0$의 일반해 $y = C_1 y_1 + C_2 y_2$에서 미지수 C_1과 C_2는 초기조건(initial condition) $y(x_0)$와 $y'(x_0)$로부터 구할 수 있다.

2.1.4 하나의 해를 알 때 기저를 구하는 법

제차 상미분방정식 (2.2) $y'' + p(x)y' + q(x)y = 0$을 만족하는 하나의 해 y_1을 알고 있을 때, 두 번째 기저해 y_2를 구하는 방법을 차수축소법(reduction of order)이라 한다. 그 방법은 다음과 같다.

먼저, 두 번째 기저해 y_2를 식 (2,3)과 같이 가정한다.

$$y_2 = u\,y_1 \tag{2.3}$$

이를 식 (2.2)에 대입하면

$$
\begin{aligned}
(u\,y_1)'' &+ p\,(u\,y_1)' + q\,(u\,y_1) \\
&= (u''y_1 + 2u'y_1' + u\,y_1'') + p\,(u'y_1 + u\,y_1') + q\,(u\,y_1) \\
&= u''y_1 + u'\,(2y_1' + p\,y_1) + u\,(y_1'' + p\,y_1' + q\,y_1) = 0
\end{aligned}
$$

y_1은 식 (2.2)의 해이므로 $y_1'' + p\,y_1' + q\,y_1 = 0$을 적용하면, 윗 식은

$$u''y_1 + u'\,(2y_1' + p\,y_1) = 0$$

이 된다. 즉,

$$u'' + u'\left(2\,\frac{y_1'}{y_1} + p\right) = 0$$

이 때, $v = u'$이라 놓으면

$$v' + v\left(2\,\frac{y_1{}'}{y_1} + p\right) = 0$$

이 된다. 이는 1계 상미분방정식이므로, 변수분리하여 적분하면

$$\frac{dv}{v} = -\left(\frac{2\,y_1{}'}{y_1} + p\right)dx$$

따라서

$$\ln|v| = -2\ln|y_1| - \int p\,dx$$

즉,

$$v = \frac{1}{y_1^2}\,e^{-\int p\,dx} \tag{2.4}$$

이 된다. $v = u'$이므로 $u = \int v\,dx$이다. 따라서, 구하고자 하는 두 번째 해는 다음과 같다.

$$y_2 = y_1\,u = y_1\int v\,dx \tag{2.5}$$

식 (2.4)로부터 $v > 0$이므로, $\int v\,dx$는 상수가 될 수 없다. 따라서, y_1과 y_2는 제차 상미분방정식의 기저를 형성한다.

🧩 CORE   **차수축소법(reduction of order)**

기저 $y_1(x)$를 알 때, 다른 기저 $y_2(x)$를 구하는 법

$$y'' + p(x)\,y' + q(x)\,y = 0$$

에서

$$y_2 = y_1 \int v\,dx \qquad (2.6)$$

이다. 단, $v = \dfrac{1}{y_1^2}\,e^{-\int p(x)\,dx}$ 이다.

⚙ 예제 2.1

다음 제차 상미분방정식을 만족하는 하나의 해가 e^x 이라고 할 때, 기저를 완성하라.

$$y'' - 2\,y' + y = 0$$

풀이

하나의 해 $y_1 = e^x$ 이므로, $y_2 = u\,y_1 = u\,e^x$ 이라 놓자.

문제에 대입하면

$$(u\,e^x)'' - 2\,(u\,e^x)' + (u\,e^x) = (u''\,e^x + 2\,u'\,e^x + u\,e^x) - 2\,(u'\,e^x + u\,e^x) + u\,e^x$$
$$= u''\,e^x = 0$$

따라서,

$$u' = C_2, \; \text{즉}, \, u = C_2 x + C_1$$

이 된다. 한편

$$y_2 = u\,y_1 = (C_2 x + C_1)\,e^x \; \text{(단, } C_1 \text{과 } C_2 \text{는 임의의 상수)}$$

여기서, $C_1 e^x$ 은 $y_1 = e^x$ 에 포함되므로 $y_2 = x\,e^x$ 이다.

답 기저 $e^x, \; x\,e^x$

차수축소법을 이용하자.

$$y'' + p(x)\,y' + q(x)\,y = 0$$

에서

$$y_2 = y_1 u = y_1 \int v\,dx \quad \left(\text{단, } v = \frac{1}{y_1^2}\,e^{-\int p\,dx} \right)$$

이다. 따라서, $y_1 = e^x$, $p(x) = -2$일 때,

$$v = \frac{1}{y_1^2}\,e^{-\int p\,dx} = \frac{1}{(e^x)^2} e^{-\int -2\,dx} = \frac{1}{(e^x)^2} e^{2x} = 1$$

$$y_2 = y_1 u = y_1 \int v\,dx = e^x \int 1\,dx = x e^x$$

답 기저 e^x, $x e^x$

예제 2.2

다음 제차 상미분방정식을 만족하는 하나의 해가 x^m 이라고 할 때, 기저를 완성하라.

$$x^2 y'' - (2m-1)\,x\,y' + m^2 y = 0$$

풀이

하나의 해 $y_1 = x^m$이므로,

$$y_2 = u\,y_1 = u\,x^m$$

이라 놓자.

문제에 대입하면

$$x^2 (u\,x^m)'' - (2m-1)\,x\,(u\,x^m)' + m^2 (u\,x^m)$$
$$= x^2 (u'' x^m + 2m\,u' x^{m-1} + m\,(m-1)\,u\,x^{m-2}) - (2m-1)\,x\,(u' x^m + m\,u\,x^{m-1}) + m^2 (u\,x^m)$$
$$= x^m (x^2 u'' + x u') = 0$$

즉

$$x\,u'' + u' = 0$$

이 된다. 여기서, $v = u'$ 이라 놓으면

$$x\,v' + v = 0$$

이다. 이를 변수분리하면

$$\frac{dv}{v} = -\frac{dx}{x}$$

가 되므로

$$\ln|v| = -\ln|x| + \ln C_2$$

즉,

$$v = \frac{C_2}{x}$$

$$u' = \frac{C_2}{x}$$

이다. 따라서, 적분하면

$$u = C_1 + C_2\ln|x|$$

이며,

$$y_2 = u\,y_1 = (C_1 + C_2\ln|x|)\,x^m \quad (\text{단, } C_1\text{과 } C_2\text{는 임의의 상수})$$

이다. 여기서, $C_1\,x^m$ 은 $y_1 = x^m$ 에 포함되므로

$$y_2 = x^m\ln|x|$$

이다.

답 기저 $x^m,\ x^m\ln|x|$

별해 차수축소법을 이용하자.

$$y'' + p(x)\,y' + q(x)\,y = 0$$

에서

$$y_2 = y_1\int v\,dx \quad\left(\text{단, } v = \frac{1}{y_1^2}\,e^{-\int p\,dx}\right)$$

이다.

따라서, $y_1 = x^m$, $p(x) = -\dfrac{(2m-1)}{x}$ 일 때, [주의: $p(x) \neq -(2m-1)$ 이다.]

$$v = \frac{1}{y_1^2}\, e^{-\int p\, dx} = \frac{1}{(x^m)^2}\, e^{-\int \frac{-(2m-1)}{x}\, dx} = \frac{1}{x^{2m}} e^{(2m-1)\ln|x|} = \frac{1}{x}$$

$$y_2 = y_1 \int v\, dx = x^m \int \frac{1}{x}\, dx = x^m \ln|x|$$

답 기저 x^m, $x^m \ln|x|$

※ 다음 제차 상미분방정식을 만족하는 하나의 해가 주어질 때, 기저를 완성하라. [1 ~ 6]

1. e^{-x}, $\qquad\qquad$ $y'' - 2y' - 3y = 0$

2. e^{-2x}, $\qquad\qquad$ $y'' + 4y' + 4y = 0$

3. x, $\qquad\qquad$ $x^2 y'' + 2xy' - 2y = 0$

4. x^2, $\qquad\qquad$ $x^2 y'' - 3xy' + 4y = 0$

5. $\cos 2x$, $\qquad\qquad$ $y'' + 4y = 0$

6. $e^{\lambda x}$, $\qquad\qquad$ $y'' - 2\lambda y' + \lambda^2 y = 0$

2.2 상수계수를 갖는 2계 제차 선형상미분방정식

2.2.1 특성방정식(characteristic equation)

식 (2.2)에서 계수 a, b가 상수인 2계 제차 상미분방정식을 고찰하여 보자.

$$y'' + ay' + by = 0 \tag{2.7}$$

이 미분방정식의 해 $y(x)$를 다음과 같이 가정한다.

$$y = Ce^{\lambda x} \tag{2.8}$$

여기서, 계수 C는 0이 아닌 상수이다. 식 (2.8)을 미분방정식 (2.7)에 대입하면, 다음과 같은 특성방정식(characteristic equation)을 얻는다.

$$\lambda^2 + a\lambda + b = 0 \tag{2.9}$$

2.2.2 제차해(homogeneous solution)

특성방정식 (2.9)의 두 근 λ_1, λ_2에 따라 다음과 같이 정리된다.

i) $a^2 - 4b > 0$일 때, 서로 다른 실근 $\lambda_{1,2} = \dfrac{-a \pm \sqrt{a^2 - 4b}}{2}$를 갖는다.

따라서, 상미분방정식 (2.7)의 기저는

$$y_1 = e^{\lambda_1 x} \text{과 } y_2 = e^{\lambda_2 x}$$

이 되므로, 제차해는 다음과 같다.

$$y(x) = C_1 e^{\lambda_1 x} + C_2 e^{\lambda_2 x} \ (C_1, \ C_2 \text{는 상수}) \tag{2.10a}$$

ii) $a^2 - 4b = 0$일 때, 중근 $\lambda (= \lambda_1 = \lambda_2) = -\dfrac{a}{2}$를 갖는다.

식 (2.7)의 한 해는

$$y_1 = e^{\lambda x}$$

이 된다. 연습문제 2.1의 문제 6에서 유도한 바와 같이 또 다른 해를 구하면

$$y_2 = x e^{\lambda x}$$

이 된다. 일반해는 다음과 같다.

$$y(x) = (C_1 + C_2 x) e^{\lambda x} \ (C_1, \ C_2 \text{는 상수}) \tag{2.10b}$$

iii) $a^2 - 4b < 0$일 때, 켤레복소수 근 $\lambda_{1,2} = -\dfrac{a}{2} \pm \omega i$ (여기서, $\omega = \dfrac{\sqrt{4b - a^2}}{2}$)를 갖는다.

따라서, 일반해는

$$
\begin{aligned}
y &= C_1 e^{\lambda_1 x} + C_2 e^{\lambda_2 x} \\
&= e^{-\frac{a}{2} x} \left(C_1 e^{\omega x i} + C_2 e^{-\omega x i} \right) \\
&= e^{-\frac{a}{2} x} \left(C_1 (\cos \omega x + i \sin \omega x) + C_2 (\cos \omega x - i \sin \omega x) \right) \\
&= e^{-\frac{a}{2} x} \left(A \cos \omega x + B \sin \omega x \right)
\end{aligned}
$$

가 된다. 여기서, 상수 $A = C_1 + C_2$, $B = i(C_1 - C_2)$에 해당한다. 따라서, 제차해는 다음과 같다.

$$y(x) = e^{-\frac{a}{2}x}(A\cos\omega x + B\sin\omega x) \quad (A,\ B는\ 상수) \tag{2.10c}$$

🧩 CORE

2계 제차 상미분방정식 $y'' + ay' + by = 0$의 특성방정식이

i) 서로 다른 두 실근 $\lambda_1,\ \lambda_2$를 가진다면, 제차해는

$$y(x) = C_1 e^{\lambda_1 x} + C_2 e^{\lambda_2 x} \tag{2.10a}$$

이 된다.

ii) 중근 $\lambda_1(=\lambda_2)$을 가진다면, 제차해는

$$y(x) = (C_1 + C_2 x)e^{\lambda_1 x} \tag{2.10b}$$

이 된다.

iii) 켤레복소수 근 $\lambda_{1,2} = p \pm qi$를 가진다면, 제차해는

$$y(x) = e^{px}(A\cos qx + B\sin qx) \tag{2.10c}$$

가 된다.

⚙️ 예제 2.3

다음 2계 제차 선형상미분방정식의 일반해를 구하라.

(a) $y'' - 3y' + 2y = 0$
(b) $y'' + 6y' + 9y = 0$
(c) $y'' + 2y' + 5y = 0$

풀이

(a) $y(x) = Ce^{\lambda x}$이라 놓으면, $\lambda^2 - 3\lambda + 2 = 0$, $(\lambda - 1)(\lambda - 2) = 0$

즉, $\lambda = 1$, $\lambda = 2$ (서로 다른 두 실근)

따라서

$$y(x) = C_1 e^x + C_2 e^{2x} \quad (C_1,\ C_2 \text{는 상수})$$

이다.

(b) $y(x) = Ce^{\lambda x}$ 이라 놓으면, $\lambda^2 + 6\lambda + 9 = 0,\ (\lambda+3)^2 = 0$

　　　　즉, $\lambda = -3$ (중근)

따라서,

$$y(x) = (C_1 + C_2 x)\,e^{-3x} \quad (C_1,\ C_2 \text{는 상수})$$

이다.

(c) $y(x) = Ce^{\lambda x}$ 이라 놓으면, $\lambda^2 + 2\lambda + 5 = 0,$

즉, $\lambda = -1 \pm 2i$ (켤레복소수 근)

따라서,

$$y(x) = e^{-x}(A\cos 2x + B\sin 2x) \quad (A,\ B \text{는 상수})$$

이다.

> 🔳 (a) $y(x) = C_1 e^x + C_2 e^{2x} \quad (C_1,\ C_2 \text{는 상수})$
> 　　(b) $y(x) = (C_1 + C_2 x)\,e^{-3x} \quad (C_1,\ C_2 \text{는 상수})$
> 　　(c) $y(x) = e^{-x}(A\cos 2x + B\sin 2x) \quad (A,\ B \text{는 상수})$

2.2.3 미분연산자(*선택 가능, differential operator)

미분연산자(differential operator) D를 $\dfrac{d}{dx}$ 라고 정의할 때,

$$Dy = y' = \frac{dy}{dx} \tag{2.11}$$

가 된다. 또한, 제차 상미분방정식 $y'' + ay' + by = 0$은

$$(D^2 + aD + bI)y = 0 \tag{2.12}$$

으로 표시된다. 이 때, I는 항등 연산자(identity operator)이다. 예를 들어, 제차 상미분방정식 $(D^2 - D - 6I)y = 0$은 다음과 같이 인수분해할 수 있다.

$$(D - 3I)(D + 2I)y = 0$$

여기서, $(D - 3I)y = y' - 3y = 0$은 해

$$y_1 = e^{3x}$$

을 가지며, 또한, $(D + 2I)y = y' + 2y = 0$은 해

$$y_2 = e^{-2x}$$

을 갖는다. 따라서, $(D^2 - D - 6I)y = 0$의 해는

$$y = C_1 e^{3x} + C_2 e^{-2x}$$

이다.

※ 다음 제차 선형상미분방정식의 제차해를 구하라. [1 ~ 6]

1. $y'' - 4y = 0$

2. $3y'' + 10y' + 3y = 0$

3. $y'' - 4y' + 4y = 0$

4. $9y'' + 6y' + y = 0$

5. $y'' + 3y = 0$

6. $y'' + y' + y = 0$

※ 다음 초기값 문제를 풀고, 검증하라. [7 ~ 9]

7. $y'' - y' - 2y = 0,$ $y(0) = 3, \ y'(0) = 0$

8. $y'' + 3y' + 2.25y = 0,$ $y(1) = 2e^{-1.5}, y'(1) = 0$

9. $y'' - 2y' + 2y = 0,$ $y(0) = 0, y'(0) = 1$

※ 다음 미분연산자를 인수분해하여 미분방정식의 제차해를 구하라. [10 ~ 13]

10. $(9D^2 - I)y = 0$

11. $(D^2 - 2D + I)y = 0$

12. $(D^2 - 3D)y = 0$

13. $(D^2 + 2I)y = 0$

2.3 Euler−Cauchy 방정식

2.3.1 특성방정식(characteristic equation)

다음 식과 같이 계수 a, b가 상수인 2계 제차 상미분방정식을 Euler-Cauchy 방정식(Euler-Cauchy equation)이라 한다.

$$x^2 y'' + a x y' + b y = 0 \tag{2.13}$$

식 (2.13)에서

$$y = C x^m$$

이라 놓으면,

$$y' = C m x^{m-1}, \quad y'' = C m (m-1) x^{m-2}$$

이 되어, 이를 식 (2.13)에 대입하면

$$x^2 \cdot m (m-1) x^{m-2} + a x \cdot m x^{m-1} + b x^m = 0$$

이 된다. 따라서, 다음의 특성방정식(characteristic equation)을 얻는다.

$$m (m-1) + a m + b = 0 \tag{2.14}$$

2.3.2 제차해(homogeneous solution)

특성방정식 (2.14)의 두 근 m_1, m_2에 따라 다음과 같이 정리된다.

i) $(a-1)^2 - 4b > 0$일 때, 서로 다른 실근 $m_{1,2} = \dfrac{-(a-1) \pm \sqrt{(a-1)^2 - 4b}}{2}$를 갖는다.

따라서, 식 (2.13)의 기저는 $y_1 = x^{m_1}$과 $y_2 = x^{m_2}$이 되므로, 일반해는 다음과 같다.

$$y(x) = C_1 x^{m_1} + C_2 x^{m_2} \quad (C_1,\ C_2 는\ 상수)\tag{2.15a}$$

ii) $(a-1)^2 - 4b = 0$일 때, 중근 $m\,(= m_1 = m_2) = -\dfrac{a-1}{2}$을 갖는다.

따라서, 식 (2.13)의 한 해는

$$y_1 = x^m$$

이 된다. 예제 2.2에서 유도한 바와 같이 또 다른 해를 구하면

$$y_2 = x^m \ln|x|$$

가 된다. 제차해는 다음과 같다.

$$y(x) = x^m \left(C_1 + C_2 \ln|x| \right) \quad (C_1,\ C_2 는\ 상수)\tag{2.15b}$$

iii) $(a-1)^2 - 4b < 0$일 때, 켤레복소수 근 $m_{1,2} = -\dfrac{a-1}{2} \pm wi$

(여기서 $w = \dfrac{\sqrt{4b - (a-1)^2}}{2}$)을 갖는다. 따라서, 제차해는

$$y = C_1 x^{m_1} + C_2 x^{m_2}$$

$$= x^{-\frac{a-1}{2}} \left(C_1 x^{\omega i} + C_2 x^{-\omega i} \right)$$

$$= x^{-\frac{a-1}{2}} \left(C_1 (e^{\ln|x|})^{\omega i} + C_2 (e^{\ln|x|})^{-\omega i} \right)$$

$$= x^{-\frac{a-1}{2}} \left(C_1 e^{(\omega \ln|x|)i} + C_2 e^{-(\omega \ln|x|)i} \right)$$

$$= x^{-\frac{a-1}{2}} \{ A \cos(\omega \ln|x|) + B \sin(\omega \ln|x|) \}$$

가 된다. 여기서, 상수 $A = C_1 + C_2$, $B = i(C_1 - C_2)$에 해당한다. 따라서, 제차해는 다음과 같다.

$$y(x) = x^{-\frac{a-1}{2}} \{ A \cos(\omega \ln|x|) + B \sin(\omega \ln|x|) \} \quad (A, \ B는 상수) \tag{2.15c}$$

🧩 **CORE**

2계 제차 상미분방정식 $x^2 y'' + a x y' + b y = 0$의 특성방정식이

i) 서로 다른 두 실근 m_1, m_2를 가진다면, 제차해는

$$y(x) = C_1 x^{m_1} + C_2 x^{m_2} \tag{2.15a}$$

이 된다.

ii) 중근 $m_1 (= m_2)$을 가진다면, 제차해는

$$y(x) = x^{m_1} (C_1 + C_2 \ln|x|) \tag{2.15b}$$

이다.

iii) 켤레복소수근 $\lambda_{1,2} = p \pm q i$를 가진다면, 제차해는

$$y(x) = x^p \{ A \cos(q \ln|x|) + B \sin(q \ln|x|) \} \tag{2.15c}$$

가 된다.

🔅 예제 2.4

다음 2계 제차 선형상미분방정식의 제차해를 구하라.

(a) $x^2 y'' - 2x y' + 2y = 0$

(b) $x^2 y'' + 7x y' + 9y = 0$

(c) $x^2 y'' + 3x y' + 5y = 0$

풀이

(a) $y(x) = Cx^m$이라 놓으면, $m(m-1) - 2m + 2 = 0$, $(m-1)(m-2) = 0$

즉, $m = 1$, $m = 2$ (서로 다른 두 실근)

따라서

$$y(x) = C_1 x + C_2 x^2 \quad (C_1,\ C_2 는 상수)$$

이다.

(b) $y(x) = Cx^m$이라 놓으면, $m(m-1) + 7m + 9 = 0$, $(m+3)^2 = 0$

즉, $m = -3$ (중근)

따라서

$$y(x) = x^{-3}(C_1 + C_2 \ln|x|) \ (C_1,\ C_2 는 상수)$$

이다.

(c) $y(x) = Cx^m$이라 놓으면, $m(m-1) + 3m + 5 = 0$,

즉, $m = -1 \pm 2i$ (켤레복소수 근)

일반해는

$$
\begin{aligned}
y &= C_1 x^{-1+2i} + C_2 x^{-1-2i} \\
&= x^{-1}\big(C_1 x^{2i} + C_2 x^{-2i}\big) \\
&= x^{-1}\big(C_1 (e^{\ln|x|})^{2i} + C_2 (e^{\ln|x|})^{-2i}\big) \\
&= x^{-1}\big(C_1 e^{(2\ln|x|)i} + C_2 e^{-(2\ln|x|)i}\big) \\
&= x^{-1}\{A\cos(2\ln|x|) + B\sin(2\ln|x|)\} \quad \{\text{단}, A = C_1 + C_2, B = i(C_1 - C_2)\}
\end{aligned}
$$

따라서

$$y(x) = x^{-1}\{A\cos(2\ln|x|) + B\sin(2\ln|x|)\} \quad (A,\ B \text{는 상수})$$

이다.

답 (a) $y(x) = C_1 x + C_2 x^2 \quad (C_1,\ C_2 \text{는 상수})$

(b) $y(x) = x^{-3}(C_1 + C_2 \ln|x|) \ (C_1,\ C_2 \text{는 상수})$

(c) $y(x) = x^{-1}\{A\cos(2\ln|x|) + B\sin(2\ln|x|)\} \quad (A,\ B \text{는 상수})$

※ 다음 제차 상미분방정식의 일반해를 구하라. [1 ~ 6]

1. $x^2 y'' + x y' - 4 y = 0$

2. $3 x^2 y'' + 5 x y' - y = 0$

3. $x^2 y'' - 3 x y' + 4 y = 0$

4. $4 x^2 y'' + y = 0$

5. $x^2 y'' + x y' + 3 y = 0$

6. $x^2 y'' + 5 x y' + 5 y = 0$

※ 다음 제차 상미분방정식의 초기값 문제를 풀어라. [7 ~ 9]

7. $2 x^2 y'' - x y' + y = 0, \quad y(1) = 1, \ y'(1) = 0$

8. $x^2 y'' - 3 x y' + 4 y = 0, \ y(1) = 2, \ y'(1) = 1$

9. $x^2 y'' - x y' + 3 y = 0, \quad y(1) = 2, \ y'(1) = 2 + \sqrt{2}$

2.4 2계 비제차 상미분방정식

식 (2.1)의 2계 비제차(nonhomogeneous) 상미분방정식의 일반해는

$$y(x) = y_h(x) + y_p(x) \tag{2.16}$$

로 나타낸다. 여기서, $y_h(x)$는 상미분방정식의 제차해(homogeneous solution)이며, $y_p(x)$는 식 (2.1)의 0이 아닌 비제차 항 $r(x)$에 관계되는 특수해(particular solution)이다. 특수해(또는 비제차해)를 구하는 방법에는 다음의 두 가지 방법이 있다.

2.4.1 미정계수법(the method of undetermined coefficients)

비제차 항 $r(x)$의 형태에 따라 특수해 $y_p(x)$를 〈표 2.1〉과 같이 가정한 후, 식 (2.1)에 대입하여 계수 비교함으로써 각 상수 A, B, $\cdots$ 등을 구한다.

〈표 2.1〉 미정계수법

$r(x)$	$y_p(x)$
x^m	$Ax^m + Bx^{m-1} + Cx^{m-2} + \dots.$
$\cos px$	$A\cos px + B\sin px$
$\sin px$	
e^{px}	Ce^{px}

 예제 2.5

다음 비제차 상미분방정식의 일반해를 구하라.

(a) $y'' + 2y' + 3y = 3x^2$　　　　　(b) $y'' - 6y' + 9y = 2e^{-3x}$

(c) $y'' + 3y' + 2y = 10\sin x$　　　　(d) $y'' + y = 2\cos x$

풀이

(a) 일반해 $y(x) = y_h(x) + y_p(x)$에서

우선, 제차해는

$$y_h(x) = e^{-x}(C_1 \cos \sqrt{2}\,x + C_2 \sin \sqrt{2}\,x)$$

로 구해진다.
특수해는

$$y_p = A x^2 + B x + C$$

라 놓자.

$$y_p{}' = 2 A x + B$$
$$y_p{}'' = 2 A$$

이들을 원 식에 대입하면

$$2 A + 2(2 A x + B) + 3(A x^2 + B x + C) = 3 x^2$$

계수 비교함으로써

$$A = 1, \quad B = -\frac{4}{3}, \quad C = \frac{2}{9}$$

이다. 따라서, 특수해 $y_p(x)$는

$$y_p = x^2 - \frac{4}{3}x + \frac{2}{9}$$

이다. 따라서, 일반해는

$$y(x) = y_h + y_p = e^{-x}(C_1 \cos \sqrt{2}\,x + C_2 \sin \sqrt{2}\,x) + x^2 - \frac{4}{3}x + \frac{2}{9}$$

이다.

(b) 일반해 $y(x) = y_h(x) + y_p(x)$에서

우선, 제차해는

$$y_h(x) = (C_1 + C_2 x)e^{3x}$$

으로 구해진다. 특수해

$$y_p = A e^{-3x}$$

이라 놓자.

$$y_p{}' = -3\,A\,e^{-3x}$$
$$y_p{}'' = 9\,A\,e^{-3x}$$

이들을 원 식에 대입하면

$$9A - 6 \cdot (-3A) + 9A = 2,$$
$$\therefore \quad A = \frac{1}{18}$$

따라서, 특수해 $y_p(x)$는

$$y_p = \frac{1}{18}\,e^{-3x}$$

이다. 따라서, 일반해는

$$y(x) = y_h + y_p = (C_1 + C_2 x)\,e^{3x} + \frac{1}{18}\,e^{-3x} \ (C_1,\ C_2 \text{는 상수})$$

이다.

CORE 중복 근

만약 문제가 $y'' - 6y' + 9y = 2\,e^{3x}$ 이라 한다면,
제차해

$$y_h(x) = (C_1 + C_2 x)\,e^{3x}$$

이고,

$$r(x) = 2\,e^{3x}$$

이므로, e^{3x} 성분이 연속 두 번 중복된다. 따라서 특수해

$$y_p = A\,x^2 e^{3x}$$

으로 놓고 풀어야 한다.

(c) 일반해 $y(x) = y_h(x) + y_p(x)$ 에서

우선, 제차해는

$$y_h = C_1 e^{-x} + C_2 e^{-2x}$$

으로 구해진다.

특수해

$$y_p = A\cos x + B\sin x$$

라 놓자.

$$y_p{}' = B\cos x - A\sin x,$$
$$y_p{}'' = -A\cos x - B\sin x$$

이들을 원 식 $y'' + 3y' + 2y = 10\sin x$ 에 대입하면

$$(-A + 3B + 2A)\cos x + (-B - 3A + 2B)\sin x = 10\sin x$$

계수 비교함으로써

$$A + 3B = 0, \quad -3A + B = 10$$

이 된다. 즉,

$$A = -3, \quad B = 1$$

이다. 따라서, 특수해 $y_p(x)$는

$$y_p = -3\cos x + \sin x$$

이다. 따라서, 일반해는

$$y(x) = y_h + y_p = C_1 e^{-x} + C_2 e^{-2x} - 3\cos x + \sin x \ (C_1,\ C_2 \text{는 상수})$$

이다.

(d) 일반해 $y(x) = y_h(x) + y_p(x)$ 에서

우선, 제차해는

$$y_h = C_1\cos x + C_2\sin x$$

로 구해진다.

$r(x) = 2\cos x$ 이고 y_h가 이미 중복이 되므로 특수해

$$y_p = x(A\cos x + B\sin x)$$

라 놓아야 한다.

$$y_p' = (A\cos x + B\sin x) + x(B\cos x - A\sin x),$$
$$y_p'' = 2(B\cos x - A\sin x) + x(-A\cos x - B\sin x)$$

이들을 원 식 $y'' + y = 2\cos x$에 대입하면

$$(2B - Ax + Ax)\cos x + (-2A - Bx + Bx)\sin x = 2\cos x$$

계수 비교함으로써

$$A = 0, \quad B = 1$$

이다. 따라서, 특수해 $y_p(x)$는

$$y_p = x\sin x$$

이다. 따라서, 일반해는

$$y(x) = y_h + y_p = C_1\cos x + C_2\sin x + x\sin x \ (C_1,\ C_2 는 상수)$$

이다.

📄 (a) $y(x) = e^{-x}\left(C_1\cos\sqrt{2}\,x + C_2\sin\sqrt{2}\,x\right) + x^2 - \dfrac{4}{3}x + \dfrac{2}{9}$

       $(C_1,\ C_2 는 상수)$

   (b) $y(x) = (C_1 + C_2 x)e^{3x} + \dfrac{1}{18}e^{-3x} \ (C_1,\ C_2 는 상수)$

   (c) $y(x) = C_1 e^{-x} + C_2 e^{-2x} - 3\cos x + \sin x \ (C_1,\ C_2 는 상수)$

   (d) $y(x) = C_1\cos x + C_2\sin x + x\sin x \ (C_1,\ C_2 는 상수)$

2.4.2 변수 변환법(the method of variation of parameters)

변수 변환법은 앞에서 구한 식 (2.10a), (2.10b), 및 (2.10c)에서 제차해를 $y_h(x) = C_1 y_1 + C_2 y_2$라 할 때, 각각의 기저해 $y_1(x)$, $y_2(x)$를 이용하여 특수해 $y_p(x)$를 구하는 방법으로, 일명 라그랑즈 방법(Lagrange's method)이라 부르기도 한다.

2.1 (4)절에서 하나의 해를 알 때, 그 해를 이용하여 다른 해를 구하는 방법을 배웠다. 그 방법을 변수 변환법에 적용하여 보자.

2계 선형상미분방정식 (2.1)에 대한 제차해 $y_h(x) = C_1 y_1 + C_2 y_2$에서 계수 C_1, C_2를 $u(x)$, $v(x)$로 대체하면,

$$y_p(x) = u(x)\,y_1(x) + v(x)\,y_2(x) \tag{2.17}$$

이며, 이를 미분하면,

$$y_p{}' = u'\,y_1 + u\,y_1{}' + v'\,y_2 + v\,y_2{}'$$

이 된다. 이 중에서

$$u'\,y_1 + v'\,y_2 = 0 \tag{2.18}$$

이라 놓으면,

$$y_p{}' = u\,y_1{}' + v\,y_2{}' \tag{2.19}$$

이 된다. 이를 미분하면,

$$y_p{}'' = u'\,y_1{}' + u\,y_1{}'' + v'\,y_2{}' + v\,y_2{}'' \tag{2.20}$$

이다. 식 (2.19)와 식 (2.20)을 2계 선형 상미분방정식 $y_p{}'' + p\,y_p{}' + q\,y_p = r$에 대입하면,

$$(u'\,y_1{}' + u\,y_1{}'' + v'\,y_2{}' + v\,y_2{}'') + p\,(u\,y_1{}' + v\,y_2{}') + q\,(u\,y_1 + v\,y_2) = r$$

즉,

$$u\,(y_1{}'' + p\,y_1{}' + q\,y_1) + v\,(y_2{}'' + p\,y_2{}' + q\,y_2) + u'\,y_1{}' + v'\,y_2{}' = r$$

이 된다. 여기서, $y_1{}'' + p\,y_1{}' + q\,y_1 = 0$, $y_2{}'' + p\,y_2{}' + q\,y_2 = 0$이므로, 윗 식은

$$u'\,y_1{}' + v'\,y_2{}' = r \tag{2.21}$$

이 된다. 따라서, 식 (2.18)과 식 (2.21)을 연립하여 u', v'을 구하면

$$u' = -\frac{y_2\, r}{W}, \quad v' = \frac{y_1\, r}{W} \quad (\text{단}, \ W = y_1\, y_2{}' - y_2\, y_1{}')$$

을 얻는다. 이를 적분하면

$$u = -\int \frac{y_2\, r}{W}\, dx, \quad v = \int \frac{y_1\, r}{W}\, dx$$

가 된다. 따라서, 특수해 $y_p(x)$는

$$y_p(x) = -y_1 \int \frac{y_2\, r}{W}\, dx + y_2 \int \frac{y_1\, r}{W}\, dx \tag{2.22}$$

이다.

CORE

2계 선형상미분방정식 $y'' + p(x)\, y' + q(x)\, y = r(x)$에서
제차해를 $y_h(x) = C_1 y_1 + C_2 y_2$라 할 때, 특수해 $y_p(x)$는

$$y_p(x) = -y_1 \int \frac{y_2\, r}{W}\, dx + y_2 \int \frac{y_1\, r}{W}\, dx \tag{2.22 반복}$$

이다. 단, 론스키안 $W = \begin{vmatrix} y_1 & y_2 \\ y_1{}' & y_2{}' \end{vmatrix} = y_1\, y_2{}' - y_2\, y_1{}'$ 이다.

> ⚙ **예제 2.6**
>
> 다음 비제차 상미분방정식을 풀어라.
>
> (a) $y'' + y = \dfrac{1}{\sin x}$
>
> (b) $x^2 y'' - 2 x y' - 4 y = x^2$

풀이

(a) $y'' + y = \dfrac{1}{\sin x}$ 에서 제차해는

$$y_h = C_1 \cos x + C_2 \sin x$$

이다. 따라서 제차 상미분방정식의 기저는

$$y_1 = \cos x, \; y_2 = \sin x$$

이다.

$$\text{론스키안 } W = \begin{vmatrix} \cos x & \sin x \\ -\sin x & \cos x \end{vmatrix} = 1$$

$$r(x) = \frac{1}{\sin x}$$

특수해 $y_p(x)$ 는

$$
\begin{aligned}
y_p(x) &= -y_1 \int \frac{y_2\, r}{W} dx + y_2 \int \frac{y_1\, r}{W} dx \\
&= -\cos x \int \sin x \cdot \frac{1}{\sin x}\, dx + \sin x \int \cos x \cdot \frac{1}{\sin x}\, dx \\
&= -\cos x \cdot x + \sin x \cdot \ln|\sin x|
\end{aligned}
$$

이며, 따라서, 일반해는

$$y(x) = y_h + y_p = C_1 \cos x + C_2 \sin x - x \cos x + \sin x \cdot \ln|\sin x|$$

이다.

(b) $y(x) = C x^m$ 이라 놓으면,

$$m(m-1) - 2m - 4 = 0, \; (m+1)(m-4) = 0$$

즉,

$$m = -1, \ m = 4 \ (\text{서로 다른 두 실근})$$

이다. 제차해는

$$y_h = C_1 x^{-1} + C_2 x^4$$

이다. 따라서, 제차 상미분방정식의 기저는

$$y_1 = x^{-1}, \ y_2 = x^4$$

이다.

$$\text{론스키안} \ \ W = \begin{vmatrix} x^{-1} & x^4 \\ -x^{-2} & 4x^3 \end{vmatrix} = 5x^2$$

한편, $x^2 y'' - 2xy' - 4y = x^2$에서 y''의 계수가 1이 되도록 양변을 x^2으로 나눈 후의 우변이 $r(x)$이므로, $r(x) = 1$이다. (주의: $r(x) \neq x^2$)

특수해 $y_p(x)$는

$$\begin{aligned} y_p(x) &= -y_1 \int \frac{y_2 \, r}{W} dx + y_2 \int \frac{y_1 \, r}{W} dx \\ &= -x^{-1} \int \frac{x^4 \cdot 1}{5x^2} dx + x^4 \int \frac{x^{-1} \cdot 1}{5x^2} dx \\ &= -\frac{1}{6} x^2 \end{aligned}$$

이다. 따라서, 일반해는

$$y(x) = y_h + y_p = C_1 x^{-1} + C_2 x^4 - \frac{1}{6} x^2$$

이다.

답 (a) $y(x) = C_1 \cos x + C_2 \sin x - x \cos x + \sin x \cdot \ln |\sin x| \ (C_1, \ C_2 \text{는 상수})$

(b) $y(x) = C_1 x^{-1} + C_2 x^4 - \frac{1}{6} x^2 \ (C_1, \ C_2 \text{는 상수})$

※ 다음 비제차 상미분방정식의 일반해를 구하라. [1 ~ 6]

1. $y'' + 4y = 3\sin x$

2. $y'' - 2y' - 3y = -3x^2 - x + 1$

3. $y'' + 2y' + 2y = 2e^{-2x}$

4. $y'' + 4y' + 4y = 2e^{-2x}$

5. $y'' - 2y' + y = 2e^x$

6. $y'' - y' - 2y = 3e^{2x}$

※ 다음 비제차 상미분방정식의 일반해를 구하라. [7 ~ 10]

7. $y'' + y = 2\cos x$

8. $y'' + y = \dfrac{1}{\cos x}$

9. $y'' + 4y = \dfrac{4}{\sin 2x}$

10. $x^2 y'' - 4xy' + 6y = \dfrac{12}{x}$

11. $x^2 y'' + xy' - 4y = 4x^2$

12. $x^2 y'' - 2y = 2x$

※ 다음 비제차 상미분방정식의 초기값 문제를 풀어라. [13 ~ 18]

13. $y'' + y = 1,$ $\qquad y(0) = 0,\ y'(0) = 1$

14. $y'' - 3y' + 2y = 2x^2,$ $\quad y(0) = 7/2,\ y'(0) = 4$

15. $y'' - 2y' + y = 2\sin x,$ $y(0) = 2,\ y'(0) = 0$

16. $x^2 y'' - 2y = x^2,$ $\qquad y(1) = 2,\ y'(1) = \dfrac{4}{3}$

17. $x^2 y'' + xy' - y = 8x^3,$ $y(1) = 2,\ y'(1) = 0$

18. $y'' - y = 8\cosh x,$ $\qquad y(0) = 2,\ y'(0) = 0$

2.5 2계 상미분방정식의 응용

2계 상미분방정식은 주로 역학적 진동(mechanical vibration) 및 전기회로(electric circuit) 등에서 응용된다.

2.5.1 진동 문제(vibration problem)

⑴ 비감쇠 진동(undamped vibration)

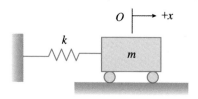

[그림 2.1] 비감쇠 진동계

[그림 2.1]의 질량-용수철(mass-spring) 계에서 저항을 무시할 수 있다면, 에너지를 소산하는 요소가 없으므로 이 계의 운동은 진폭이 일정하게 계속 유지될 것이다. 이러한 진동을 비감쇠 진동이라 한다. 평형 위치를 기준으로 한 운동 변위를 x라 할 때, 용수철의 복원력은 $-kx$(여기서, k는 용수철 상수(spring constant) 또는 강성(stiffness)라 부른다)이 되며, 뉴턴의 제 2법칙(Newton's second law, $\sum F = m\ddot{x}$)을 적용하면

$$-kx = m\ddot{x} \tag{2.23}$$

즉,

$$m\ddot{x} + kx = 0 \tag{2.24}$$

식 (2.24)의 특성방정식 $m\lambda^2 + k = 0$의 근은 $\lambda = \pm\sqrt{\dfrac{k}{m}}\,i$이다. 따라서, 일반해는 다음과 같다.

$$x(t) = A \cos \sqrt{\frac{k}{m}}\, t + B \sin \sqrt{\frac{k}{m}}\, t \qquad (2.25)$$

$t = 0$에서의 초기 변위와 초기 속도를 각각 x_0, $\dot{x}_0$라고 한다면, 다음과 같은 특수해를 얻을 수 있다.

$$x(t) = x_0 \cos \omega_n t + \frac{\dot{x}_0}{\omega_n} \sin \omega_n t \qquad (2.26)$$

여기서, $\omega_n = \sqrt{\dfrac{k}{m}}$ 으로 고유진동수(natural frequency)라고 한다.

⚛ 예제 2.7

그림과 같이 용수철 상수 $k = 50 \text{ N/m}$, 질량이 2 kg인 질량–용수철 계의 비감쇠 진동에서 초기조건 $x(0) = 2 \text{ cm}$, $\dot{x}(0) = 0$ 일 때, 질량의 변위를 나타내는 식을 구하라.

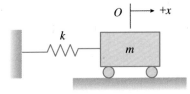

풀이

고유진동수 $\omega_n = \sqrt{\dfrac{k}{m}} = \sqrt{\dfrac{50}{2}} = 5 \text{ rad/s}$이다.

비감쇠 진동의 운동방정식 $m\ddot{x} + kx = 0$의 일반해는 다음과 같다.

$$x(t) = A \cos 5t + B \sin 5t$$

초기조건 x_0, $\dot{x}_0$를 적용한 해는 다음과 같다.

$$x(t) = 2 \cos 5t$$

답 $x(t) = 2 \cos 5t$

⑵ 감쇠 진동(damped vibration)

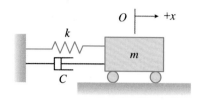

[그림 2.2] 감쇠 진동계

[그림 2.2]의 질량-감쇠-용수철 계에서 감쇠는 에너지를 소산하는 요소이므로 이 계의 운동은 진폭이 점점 줄어들게 될 것이다. 이러한 진동을 감쇠 진동이라 한다. 평형 위치를 기준으로 한 운동 변위를 x라 할 때, 감쇠력은 $-c\dot{x}$(여기서 c는 감쇠 상수라 부른다)이 되며, 이에 Newton의 제2법칙(Newton's second law, $\sum F = m\ddot{x}$)을 적용하면

$$-c\dot{x} - kx = m\ddot{x} \tag{2.27}$$

즉,

$$m\ddot{x} + c\dot{x} + kx = 0 \tag{2.28}$$

식 (2.28)의 특성방정식 $m\lambda^2 + c\lambda + k = 0$의 근은 다음과 같다.

$$\lambda_{1,2} = \frac{-c \pm \sqrt{c^2 - 4mk}}{2m} \tag{2.29}$$

따라서, 식 (2.28)의 일반해는 다음과 같다.

$$x(t) = C_1 e^{\frac{-c + \sqrt{c^2 - 4mk}}{2m}t} + C_2 e^{\frac{-c - \sqrt{c^2 - 4mk}}{2m}t} \tag{2.30}$$

따라서, 미분방정식의 일반해 (2.30)은 $c^2 - 4mk$의 부호에 따라 다른 형태로 나타

난다. 감쇠 $c = 0$인 경우에는 식 (2.25)에서 이미 언급한 비감쇠 진동이 되며, $c \neq 0$인 경우를 다음의 세 경우로 분류하여 고려해 보자.

① $c^2 - 4mk > 0$인 경우, 과감쇠(overdamped)

특성방정식의 근 $\lambda_{1,2} = \dfrac{-c \pm \sqrt{c^2 - 4mk}}{2m} (< 0)$이 서로 다른 음의 실수가 되어 일반해는 $x(t) = C_1 e^{\lambda_1 t} + C_2 e^{\lambda_2 t}$이 된다.

$t = 0$에서의 초기 변위와 초기 속도를 각각 x_0, $\dot{x}_0$라고 한다면,

$$C_1 = \frac{\lambda_2 x_0 - \dot{x}_0}{\lambda_2 - \lambda_1}, \quad C_2 = \frac{-\lambda_1 x_0 + \dot{x}_0}{\lambda_2 - \lambda_1} \tag{2.31}$$

을 얻게 된다. 특성방정식의 두 근 모두 음수이므로, 과감쇠 운동의 변위는 시간에 따라 급격히 감소됨을 알 수 있다.

② $c^2 - 4mk = 0$인 경우, 임계감쇠(critical damping)

특성방정식의 근, 즉 식 (2.29)는 다음과 같이 중근이 된다.

$$\lambda_{1,2} = -\frac{c}{2m} \quad \text{(중근)} \tag{2.32}$$

따라서, 식 (2.30)의 일반해는 다음과 같이 표현할 수 있다.

$$x(t) = (C_1 + C_2 t)e^{-\frac{c}{2m}t} \tag{2.33}$$

$t = 0$에서의 초기 변위와 초기 속도를 각각 x_0, $\dot{x}_0$라고 한다면,

$$C_1 = x_0, \quad C_2 = \dot{x}_0 + \frac{c}{2m}x_0 \tag{2.34}$$

가 된다. 따라서 시간이 경과함에 따라 방정식의 해 또한 급격하게 소멸됨을 알수 있다.

③ $c^2 - 4mk < 0$인 경우, 저감쇠(underdamped)

이 경우에는 특성방정식의 근, 즉 식 (2.29)를 다음과 같이 고칠 수 있다.

$$\lambda_{1,2} = \frac{-c \pm i\sqrt{4mk - c^2}}{2m} \tag{2.35}$$

따라서, 방정식 (2.30)의 일반해는 다음과 같이 표현할 수 있다.

$$x(t) = C_1\, e^{\frac{-c + i\sqrt{4mk - c^2}}{2m}t} + C_2\, e^{\frac{-c - i\sqrt{4mk - c^2}}{2m}t} \tag{2.36}$$

즉,

$$x(t) = e^{-\frac{c}{2m}t}\left(A\cos\frac{\sqrt{4mk - c^2}}{2m}t + B\sin\frac{\sqrt{4mk - c^2}}{2m}t\right) \tag{2.37}$$

$t = 0$에서의 초기 변위와 초기 속도를 각각 x_0, $\dot{x}_0$라고 한다면,

$$A = x_0, \quad B = \frac{2m}{\sqrt{4mk - c^2}}\left(\dot{x}_0 + \frac{c}{2m}x_0\right) \tag{2.38}$$

를 얻게 된다. 따라서, 방정식의 해는 $e^{-\frac{c}{2m}t}$ 형태를 포함하고 있어 [그림 2.3]에서 보는 바와 같이 시간이 경과함에 따라 진폭이 점차 줄어들어 크기 0에 수렴하게 되며. 또한 조화함수의 영향으로 진동(oscillation)하는 형태를 이루게 된다.

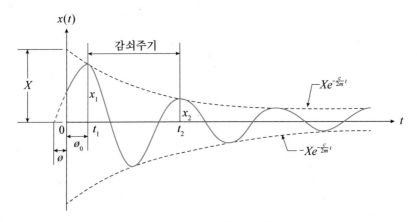

[그림 2.3] 저감쇠계의 시간함수

[그림 2.4]는 과감쇠계, 임계감쇠계, 저감쇠계의 시간에 따른 운동을 비교하여 보여준다.

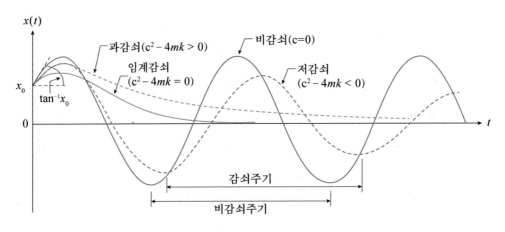

[그림 2.4] 여러 감쇠 진동계의 비교

예제 2.8

$m = 2 \, \text{kg}$, $k = 800 \, \text{N/m}$인 질량–용수철 진동계에 다음과 같은 감쇠를 각각 추가하였을 경우에 대하여 운동을 비교하라. 단, 초기조건은 $x(0) = 3 \, \text{cm}$, $\dot{x}(0) = 0$ 이다.

(a) $c = 100 \, \text{N s/m}$,   (b) $c = 80 \, \text{N s/m}$,   (c) $c = 40 \, \text{N s/m}$

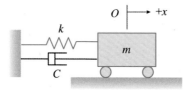

풀이

(a) $m = 2 \, \text{kg}$, $k = 800 \, \text{N/m}$, $c = 100 \, \text{N s/m}$인 경우에 대한 운동방정식은

$$\ddot{x} + 50\dot{x} + 400\,x = 0$$

이며, 특성방정식 $\lambda^2 + 50\lambda + 400 = 0$의 근은

$$\lambda_1 = -10, \; \lambda_2 = -40$$

이다. 따라서, 제차해는 다음과 같다.

$$x(t) = C_1 e^{-10t} + C_2 e^{-40t}$$

초기조건 $x(0) = 3 \, \text{cm}$, $\dot{x}(0) = 0$ 을 적용하여 해를 구하면 다음과 같다.

$$x(t) = 4e^{-10t} - e^{-40t}$$

(b) $m = 2 \, \text{kg}$, $k = 800 \, \text{N/m}$, $c = 80 \, \text{N s/m}$인 경우에 대한 운동방정식은

$$\ddot{x} + 40\dot{x} + 400\,x = 0$$

이며, 특성방정식 $\lambda^2 + 40\lambda + 400 = 0$의 근은 $\lambda = -20$ (중근)이다.
따라서, 제차해는 다음과 같다.

$$x(t) = (C_1 + C_2 t)\, e^{-20t}$$

초기조건 $x(0) = 3 \, \text{cm}$, $\dot{x}(0) = 0$ 을 적용하여 해를 구하면 다음과 같다.

$$x(t) = (3 + 60t)\, e^{-20t}$$

(c) $m = 2 \, \text{kg}$, $k = 800 \, \text{N/m}$, $c = 40 \, \text{N s/m}$인 경우에 대한 운동방정식은

$$\ddot{x} + 20\dot{x} + 400x = 0$$

이며, 특성방정식 $\lambda^2 + 20\lambda + 400 = 0$의 근은 $\lambda_{1,2} = -10 \pm 10\sqrt{3}\,i$이다.

따라서, 제차해는 다음과 같다.

$$x(t) = e^{-10t}(A\cos 10\sqrt{3}\,t + B\sin 10\sqrt{3}\,t)$$

초기조건 $x(0) = 3$ cm, $\dot{x}(0) = 0$ 을 적용하여 해를 구하면 다음과 같다.

$$x(t) = e^{-10t}(3\cos 10\sqrt{3}\,t + \sqrt{3}\,\sin 10\sqrt{3}\,t)$$

답 (a) $x(t) = 4e^{-10t} - e^{-40t}$ [cm], (b) $x(t) = (3 + 60t)e^{-20t}$ [cm],

(c) $x(t) = e^{-10t}(3\cos 10\sqrt{3}\,t + \sqrt{3}\,\sin 10\sqrt{3}\,t)$ [cm]

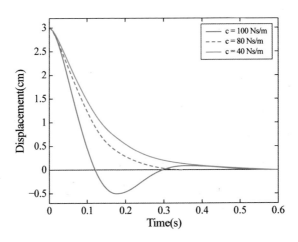

예제 2.9

그림과 같은, 질량 4 kg, 감쇠 상수 8 Ns/m, 용수철 상수 40 N/m인 계에 대하여 일정한 힘 $F = 80$ N으로 가할 때 출력 변위를 구하라. 단 초기조건 $x(0) = 1$ m와 $\dot{x}(0) = 0$이다.

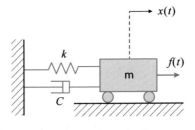

풀이

운동방정식 $m\ddot{x}+c\dot{x}+kx=f(t)$ 에서

$$4\ddot{x}+8\dot{x}+40x=80$$

즉,

$$\ddot{x}+2\dot{x}+10x=20 \qquad \text{①}$$

이 방정식의 제차해는 다음과 같다.

$$x_h(t)=e^{-t}(C_1\cos3t+C_2\sin3t) \qquad \text{②}$$

방정식 ①의 특수해는 다음과 같다.

$$x_p(t)=2 \qquad \text{③}$$

가 된다. 따라서, 운동방정식 ①의 일반해는

$$x(t)=x_h(t)+x_p(t)=e^{-t}(C_1\cos3t+C_2\sin3t)+2 \qquad \text{④}$$

가 된다. 여기서, 초기조건 $x(0)=1$과 $\dot{x}(0)=0$을 이용하면 $C_1=-1$, $C_2=-\dfrac{1}{3}$ 이다.

따라서, 운동방정식의 해는 다음과 같다.

$$x(t)=2-e^{-t}\left(\cos3t+\frac{1}{3}\sin3t\right) \qquad \text{⑤}$$

$$\boxed{\text{답}} \quad x(t)=2-e^{-t}\left(\cos3t+\frac{1}{3}\sin3t\right)$$

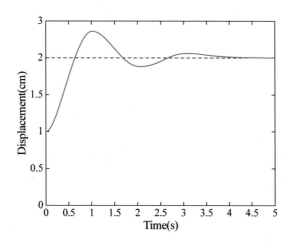

2.5.2 전기회로(electric circuit) 문제

(1) LC 직렬회로

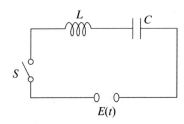

[그림 2.5] LC 직렬회로

[그림 2.5]와 같이 유도기 L과 축전기 C로 구성된 LC 직렬회로에서 $t = 0$에서 스위치 S가 연결될 때, 전압 $E(t)$는 유도기 L에서의 전압강하 $E_L(t) \left(= L \dfrac{di}{dt} \right)$와 축전기 C에서의 전압강하 $E_C(t) \left(= \dfrac{1}{C} \displaystyle\int i\, dt \right)$의 합이 된다. 즉,

$$E(t) = E_L(t) + E_C(t) = L\frac{di}{dt} + \frac{1}{C}\int i\, dt \tag{2.39}$$

가 된다. 여기에서 전하 $Q = \displaystyle\int i\, dt$라 놓으면, 전하량 $Q(t)$에 대하여 다음과 같은 2계 상미분방정식으로 표현된다.

$$L\frac{d^2Q}{dt^2} + \frac{1}{C}Q = E \tag{2.40}$$

전하식 (2.40)의 일반해를 구하기 위하여, 먼저 제차해(homogeneous solution)를 구해보자.

특성방정식 $\lambda^2 + \dfrac{1}{LC} = 0$의 근은 $\lambda_{1,\, 2} = \pm \sqrt{\dfrac{1}{LC}}\, i$이다.

따라서, 제차해 $Q_h(t)$는 다음과 같다.

$$Q_h(t) = A\cos\sqrt{\frac{1}{LC}}\,t + B\sin\sqrt{\frac{1}{LC}}\,t \qquad (2.41)$$

또한, 전압 E가 일정하다고 한다면, 특수해(비제차해) $Q_p(t)$는

$$Q_p(t) = CE \qquad (2.42)$$

이므로, 일반해는 $Q(t)$는 다음과 같다.

$$Q(t) = Q_h(t) + Q_p(t) = CE + A\cos\sqrt{\frac{1}{LC}}\,t + B\sin\sqrt{\frac{1}{LC}}\,t \qquad (2.43)$$

전류 $i(t)$는 전하 $Q(t)$를 t에 대하여 미분한 것이므로

$$i(t) = -\frac{A}{\sqrt{LC}}\sin\sqrt{\frac{1}{LC}}\,t + \frac{B}{\sqrt{LC}}\cos\sqrt{\frac{1}{LC}}\,t \qquad (2.44)$$

가 된다. $t = 0$에서 초기 전류 $i(0) = 0$을 적용하면 상수 $B = 0$을 얻는다. 또한, $t = 0$에서 초기 전하량 $Q(0) = 0$을 적용하면 상수 $A = -CE$를 얻는다. 따라서 전류 $i(t)$는

$$i(t) = E\sqrt{\frac{C}{L}}\,\sin\sqrt{\frac{1}{LC}}\,t \qquad (2.45)$$

(2) RLC 직렬회로

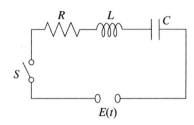

[그림 2.6] RLC 직렬회로

　[그림 2.6]은 저항 R, 유도기 L과 축전기 C로 구성된 RLC 직렬회로를 보여준다. $t = 0$에서 스위치 S가 연결될 때, 전압 $E(t)$는 저항 R에서의 전압강하 $E_R(t)$ $(= Ri)$, 유도기 L에서의 전압강하 $E_L(t)\left(= L\dfrac{di}{dt}\right)$와 축전기 C에서의 전압강하 $E_C(t)\left(= \dfrac{1}{C}\displaystyle\int i\,dt\right)$의 합이 된다. 즉,

$$E(t) = E_R + E_L(t) + E_C(t) = Ri + L\frac{di}{dt} + \frac{1}{C}\int i\,dt \tag{2.46}$$

가 된다. 여기에서 전하 $Q = \displaystyle\int i\,dt$라 놓으면, 전하량 $Q(t)$에 대하여 다음과 같은 2계 상미분방정식으로 표현된다.

$$L\frac{d^2 Q}{dt} + R\frac{dQ}{dt} + \frac{1}{C}Q = E \tag{2.47}$$

　전하 식 (2.47)의 일반해를 구하기 위하여, 먼저 제차해를 구해보자.

특성방정식 $\lambda^2 + \dfrac{R}{L}\lambda + \dfrac{1}{LC} = 0$에서 근은

$$\lambda_{1,\,2} = -\frac{R}{2L} \pm \frac{1}{2L}\sqrt{R^2 - \frac{4L}{C}}$$

이다.

따라서, 판별식 $D = R^2 - \dfrac{4L}{C}$ 의 값에 따라 세 가지 경우로 구별된다. 즉,

i) $D = R^2 - \dfrac{4L}{C} > 0$ 과감쇠

ii) $D = R^2 - \dfrac{4L}{C} = 0$ 임계 감쇠

iii)$D = R^2 - \dfrac{4L}{C} < 0$ 저감쇠

세 가지 경우 모두, 해는 $e^{-\frac{R}{2L}t}$ 형태를 포함하고 있어, 시간이 경과함에 따라 진폭이 점차 줄어들어 크기 0에 근접하게 된다. 특히, iii) 저감쇠의 경우에는 조화함수의 영향으로 진동(oscillation)하는 형태를 이루게 된다. 다시 말해서 시간이 경과함에 따라 충전과 방전을 반복하면서 그 크기는 0에 수렴하게 된다.

⚙ 예제 2.10

그림과 같은 RLC 직렬회로에서 $R = 20\,\Omega$, $L = 0.5\,\mathrm{H}$, $C = 0.001\,\mathrm{F}$, $E = 0\,\mathrm{V}$ 일 때 축전기의 전하량 $Q(t)$를 구하라. 단, 초기 전하량 $Q(0) = 1\,\mathrm{C}$, 초기 전류 $i(0) = 0\,\mathrm{A}$ 이다.

풀이

미분방정식 $L\dfrac{d^2Q}{dt^2} + R\dfrac{dQ}{dt} + \dfrac{1}{C}Q = E$에서

$$0.5\frac{d^2Q}{dt} + 20\frac{dQ}{dt} + \frac{1}{0.001}Q = 0$$

즉, $\dfrac{d^2Q}{dt} + 40\dfrac{dQ}{dt} + 2000Q = 0$ 이다.

특성방정식 $\lambda^2 + 40\lambda + 2000 = 0$ 에서 근은

$$\lambda_{1,2} = -20 \pm 40i$$

이다. 따라서, 일반해는 다음과 같다.

$$Q(t) = e^{-20t}(A\cos 40t + B\sin 40t)$$

초기조건 $Q(0) = 1$, $\dot{Q}(0) = i(0) = 0$ 을 적용하면

$$Q(0) = A = 1 \qquad\qquad\qquad ①$$
$$\dot{Q}(0) = -20A + 40B = 0 \qquad\qquad ②$$

식 ①, ②로부터

$$A = 1,\ B = 0.5$$

이다. 따라서, 해는 다음과 같다.

$$Q(t) = e^{-20t}(\cos 40t + 0.5\sin 40t)$$

답 $Q(t) = e^{-20t}(\cos 40t + 0.5\sin 40t)$ [C]

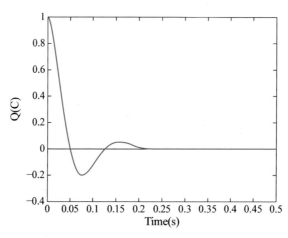

※ 다음 2계 상미분방정식 응용문제를 풀어라. [1 ~ 6]

1. 진동 문제

   대포를 질량-감쇠-용수철 계로 모델링한다고 할 때, 질량 400 kg인 포신에 용수철 상수 k = 50 kN/m인 용수철을 장착할 때 감쇠 상수 c를 임계감쇠로 설계하라.

2. 진동 문제

   그림과 같이 외력이 없고 $m = 1\,\mathrm{kg}$, $k = 101\,\mathrm{N/m}$, $c = 2\,\mathrm{N\,s/m}$인 질량-감쇠-용수철 계에서, 초기조건 $x_0 = 0.1\,\mathrm{m}$, $\dot{x_0} = 0$인 계에 대한 응답 변위함수 $x(t)$를 구하라.

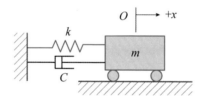

3. 진동 문제

   그림과 같이 질량 1 kg, 감쇠 상수 4 N s/m, 용수철 상수 68 N/m인 계에 대하여 일정한 힘 $F = 68\,\mathrm{N}$으로 가할 때 출력 변위를 구하라. 단, 초기조건은 $x(0) = 0\,\mathrm{m}$와 $\dot{x}(0) = 0.4\,\mathrm{m/s}$이다.

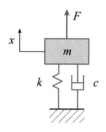

4. 진동 문제

그림과 같이 질량 5 kg, 감쇠 상수 10 N s/m, 용수철 상수 105 N/m인 계에 대하여 힘 $F = 101 \sin t$ N으로 가할 때 출력 변위를 구하라. 단, 초기조건은 $x(0) = 1$ m와 $\dot{x}(0) = 0$ 이다.

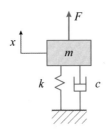

5. LC 직렬회로

그림과 같은 LC 직렬회로에서 $L = 0.5$ H, $C = 0.02$ F, $E = 0$ V 일 때 회로에 흐르는 전류 $i(t)$를 구하라. 단, 초기 전하량 $Q(0) = 1$ C, 초기 전류 $i(0) = 0$ A 이다.

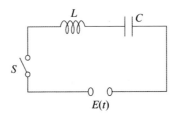

6. LC 직렬회로

그림과 같은 LC 직렬회로에서, $L = 0.5$ H, $C = 0.02$ F, $E = 5$ V 일 때, 축전기의 전하량 $Q(t)$를 구하라. 단, 초기 전하량 $Q(0) = 0$ C, 초기 전류 $i(0) = 0$ A 이다.

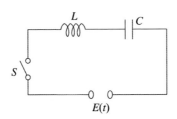

7. *RLC* 직렬회로

   그림과 같은 *RLC* 직렬회로에서 $R = 20\,\Omega$, $L = 0.5\,\text{H}$, $C = 0.005\,\text{F}$, $E = 0\,\text{V}$ 일 때 회로에 흐르는 전류 $i(t)$를 구하라. 단, 초기 전하량 $Q(0) = 1\,\text{C}$, 초기 전류 $i(0) = 0\,\text{A}$ 이다.

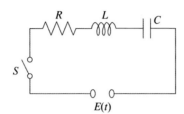

8. *RLC* 직렬회로

   그림과 같은 *RLC* 직렬회로에서 $R = 20\,\Omega$, $L = 0.5\,\text{H}$, $C = 0.005\,\text{F}$, $E = 50\,\text{V}$ 일 때 회로에 흐르는 전류 $i(t)$를 구하라. 단, 초기 전하량 $Q(0) = 0\,\text{C}$, 초기 전류 $i(0) = 0\,\text{A}$ 이다.

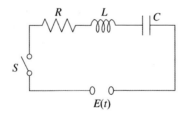

2.6* MATLAB의 활용 (*선택 가능)

2계 상미분방정식을 1계 연립상미분방정식으로 변환한 후(9.1절에서 자세히 배우기로 하자), Runge-Kutta method를 적용함으로써 2계 상미분방정식의 해를 그리는 방법이다.

M_prob 2.1 2계 선형 상미분방정식 $y'' + 0.2\,y' + 50\,y = 20$, 초기조건 $y(0) = 0.1$, $y'(0) = 0$에 대한 해를 그려라.

풀이

$y = \begin{Bmatrix} y \\ y' \end{Bmatrix}$ 라고 놓고, $f = \begin{Bmatrix} y' \\ y'' \end{Bmatrix}$ 라 놓으면

$$f(1) = y(2)$$
$$f(2) = -0.2\,y(2) - 50\,y(1) + 20$$

이 된다.

위와 같은 함수를 정의하는 m_file(파일명은 song2_1로 하자)을 별도로 만들고, 실행 파일명은 mprob2_1로 하자.

```
% function f=song2_1(x,y)
f=zeros(2,1);
f(1)=y(2);
f(2)=-0.2*y(2)-50*y(1)+20;
```

```
% main file mprob2_1.m
close all; clear all;
x=0:0.01:20;
y00=[0.1; 0];                      % initial condition
[x, y]=ode23('song2_1', x, y00);   % ode (ordinary differential equation)
plot(x, y(:,1), 'linewidth', 3); hold on
plot(x, 0*x, 'black')
xlabel('x', 'fontsize', 14);
ylabel('y(x)', 'fontsize', 14); grid
```

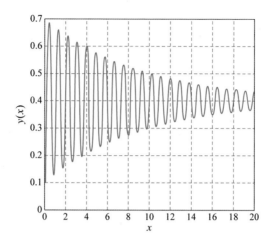

M_prob 2.2 2계 비선형 상미분방정식 $y'' + (\sin x)\,y' + 50\,y = 4\,e^{-0.05\,x}\cos 2\,x$, 초기조건 $y(0) = 0.1$, $y'(0) = 0.2$에 대한 해를 그려라.

풀이

$\mathbf{y} = \left\{\begin{matrix} y \\ y' \end{matrix}\right\}$ 이라고 놓고, $\mathbf{f} = \left\{\begin{matrix} y' \\ y'' \end{matrix}\right\}$ 이라 놓으면

$$f(1) = y(2)$$

$$f(2) = -(\sin x)\,y(2) - 50\,y(1) + 4\,e^{-0.05\,x}\cos 2\,x$$

가 된다.

위와 같은 함수를 정의하는 m_file(파일명은 song2_2로 하자)을 별도로 만들고, 실행 파일명은 mprob2_2로 하자.

```
% song2_2.m
function f=song2_2(x,y)
f=zeros(2,1);
f(1)=y(2);
f(2)=-sin(x).*y(2)-50*y(1)+4*exp(-0.05 *x).*cos(2*x);
```

```
% main file mprob2_2.m
close all; clear all;
x=0:0.01:30;
y00=[0.1; 0.2];                     % initial condition
[x, y]=ode23('song2_2', x, y00);
plot(x, y(:,1), 'linewidth', 3); hold on
plot(x, 0*x, 'black')
xlabel('x', 'fontsize', 14);
ylabel('y(x)', 'fontsize', 14); grid
```

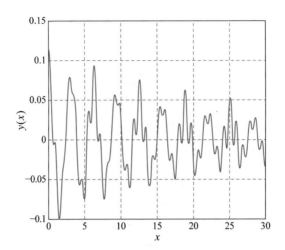

M_prob 2.3 MATLAB을 활용하여 다음 2계 상미분방정식에 대한 해를 구하라.

(a) $\ddot{y} + 4y = 2$, $y(0) = 1$, $\dot{y}(0) = 0$

(b) $\ddot{y} - \dot{y} - 2y = 0$, $y(0) = 3$, $\dot{y}(0) = 0$

(c) $2t^2\ddot{y} - t\dot{y} + y = 0$, $y(1) = 1$, $\dot{y}(1) = 0$

(d) $t^2\ddot{y} + t\dot{y} - y = 8t^3$, $y(1) = 2$, $\dot{y}(1) = 0$

(e) $\ddot{y} + y = \dfrac{1}{\sin t}$, $y\left(\dfrac{\pi}{2}\right) = 0$, $\dot{y}\left(\dfrac{\pi}{2}\right) = 0$

풀이

(a) 주어진 미분방정식을 명시형으로 고치면 $\ddot{y} = -4y + 2$, $y(0) = 1$, $\dot{y}(0) = 0$이므로 dsolve.m을 이용한다.

먼저, $\ddot{y} = -4y + 2$에 대한 일반해를 구해보자.

```
syms y(t)
D2y = diff(y,2);              % diff(y,2): the 2nd order differential equation
dsolve('D2y=-4*y+2')          % 초기조건이 없는 일반해
```

※ 참고 : 처음 두 줄 내용(syms y(t)과 D2y = diff(y,2))을 생략하여도 무방하다.

ans =

    C1*cos(2*t) + C2*sin(2*t) + 1/2

따라서 $y = C_1\cos 2t + C_2\sin 2t + \dfrac{1}{2}$ (C_1, C_2는 상수)이다.

초기조건 $y(0) = 1,\ \dot{y}(0) = 0$을 대입한 특수해를 구해보자.

dsolve('D2y=-4*y+2', 'y(0)=1', 'Dy(0)=0')   % 초기조건이 있는 특수해

ans =

     cos(2*t)/2 + 1/2

따라서 $y = \dfrac{1}{2}(\cos 2t + 1)$ 이다.

(b) 주어진 미분방정식을 명시형으로 고치면

$$\ddot{y} = \dot{y} + 2y,\ y(0) = 3,\ \dot{y}(0) = 0$$

이므로 dsolve.m을 이용한다.

먼저, $\ddot{y} = \dot{y} + 2y$에 대한 일반해를 구해보자.

>> dsolve('D2y=Dy+2*y')   % 초기조건이 없는 일반해

ans =

     C3*exp(2*t) + C4*exp(-t)

따라서 $y(x) = C_3 e^{2t} + C_4 e^{-t}$ ($C_3,\ C_4$는 상수)이다.

초기조건 $y(0) = 3,\ \dot{y}(0) = 0$을 대입한 특수해를 구해보자.

>> dsolve('D2y=Dy+2*y', 'y(0)=3', 'Dy(0)=0')   % 초기조건이 있는 특수해

ans =

     2*exp(-t) + exp(2*t)

따라서 $y(x) = 2e^{-t} + e^{2t}$ 이다.

(c) 주어진 미분방정식을 명시형으로 고치면 $\ddot{y} = \dfrac{1}{2t}\dot{y} - \dfrac{1}{2t^2}y,\ y(1) = 1,\ \dot{y}(1) = 0$이므로 dsolve.m을 이용한다.

>> dsolve('D2y=1/2/t*Dy-1/2/t^2*y', 'y(1)=1', 'Dy(1)=0')

ans =

     2*t^(1/2) - t

따라서 $y(t) = 2\sqrt{t} - t$이다.

(d) 주어진 미분방정식을 명시형으로 고치면

$$\ddot{y} = -\frac{1}{t}\dot{y} + \frac{1}{t^2}y + 8t,\ y(1) = 2,\ \dot{y}(1) = 0$$

이므로 dsolve.m을 이용한다.

```
dsolve('D2y=-1/t*Dy+1/t^2*y+8*t', 'y(1)=2', 'Dy(1)=0')
```

ans =

    2/t - (- t^4 + t^2)/t

따라서 $y(t) = 2t^{-1} - t + t^3$이다.

(e) 주어진 미분방정식을 명시형으로 고치면

$$\ddot{y} = -y + \frac{1}{\sin t}, \; y\left(\frac{\pi}{2}\right) = 0, \; \dot{y}\left(\frac{\pi}{2}\right) = 0$$

이므로 dsolve.m을 이용한다.

```
dsolve('D2y=-y+1/sin(t)', 'y(pi/2)=0', 'Dy(pi/2)=0')
```

ans =

    (pi*cos(t))/2 + log(sin(t))*sin(t) - t*cos(t)

따라서 $y(t) = \dfrac{\pi}{2}\cos t - t\cos t + \sin t \cdot \ln|\sin t|$ 이다.

$\boxed{\text{답}}$ (a) $y = \dfrac{1}{2}(\cos 2t + 1)$, (b) $y(x) = 2e^{-t} + e^{2t}$, (c) $y(t) = 2\sqrt{t} - t$,

(d) $y(t) = 2t^{-1} - t + t^3$, (e) $y(t) = \dfrac{\pi}{2}\cos t - t\cos t + \sin t \cdot \ln|\sin t|$

(*선택 가능)

1. 2계 선형 상미분방정식 $y'' + 4\,y = e^{-0.2x}$, 초기조건 $y(0) = 0.2$, $y'(0) = 0$에 대한 해를 그려라.

2. 2계 비선형 미분방정식 $y'' + 0.3\,y'\,\text{sign}(y) + y^2 = 1$, 초기조건 $y(0) = 0, y'(0) = 0$에 대한 해를 그려라.

3. MATLAB을 활용하여 다음 2계 상미분방정식에 대한 해를 구하라.

(a) $\ddot{y} - 2\dot{y} + 2y = 0$, $y(0) = 0$, $\dot{y}(0) = 1$

(b) $t^2\ddot{y} - t\dot{y} + 3\,y = 0$, $y(1) = 2$, $\dot{y}(1) = 2 + \sqrt{2}$

(c) $\ddot{y} + y = \cos t$, $y(0) = 0$, $\dot{y}(0) = 0$

(d) $\ddot{y} - 2\dot{y} + y = 2\sin t$, $y(0) = 2$, $\dot{y}(0) = 0$

(e) $t^2\ddot{y} - 2t\dot{y} - 4\,y = t^2$, $y(1) = 0$, $\dot{y}(1) = 2$

CHAPTER

3

Engineering Mathematics with MATLAB

고계 선형상미분방정식

2계 상미분방정식에서 배웠던 해법, 즉 해의 선형결합(linear combination), 초기값 문제(initial value problem), 특성방정식(characteristic equation), 미정계수법(The method of undetermined coefficients)과 변수변환법(The method of variation of parameters) 등을 그대로 확장하여 $n \geq 3$의 고계 상미분방정식에 적용할 수 있다.

고계 선형 상미분방정식은 고계 제차(homogeneous) 선형 상미분방정식(3.1절)과 고계 비제차(non-homogeneous) 선형 상미분방정식(3.2절)으로 나눌 수 있으며, 고계 상미분방정식을 응용한 고체역학(solid mechanics)의 예를 다룬다(3.3절).

또한, 상용 프로그램인 MATLAB을 이용하여 고계 상미분방정식의 해를 쉽게 도시하는 방법과 미분방정식의 해를 직접적으로 구하는 방법을 배우게 된다(3.4절).

3.1 고계 제차 선형상미분방정식

3.1.1 고계 선형상미분방정식의 표준형(standard form)

고계 상미분방정식이 다음과 같은 형태로 표현될 때, 고계 선형상미분방정식의 표준형이라 한다.

$$y^{(n)} + p_{n-1}(x)\,y^{(n-1)} + \cdots + p_1(x)\,y' + p_0(x)\,y = r(x) \tag{3.1}$$

이 때, 수식의 우변 $r(x) = 0$일 때, 제차(homogeneous) 선형상미분방정식이라 하며 다음과 같다.

$$y^{(n)} + p_{n-1}(x)\,y^{(n-1)} + \cdots + p_1(x)\,y' + p_0(x)\,y = 0 \tag{3.2}$$

반면에 수식의 우변 $r(x) \neq 0$이면 비제차(nonhomogeneous) 선형상미분방정식이라 한다.

간단히 표기하기 위하여 미분 연산자 L은 $D = \dfrac{d}{dx}$를 사용하여 다음과 같이 정의한다.

$$L = \frac{d^n}{dx^n} + p_{n-1}(x)\frac{d^{n-1}}{dx^{n-1}} + \cdots + p_1(x)\frac{d}{dx} + p_0(x)$$

$$= D^n + p_{n-1}(x)D^{n-1} + \cdots + p_1(x)D + p_0(x)I \tag{3.3}$$

미분 연산자 L을 이용하여 고계 선형상미분방정식의 표준형 식 (3.1)을 다음과 같이 표현할 수 있다.

$$Ly = \left\{ D^n + p_{n-1}(x)D^{n-1} + \cdots + p_1(x)D + p_0(x)I \right\}y = r(x) \tag{3.4}$$

3.1.2 기저(basis)와 제차해(homogeneous solution)

제차 선형상미분방정식 (3.2)를 만족하는 각각 독립적인 기저(independent basis)를 $y_1, \cdots, y_n$이라 하면 식 (3.2)의 제차해(homogeneous solution)는 다음과 같이 기저들의 선형결합으로 표현할 수 있다.

$$y(x) = C_1 y_1(x) + \cdots + C_n y_n(x) \tag{3.5}$$

된다. 이 때, C_1, C_2, $\cdots$, C_n은 임의의 상수이다.

2계 상미분방정식의 제차해 $y_h = C_1 y_1 + C_2 y_2$에서 미지수 C_1과 C_2는 초기조건 $y(x_0)$와 $y'(x_0)$로부터 구할 수 있듯이, 제차 선형상미분방정식 (3.2)의 제차해 $y_h(x) = C_1 y_1(x) + \cdots + C_n y_n(x)$에서 n개의 미지수들은 n개의 초기조건으로부터 구할 수 있다.

3.1.3 3계 선형상미분방정식

상수계수의 3계 제차 상미분방정식 $y''' + a y'' + b y' + c y = 0$의 특성방정식은 다음과 같다.

$$\lambda^3 + a \lambda^2 + b \lambda + c = 0 \tag{3.6}$$

특성방정식의 근의 종류에 따라, 제차해는 다음과 같이 정리된다.

i) 서로 다른 실근 λ_1, λ_2, λ_3를 가질 때, 제차해는 다음과 같다.

$$y_h(x) = C_1 e^{\lambda_1 x} + C_2 e^{\lambda_2 x} + C_3 e^{\lambda_3 x} \tag{3.7a}$$

ii) 한 실근 λ_1과 이중근(실근) $\lambda_2(=\lambda_3)$를 가질 때, 제차해는 다음과 같다.

$$y_h(x) = C_1 e^{\lambda_1 x} + (C_2 + C_3 x)e^{\lambda_2 x} \tag{3.7b}$$

iii) 삼중근(실근) $\lambda_1(=\lambda_2=\lambda_3)$을 가질 때, 제차해는 다음과 같다.

$$y_h(x) = e^{\lambda_1 x}(C_1 + C_2 x + C_3 x^2) \tag{3.7c}$$

iv) 한 실근 λ_1과 켤레복소수근 $\lambda_{2,3}(=p\pm qi)$를 가질 때, 제차해는 다음과 같다.

$$y_h(x) = C_1 e^{\lambda_1 x} + e^{px}(C_2 \cos qx + C_3 \sin qx) \tag{3.7d}$$

3.1.4 4계 이상의 선형상미분방정식

상수계수의 n계 제차 선형상미분방정식 $y^{(n)} + a_{n-1}y^{(n-1)} + \cdots + a_1 y' + a_0 y = 0$
의 특성방정식은 다음과 같다.

$$\lambda^n + a_{n-1}\lambda^{n-1} + \cdots + a_1 \lambda + a_0 = 0 \tag{3.8}$$

따라서, 특성방정식의 근의 종류에 따라, 제차해는 다음과 같이 정리된다.

i) 서로 다른 실근 λ_1, λ_2, λ_3, $\cdots$을 가질 때, 제차해는 다음을 포함한다.

$$C_1 e^{\lambda_1 x} + C_2 e^{\lambda_2 x} + C_3 e^{\lambda_3 x} + \cdots \tag{3.9a}$$

ii) m차의 다중실근 $\lambda_1(=\lambda_2=\cdots=\lambda_m)(m \le n)$을 가질 때, 제차해는 다음을 포
함한다.

$$e^{\lambda_1 x}\left(C_1 + C_2 x + \ \cdots \ + C_m x^{m-1}\right) \tag{3.9b}$$

예를 들어, 이중근인 경우의 제차해는

$$\left(C_1 + C_2 x\right)e^{\lambda x},$$

삼중근인 경우의 제차해는

$$\left(C_1 + C_2 x + C_3 x^2\right)e^{\lambda x},$$

사중근인 경우의 제차해는

$$\left(C_1 + C_2 x + C_3 x^2 + C_4 x^3\right)e^{\lambda x}$$

을 각각 포함한다.

iii) 이중 켤레복소수 근 $\lambda_1 (= \lambda_2 = p \pm q i)$을 가질 때, 제차해는 다음을 포함한다.

$$\left(A_1 + A_2 x\right)e^{p x}\cos q x + \left(B_1 + B_2 x\right)e^{p x}\sin q x \tag{3.9c}$$

실제 문제에서 거의 나타나지는 않지만, 삼중근 이상의 켤레복소수 근에도 이를 확장할 수 있다.

> **⟐ CORE** n계 제차 선형상미분방정식의 제차해
>
> 상수계수의 n계 제차 선형상미분방정식 $y^{(n)} + a_{n-1}y^{(n-1)} + \cdots + a_1 y' + a_0 y = 0$의 특성방정식이
>
> i) 서로 다른 실근 $\lambda_1,\ \lambda_2,\ \lambda_3,\ \cdots$을 가진다면, 제차해는
>
> $$C_1 e^{\lambda_1 x} + C_2 e^{\lambda_2 x} + C_3 e^{\lambda_3 x} + \cdots$$
>
> 을 포함한다.
>
> ii) m차의 다중실근 $\lambda_1 (= \lambda_2 = \cdots = \lambda_m)$을 가진다면, 제차해는
>
> $$e^{\lambda_1 x}(C_1 + C_2 x + \cdots + C_m x^{m-1})$$
>
> 을 포함한다.
>
> iii) 다중 켤레복소수근 $\lambda_1 (= \lambda_2 = \cdots = \lambda_m = p \pm qi)$을 가진다면, 제차해는
>
> $$(A_1 + A_2 x + A_3 x^2 + \cdots)e^{px}\cos qx + (B_1 + B_2 x + B_3 x^2 + \cdots)e^{px}\sin qx$$
>
> 를 포함한다.

> **⊚ 예제 3.1**
>
> 다음 제차 상미분방정식의 제차해를 구하라.
>
> (a) $y''' - 2y'' - y' + 2y = 0$
>
> (b) $y''' - 3y' - 2y = 0$
>
> (c) $y^{(5)} + 2y''' + y' = 0$

풀이

(a) $y(x) = Ce^{\lambda x}$이라 놓으면, 특성방정식은

$$\lambda^3 - 2\lambda^2 - \lambda + 2 = 0$$

이 된다. 이를 인수분해하면

$$(\lambda + 1)(\lambda - 1)(\lambda - 2) = 0$$

즉,

$$\lambda = -1,\ \lambda = 1,\ \lambda = 2$$

따라서, 제차해는

$$y(x) = C_1 e^{-x} + C_2 e^{x} + C_3 e^{2x}$$

이다.

🔍 **검토**

정식의 인수분해 시, 사용되는 조립제법을 복습해보면 다음과 같다.

정식 $\lambda^3 - 2\lambda^2 - \lambda + 2 = 0$ 에서 계수만을 차례로 쓴다.

$$
\begin{array}{r|rrrr}
1 & 1 & -2 & -1 & 2 \\
  &   & 1 & -1 & -2 \\
\hline
-1 & 1 & -1 & -2 & \boxed{0} \\
   &   & -1 & 2 & \\
\hline
2 & 1 & -2 & \boxed{0} & \\
  &   & 2 & & \\
\hline
  & 1 & \boxed{0} & &
\end{array}
$$

왼편 세로에 쓰여진 1, -1, 2는 정식의 근을 의미하므로, 인수분해된 식은

$$(\lambda+1)(\lambda-1)(\lambda-2) = 0$$

이 된다.

(b) $y(x) = Ce^{\lambda x}$이라 놓으면, 특성방정식은 $\lambda^3 - 3\lambda - 2 = 0$이 된다.

조립제법을 이용하면

$$
\begin{array}{r|rrrr}
-1 & 1 & 0 & -3 & -2 \\
   &   & -1 & 1 & 2 \\
\hline
-1 & 1 & -1 & -2 & \boxed{0} \\
   &   & -1 & 2 & \\
\hline
2 & 1 & -2 & \boxed{0} & \\
  &   & 2 & & \\
\hline
  & 1 & \boxed{0} & &
\end{array}
$$

이를 인수분해하면

$$(\lambda+1)^2 (\lambda-2) = 0$$

즉,

$$\lambda = -1 \ (\text{중근}), \ \lambda = 2$$

따라서, 제차해는

$$y(x) = e^{-x}(C_1 + C_2 x) + C_3 e^{2x}$$

이 된다.

(c) $y(x) = Ce^{\lambda x}$이라 놓으면, 특성방정식은

$$\lambda^5 + 2\lambda^3 + \lambda = 0$$

이 된다. 이를 인수분해하면

$$\lambda(\lambda^2 + 1)^2 = 0$$

즉,

$$\lambda = 0, \ \lambda = \pm i \ (\text{중근})$$

따라서, 제차해는

$$y(x) = C + (A_1 + A_2 x)\cos x + (B_1 + B_2 x)\sin x$$

가 된다.

답 (a) $y(x) = C_1 e^{-x} + C_2 e^x + C_3 e^{2x}$ ($C_1, \ C_2, \ C_3$는 상수),

(b) $y(x) = e^{-x}(C_1 + C_2 x) + C_3 e^{2x}$ ($C_1, \ C_2, \ C_3$는 상수)

(c) $y(x) = C + (A_1 + A_2 x)\cos x + (B_1 + B_2 x)\sin x$ ($A_1, \ A_2, \ B_1, \ B_2, \ C$는 상수)

3.1.5 3계 이상의 Euler–Cauchy 방정식

3계 제차 상미분방정식이 다음과 같은 상수계수의 Euler-Cauchy 방정식 형태로 표현될 때,

$$x^3 y''' + a x^2 y'' + b x y' + c y = 0 \tag{3.10}$$

$y = Cx^m$이라 놓아, 다음과 같은 특성방정식을 얻을 수 있다.

$$m(m-1)(m-2) + am(m-1) + bm + c = 0 \tag{3.11}$$

따라서, 특성방정식의 근의 종류에 따라, 제차해는 다음과 같이 정리된다.
(C_1, C_2, C_3는 상수)

i) 서로 다른 세 실근 m_1, m_2, m_3, $\cdots$을 가질 때, 제차해는 다음과 같다.

$$y_h(x) = C_1 x^{m_1} + C_2 x^{m_2} + C_3 x^{m_3} \tag{3.12a}$$

ii) 한 실근 m_1과 중근(실근) $m_2(=m_3)$를 가질 때, 제차해는 다음과 같다.

$$y_h(x) = C_1 x^{m_1} + x^{m_2}(C_2 + C_3 \ln|x|) \tag{3.12b}$$

iii) 삼중근(실근) $m_1(=m_2=m_3)$을 가질 때, 제차해는 다음과 같다.

$$y_h(x) = x^{m_1}\{C_1 + C_2 \ln|x| + C_3 (\ln|x|)^2\} \tag{3.12c}$$

iv) 한 실근 m_1과 켤레복소수 근 $m_{2,3}(=p\pm qi)$를 가질 때, 제차해는 다음과 같다.

$$y_h(x) = C_1 x^{m_1} + x^p\{C_2 \cos(q\ln|x|) + C_3 \sin(q\ln|x|)\} \tag{3.12d}$$

4계 이상의 제차 Euler-Cauchy 방정식은 실제 문제에서 거의 나타나지 않지만 정리하면 다음과 같다.

⬚ CORE Euler-Cauchy 방정식

상수계수의 제차 상미분방정식 $x^n y^{(n)} + a_{n-1} x^{n-1} y^{(n-1)} + \cdots + a_1 x y' + a_0 y = 0$의 특성방정식이

i) 서로 다른 실근 m_1, m_2, m_3, $\cdots$을 가진다면, 제차해는

$$C_1 x^{m_1} + C_2 x^{m_2} + C_3 x^{m_3} + \cdots (C_1,\ C_2,\ C_3,\ \cdots 는 상수)$$

을 포함한다.

ii) 중근 $m_1 (= m_2)$을 가진다면, 제차해는

$$x^{m_1}(C_1 + C_2 \ln|x|)(C_1, \ C_2 는 상수)$$

를 포함한다.

iii) 켤레복소수 근 $p \pm qi$를 가진다면, 제차해는

$$x^p\{C_1 \cos(q\ln|x|) + C_2 \sin(q\ln|x|)\}(C_1, \ C_2 는 상수)$$

를 포함한다.

 예제 3.2

다음 3계 제차 상미분방정식의 일반해를 구하라.

(a) $x^3 y''' - 3xy' + 3y = 0$

(b) $x^3 y''' - x^2 y'' - 2xy' + 6y = 0$

(c) $4x^2 y''' + 8xy'' + y' = 0$

풀이

(a) $y(x) = Cx^m$이라 놓으면,

$$\begin{aligned}
y' &= Cm\,x^{m-1}, \\
y'' &= Cm\,(m-1)\,x^{m-2}, \\
y''' &= Cm\,(m-1)(m-2)\,x^{m-3}
\end{aligned}$$

이 된다.

이를 원식에 대입하면, 특성방정식

$$m(m-1)(m-2) - 3m + 3 = 0$$

을 얻는다.

먼저, 공통인수 $(m-1)$로 정리하면

$$(m-1)\{m(m-2) - 3\} = 0$$

이 된다.

이를 정리하면

$$(m+1)(m-1)(m-3)=0$$

즉,

$$m=-1,\ 1,\ 3$$

이다. 따라서, 제차해는

$$y(x)=C_1x^{-1}+C_2x+C_3x^3$$

이 된다.

(b) $x^3y'''-x^2y''-2xy'+6y=0$

$y(x)=Cx^m$이라 놓으면,

$y'=Cmx^{m-1}$,

$y''=Cm(m-1)x^{m-2}$,

$y'''=Cm(m-1)(m-2)x^{m-3}$

이 된다.

이를 원식에 대입하면, 특성방정식

$$m(m-1)(m-2)-m(m-1)-2m+6=0$$

을 얻는다. 즉,

$$m^3-4m^2+m+6=0$$

이다. 조립제법을 이용하면

$$
\begin{array}{r}
-1\,\big)\ \begin{array}{rrrr} 1 & -4 & 1 & 6 \\ & -1 & 5 & -6 \end{array} \\
\hline
2\,\big)\ \begin{array}{rrrr} 1 & -5 & 6 \\ & 2 & -6 \end{array} \\
\hline
3\,\big)\ \begin{array}{rrr} 1 & -3 \\ & 3 \end{array} \\
\hline
\begin{array}{rr} 1 & 0 \end{array}
\end{array}
$$

이므로,

$$(m+1)(m-2)(m-3)=0$$

이 된다.

$$\therefore\ m=-1,\ 2,\ 3$$

따라서, 제차해는

$$y(x) = C_1 x^{-1} + C_2 x^2 + C_3 x^3$$

이 된다.

(c) 양변에 x를 곱하면

$$4\,x^3 y''' + 8\,x^2 y'' + x\,y' = 0$$

이며, $y(x) = C x^m$ 이라 놓으면,

$$y' = C m\,x^{m-1},$$
$$y'' = C m\,(m-1)\,x^{m-2},$$
$$y''' = C m\,(m-1)\,(m-2)\,x^{m-3}$$

이 된다.

이를 원식에 대입하면, 특성방정식

$$4\,m\,(m-1)\,(m-2) + 8\,m\,(m-1) + m = 0$$

을 얻는다. 인수분해하면

$$m\,(2m-1)^2 = 0$$

즉,

$$m = 0, \ m = 1/2 \ (중근)$$

이다. 따라서, 제차해는

$$y(x) = C_1 + x^{1/2}\,(C_2 + C_3 \ln|x|)$$

가 된다.

> 🔲 (a) $y(x) = C_1 x^{-1} + C_2 x + C_3 x^3$ (C_1, C_2, C_3 는 상수),
>
> (b) $y(x) = C_1 x^{-1} + C_2 x^2 + C_3 x^3$ (C_1, C_2, C_3 는 상수),
>
> (c) $y(x) = C_1 + x^{1/2}\,(C_2 + C_3 \ln|x|)$ (C_1, C_2, C_3 는 상수)

※ 다음 제차 상미분방정식의 제차해를 구하라. [1 ~ 8]

1. $y^{(4)} - 9\,y'' = 0$

2. $y^{(4)} + 3y''' + y'' - 3\,y' - 2\,y = 0$

3. $(D^4 + 8\,D^2 + 16\,I)\,y = 0$

4. $(D^5 - 3\,D^4 + 3\,D^3 - D^2)\,y = 0$

5. $x^2\,y''' + 3x\,y'' = 0$

6. $x^3\,y''' + 2\,x^2\,y'' - x\,y' + y = 0$

7. $x^3\,y''' + 2\,x^2\,y'' + 2\,y = 0$

8. $y^{(4)} - 2\,y'' + y = 0$

※ 다음 제차 상미분방정식의 초기값 문제를 풀어라. [9 ~ 11]

9. $y''' - y'' + 2\,y' - 2\,y = 0,\ y(0) = 2,\ y'(0) = 1,\ y''(0) = -1$

10. $x^3\,y''' + x^2\,y'' - 2\,x\,y' + 2\,y = 0,\qquad y(1) = 2,\ y'(1) = 1,\ y''(1) = 4$

11. $x^3\,y''' + 4\,x^2\,y'' + x\,y' - y = 0,\qquad y(1) = 1,\ y'(1) = 1,\ y''(1) = -4$

3.2 고계 비제차 선형상미분방정식

식 (3.1)의 고계 비제차 상미분방정식의 일반해는

$$y(x) = y_h(x) + y_p(x) \qquad (3.13)$$

로 나타난다. 여기서, $y_h(x)$는 상미분방정식의 제차해(homogeneous solution)이며, $y_p(x)$은 식 (3.1)의 0 아닌 비제차 항 $r(x)$에 관계되는 특수해(particular solution)이다. 특수해(비제차해)를 구하는 방법에는 다음의 두 가지 방법이 있다.

3.2.1 미정계수법(method of undetermined coefficients)

2.4절의 2계 비제차 상미분방정식의 미정계수법과 같은 방법으로, 비제차 항 $r(x)$의 형태에 따라 특수해 $y_p(x)$를 <표 2.1>과 같이 가정한 후, 식 (3.1)에 대입하여 계수 비교함으로써 각 상수 A, B, $\cdots$ 등을 구한다.

 예제 3.3

다음 비제차 상미분방정식의 일반해를 구하라.

(a) $y''' - 2y'' - y' + 2y = 2x$

(b) $y''' + y'' + y' + y = e^{-x}$

풀이

(a) 일반해 $y(x) = y_h(x) + y_p(x)$에서

우선, 특성방정식은

$$\lambda^3 - 2\lambda^2 - \lambda + 2 = (\lambda+1)(\lambda-1)(\lambda-2) = 0$$

이다. 즉,

$$\lambda = -1, \ 1, \ 2$$

이다. 제차해는

$$y_h(x) = C_1 e^{-x} + C_2 e^x + C_3 e^{2x}$$

으로 구해진다. 특수해는 $y_p = Ax + B$라 놓자.

$$y_p{}' = A, \ y_p{}'' = 0, \ y_p{}''' = 0$$

이들을 원 식 $y_p{}''' - 2y_p{}'' - y_p{}' + 2y_p = 2x$에 대입하면

$$-A + 2(Ax + B) = 2x$$

이므로, 계수 비교하면,

$$A = 1, \quad B = \frac{1}{2}$$

이다. 따라서

$$y_p = x + \frac{1}{2}$$

이다. 즉, 일반해는

$$y(x) = y_h + y_p = C_1 e^{-x} + C_2 e^x + C_3 e^{2x} + x + \frac{1}{2}$$

이 된다.

⊛ 검토

$y_p(x) = x + \dfrac{1}{2}$ 을 미분하면

$y_p{}' = 1, \ y_p{}'' = 0, \ y_p{}''' = 0$이 된다.

좌변: $y''' - 2y'' - y' + 2y = -1 + 2\left(x + \dfrac{1}{2}\right) = 2x$

우변: $2x$

따라서, (좌변)=(우변)이 성립한다.

(b) 일반해 $y(x) = y_h(x) + y_p(x)$ 에서

우선, 특성방정식은

$$\lambda^3 + \lambda^2 + \lambda + 1 = (\lambda + 1)(\lambda^2 + 1) = 0$$

이다. 즉,

$$\lambda = -1, \lambda = \pm i$$

이다. 제차해는

$$y_h(x) = C_1 e^{-x} + C_2 \cos x + C_3 \sin x$$

로 구해진다. $r(x)$ 에도 e^{-x} 항이 있으므로 중복이 된다.

따라서, 특수해는 $y_p = A x e^{-x}$ 이라 놓자.

$$y_p' = A(-x+1)e^{-x}$$
$$y_p'' = A(x-2)e^{-x}$$
$$y_p''' = A(-x+3)e^{-x}$$

이들을 원 식에 대입하면

$$2A e^{-x} = e^{-x}$$

이므로, 계수 비교하면,

$$A = \frac{1}{2}$$

이다. 따라서

$$y_p = \frac{1}{2} x e^{-x}$$

이다. 즉, 일반해는

$$y(x) = y_h + y_p = C_1 e^{-x} + C_2 \cos x + C_3 \sin x + \frac{1}{2} x e^{-x}$$

이 된다.

$y_p(x) = \dfrac{1}{2}x\,e^{-x}$을 미분하면

$y_p' = \dfrac{1}{2}e^{-x} - \dfrac{1}{2}x\,e^{-x}$, $y_p'' = -e^{-x} + \dfrac{1}{2}x\,e^{-x}$, $y_p''' = \dfrac{3}{2}e^{-x} - \dfrac{1}{2}x\,e^{-x}$이 된다.

좌변 $= y''' + y'' + y' + y = e^{-x} =$ 우변

따라서, (좌변) = (우변)이 성립한다.

📋 (a) $y(x) = C_1 e^{-x} + C_2 e^x + C_3 e^{2x} + x + \dfrac{1}{2}$ (C_1, C_2, C_3는 상수),

(b) $y(x) = C_1 e^{-x} + C_2 \cos x + C_3 \sin x + \dfrac{1}{2}x\,e^{-x}$ (C_1, C_2, C_3는 상수)

3.2.2 변수 변환법(the method of variation of parameters)

2.4절에서의 변수 변환법을 확장하면 다음과 같이 정리된다.

$$y_p(x) = y_1 \int \frac{W_1 \cdot r}{W}dx + y_2 \int \frac{W_2 \cdot r}{W}dx + \cdots + y_n \int \frac{W_n \cdot r}{W}dx \qquad (3.14)$$

여기서, Wronskian(론스키안) W는 제차해 $y_n(x) = C_1 y_1(x) + \cdots + C_n y_n(x)$의 기저 y_1, y_2, $\cdots$, y_n으로부터 정의되는 함수이다.

$$W(y_1, y_2, \cdots, y_n) = \begin{vmatrix} y_1 & y_2 & \cdots & y_n \\ y_1' & y_2' & \cdots & y_n' \\ \bullet & \bullet & \cdots & \bullet \\ y_1^{(n-1)} & y_2^{(n-1)} & \cdots & y_n^{(n-1)} \end{vmatrix} \qquad (3.15)$$

또한, $W_j(j = 1, 2, \cdots, n)$은 W의 j번째 열을 $[0\ 0\ \cdots\ 0\ 1]^T$의 열로 치환하여 얻는다. 만약 2계의 경우를 검토해 본다면,

$$W = \begin{vmatrix} y_1 & y_2 \\ y_1{}' & y_2{}' \end{vmatrix},$$

$$W_1 = \begin{vmatrix} 0 & y_2 \\ 1 & y_2{}' \end{vmatrix} = -y_2, \quad W_2 = \begin{vmatrix} y_1 & 0 \\ y_1{}' & 1 \end{vmatrix} = y_1$$

이 되어, 2.4절에서 유도된 식 (2.21)과 같음을 알 수 있다.

3계 Wronskian은 다음과 같이 정리할 수 있다.

$$W = \begin{vmatrix} y_1 & y_2 & y_3 \\ y_1{}' & y_2{}' & y_3{}' \\ y_1{}'' & y_2{}'' & y_3{}'' \end{vmatrix},$$

$$W_1 = \begin{vmatrix} 0 & y_2 & y_3 \\ 0 & y_2{}' & y_3{}' \\ 1 & y_2{}'' & y_3{}'' \end{vmatrix},$$

$$W_2 = \begin{vmatrix} y_1 & 0 & y_3 \\ y_1{}' & 0 & y_3{}' \\ y_1{}'' & 1 & y_3{}'' \end{vmatrix},$$

$$W_3 = \begin{vmatrix} y_1 & y_2 & 0 \\ y_1{}' & y_2{}' & 0 \\ y_1{}'' & y_2{}'' & 1 \end{vmatrix}$$

⚙ 예제 3.4

다음 3계 제차 상미분방정식의 일반해를 구하라.

(a) $x^2 y''' + x y'' - 4 y' = x$

(b) $x^3 y''' - 3 x^2 y'' + 6 x y' - 6 y = x^3 \ln x$

풀이

(a) 우선 양변에 x를 곱하면 $x^3 y''' + x^2 y'' - 4xy' = x^2$ 이 된다.

      $y(x) = Cx^m$ 이라 놓으면,

$$y' = Cm\,x^{m-1},$$
$$y'' = Cm\,(m-1)\,x^{m-2},$$
$$y''' = Cm\,(m-1)\,(m-2)\,x^{m-3}$$

이 된다. 이를 원식에 대입하여 특성방정식

$$m\,(m-1)\,(m-2) + m\,(m-1) - 4\,m = 0$$

을 얻는다. 이를 인수분해하면

$$m\,(m+1)(m-3) = 0$$

이 된다. 즉,

$$m = -1,\ 0,\ 3$$

이므로, 제차해는

$$y_h(x) = C_1 x^{-1} + C_2 + C_3 x^3$$

이다. 따라서, 기저는

$$y_1 = x^{-1},\ y_2 = 1,\ y_3 = x^3$$

이다. 특수해 y_p를 구하기 위하여, Wronskan은

$$W = \begin{vmatrix} x^{-1} & 1 & x^3 \\ -x^{-2} & 0 & 3x^2 \\ 2x^{-3} & 0 & 6x \end{vmatrix} = 12x^{-1},$$

$$W_1 = \begin{vmatrix} 0 & 1 & x^3 \\ 0 & 0 & 3x^2 \\ 1 & 0 & 6x \end{vmatrix} = 3x^2,$$

$$W_2 = \begin{vmatrix} x^{-1} & 0 & x^3 \\ -x^{-2} & 0 & 3x^2 \\ 2x^{-3} & 1 & 6x \end{vmatrix} = -4\,x,$$

$$W_3 = \begin{vmatrix} x^{-1} & 1 & 0 \\ -x^{-2} & 0 & 0 \\ 2x^{-3} & 0 & 1 \end{vmatrix} = x^{-2}$$

이다. 한편, 준 식에서 y''' 의 계수가 1이 되도록 양변을 x^2으로 나눈 후의 우변이 $r(x)$이므로 $r(x) = x^{-1}$이다.

$$y_p(x) = y_1 \int \frac{W_1 \cdot r}{W} dx + y_2 \int \frac{W_2 \cdot r}{W} dx + \ \cdots \ + y_n \int \frac{W_n \cdot r}{W} dx$$

$$= x^{-1} \int \frac{3x^2 \cdot x^{-1}}{12\,x^{-1}} dx + \int \frac{-4\,x \cdot x^{-1}}{12\,x^{-1}} dx + x^3 \int \frac{x^{-2} \cdot x^{-1}}{12\,x^{-1}} dx$$

$$= x^{-1} \int \frac{x^2}{4} dx - \int \frac{x}{3} dx + x^3 \int \frac{x^{-2}}{12} dx$$

$$= x^{-1} \cdot \frac{x^3}{12} - \frac{x^2}{6} + x^3 \cdot \left(-\frac{x^{-1}}{12}\right)$$

$$= -\frac{x^2}{6}$$

즉, $y_p = -\dfrac{x^2}{6}$

따라서, 일반해는

$$y(x) = y_h + y_p = C_1 x^{-1} + C_2 + C_3 x^3 - \frac{x^2}{6}$$

이 된다.

🔍 **검토**

$y_p = -\dfrac{x^2}{6}$ 에서

$$y_p{}' = -\frac{x}{3}, \quad y_p{}'' = -\frac{1}{3}, \quad y_p{}''' = 0$$

이므로

좌변: $x^2 y_p{}''' + x y_p{}'' - 4 y_p{}' = x\left(-\dfrac{1}{3}\right) - 4\left(-\dfrac{x}{3}\right) = x$

우변: x

$x^2 y''' + x y'' - 4 y' = x$

가 성립한다.

(b) $y(x) = Cx^m$ 이라 놓으면,

$$y' = Cm\, x^{m-1},$$
$$y'' = Cm\,(m-1)\, x^{m-2},$$
$$y''' = Cm\,(m-1)\,(m-2)\, x^{m-3}$$

이 된다. 이를 원식에 대입하여 특성방정식

$$m\,(m-1)\,(m-2) - 3m\,(m-1) + 6m - 6 = 0$$

을 얻는다. 이를 인수분해하면

$$(m-1)(m-2)(m-3) = 0$$

이 된다. 즉,

$$m = 1,\ 2,\ 3$$

제차해는

$$y_h(x) = C_1 x + C_2 x^2 + C_3 x^3$$

이다. 따라서, 기저는

$$y_1 = x,\ y_2 = x^2,\ y_3 = x^3$$

이다. 특수해 y_p를 구하기 위하여, Wronskian은

$$W = \begin{vmatrix} x & x^2 & x^3 \\ 1 & 2x & 3x^2 \\ 0 & 2 & 6x \end{vmatrix} = 2x^3,$$

$$W_1 = \begin{vmatrix} 0 & x^2 & x^3 \\ 0 & 2x & 3x^2 \\ 1 & 2 & 6x \end{vmatrix} = x^4$$

$$W_2 = \begin{vmatrix} x & 0 & x^3 \\ 1 & 0 & 3x^2 \\ 0 & 1 & 6x \end{vmatrix} = -2x^3,$$

$$W_3 = \begin{vmatrix} x & x^2 & 0 \\ 1 & 2x & 0 \\ 0 & 2 & 1 \end{vmatrix} = x^2$$

이다. 한편, y''' 의 계수가 1이 되도록 양변을 x^3으로 나눈 후의 우변이 $r(x)$이므로 $r(x) = \ln x$ 이다.

$$\begin{aligned}
y_p(x) &= y_1 \int \frac{W_1 \cdot r}{W} dx + y_2 \int \frac{W_2 \cdot r}{W} dx + \cdots + y_n \int \frac{W_n \cdot r}{W} dx \\
&= x \int \frac{x^4 \cdot \ln x}{2x^3} dx + x^2 \int \frac{-2x^3 \cdot \ln x}{2x^3} dx + x^3 \int \frac{x^2 \cdot \ln x}{2x^3} dx \\
&= \frac{x}{2} \cdot \left(\frac{x^2}{2} \ln x - \frac{x^2}{4} \right) - x^2 \cdot (x \ln x - x) + \frac{x^3}{2} \cdot \frac{(\ln x)^2}{2} \\
&= \frac{1}{4} x^3 (\ln x)^2 - \frac{3}{4} x^3 \ln x + \frac{7}{8} x^3
\end{aligned}$$

$\frac{7}{8} x^3$은 $y_h(x)$에 포함되므로

$$y_p = \frac{1}{4}x^3(\ln x)^2 - \frac{3}{4}x^3 \ln x$$

따라서, 일반해는

$$y(x) = y_h + y_p = C_1 x + C_2 x^2 + C_3 x^3 + \frac{1}{4}x^3(\ln x)^2 - \frac{3}{4}x^3 \ln x$$

가 된다.

🔍 검토

$y_p = \frac{1}{4}x^3\{(\ln x)^2 - 3\ln x\}$ 에서

$$y_p{}' = \frac{1}{4}x^2\{3(\ln x)^2 - 7\ln x - 3\},$$

$$y_p{}'' = \frac{1}{4}x\{6(\ln x)^2 - 8\ln x - 13\},$$

$$y_p{}''' = \frac{1}{4}\{6(\ln x)^2 + 4\ln x - 21\}$$

이므로

$$x^3 y''' - 3x^2 y'' + 6xy' - 6y = x^3 \ln x$$

가 성립한다.

📋 (a) $y(x) = C_1 x^{-1} + C_2 + C_3 x^3 - \dfrac{x^2}{6}$　($C_1,\ C_2,\ C_3$는 상수),

　　(b) $y(x) = C_1 x + C_2 x^2 + C_3 x^3 + \dfrac{1}{4}x^3\{(\ln x)^2 - 3\ln x\}$　($C_1,\ C_2,\ C_3$는 상수)

※ 다음 비제차 상미분방정식의 일반해를 구하라. [1 ~ 8]

1. $y''' + 4y' = 3\sin x$

2. $y''' - y' = 1$

3. $y''' + 2y'' - y' - 2y = e^x$

4. $y''' - 3y'' + 3y' - y = 2e^x$

5. $(D^3 + D)y = 2\cos x - 2\sin x$

6. $(D^3 + D^2 - 2D)y = 18xe^x$

7. $x^3 y''' + x^2 y'' - 2xy' + 2y = 8x^3$

8. $x^3 y''' + 2x^2 y'' = x$

※ 다음 비제차 상미분방정식의 초기값 문제를 풀어라. [9 ~ 12]

9. $y''' + 2y'' + y' = 4e^x$, $y(0) = 3,\ y'(0) = 2,\ y''(0) = -1$

10. $y''' + y' = 2e^x$, $y(0) = 3,\ y'(0) = 2,\ y''(0) = 0$

11. $xy''' + 3y'' = 1$, $y(1) = 2,\ y'(1) = 1,\ y''(1) = 1$

12. $x^3 y''' + 2x^2 y'' - xy' + y = 3x^2$, $y(1) = 2,\ y'(1) = 2,\ y''(1) = 5$

3.3 고계 상미분방정식의 응용

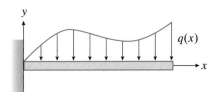

[그림 3.1] 탄성 보(elastic beam)

$n \geqq 3$의 고계 상미분방정식을 이용하는 대표적인 예로, [그림 3.1]과 같이 단위 길이 당 분포하중(distributed load) $q(x)$를 받는 탄성 보(elastic beam)가 있다. 일반적으로, 보의 변위 $y(x)$는 가해지는 분포하중 $q(x)$에 의해 결정된다. 굽힘 모멘트 (bending moment) $M(x)$와 단위 길이당 분포하중 $q(x)$와의 관계는 다음과 같다.

$$\frac{dM(x)}{dx} = q(x) \tag{3.16}$$

또한, 굽힘 모멘트 $M(x)$는 탄성곡선의 곡률(curvature, $1/\rho$)에 비례한다. 여기서 ρ는 곡률반경을 의미한다. 즉,

$$M(x) = EI\frac{1}{\rho} \tag{3.17}$$

여기서, E는 탄성계수(Young's modulus), I는 보의 중심축에 대한 면적 관성모멘트 (area moment of inertia)이다. EI는 탄성보의 굽힘 강성(flexural rigidity)이라 칭하기도 한다. 곡률은 기하학적 형상에 의해 다음의 식으로 주어진다.

$$\frac{1}{\rho} = \frac{y''}{\left(1 + y'^2\right)^{3/2}} \tag{3.18}$$

식 (3.12)에서 처짐 기울기 y'이 매우 작다면, 즉,

$$y' = 0$$

이면

$$\frac{1}{\rho} \cong y''$$

이 된다. 이를 식 (3.11)에 대입하면 다음 식을 만족하게 된다.

$$M(x) = EIy'' \tag{3.19}$$

식 (3.13)을 식 (3.10)에 대입하면 다음과 같은 4계 상미분방정식을 만족한다.

$$EI\frac{d^{(4)}y}{dx^4} = q(x) \tag{3.20}$$

방정식 (3.14)에 대한 경계조건은 다음과 같이 분류된다.

i) 고정단(clamped): 변위 $y = 0$,   기울기 $\dfrac{dy}{dx} = 0$

ii) 단순지지단(simply supported): 변위 $y = 0$,   굽힘 모멘트 $EI\dfrac{d^2y}{dx^2} = 0$

iii) 자유단(free): 굽힘 모멘트 $EI\dfrac{d^2y}{dx^2} = 0$,   전단력 $EI\dfrac{d^3y}{dx^3} = 0$

예제 3.5

그림과 같이 단위 길이 당 일정한 하중이 가해지는 외팔보(cantilever beam)의 변위를 구하라.

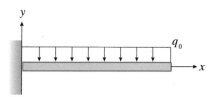

풀이

운동방정식 $EI\dfrac{d^{(4)}y}{dx^4} = -q_0$를 적분하면

$$EI\frac{d^{(3)}y}{dx^3} = -q_0 x + C_1 \quad ①$$

$$EI\frac{d^2 y}{dx^2} = -\frac{q_0}{2}x^2 + C_1 x + C_2 \qquad\qquad ②$$

$$EI\frac{dy}{dx} = -\frac{q_0}{6}x^3 + \frac{C_1}{2}x^2 + C_2 x + C_3 \qquad ③$$

$$EIy = -\frac{q_0}{24}x^4 + \frac{C_1}{6}x^3 + \frac{C_2}{2}x^2 + C_3 x + C_4 \qquad ④$$

경계조건 $x=0$에서 $y(0)=0$, $\left.\dfrac{dy}{dx}\right|_{x=0}=0$

$$x=L \text{에서 } \left.\frac{d^2 y}{dx^2}\right|_{x=L}=0,\ \left.\frac{d^3 y}{dx^3}\right|_{x=L}=0$$

을 대입하여 계수들을 구하면

$$C_1 = q_0 L,\ \ C_2 = -\frac{1}{2}q_0 L^2,\ \ C_3 = 0,\ \ C_4 = 0$$

이 된다. 따라서, 변위식은

$$EIy(x) = -\frac{1}{24}q_0 x^4 + \frac{1}{6}q_0 L x^3 - \frac{1}{4}q_0 L^2 x^2$$

이다.

$$\boxed{\text{답}} \quad y(x) = -\frac{q_0 L^4}{24EI}\left(\frac{x}{L}\right)^2\left\{\left(\frac{x}{L}\right)^2 + 4\left(\frac{x}{L}\right) - 6\right\}$$

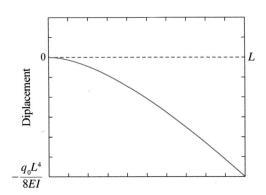

※ 다음 고계 상미분방정식 응용문제를 풀어라. [1 ~ 3]

1. 그림과 같이 단위 길이당 일정한 하중이 가해지는 외팔보(cantilever beam)의 변위를 구하라.

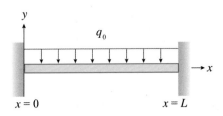

2. 그림과 같이 단위 길이당 일정한 하중이 가해지는 단순 지지보(simply supported beam)의 변위를 구하라.

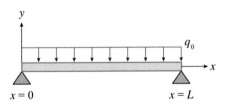

3. 그림과 같이 단위 길이당 하중 $q(x) = \dfrac{q_0}{L}x$로 가해지는 외팔보(cantilever beam)의 변위를 구하라.

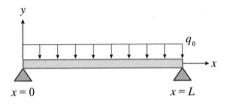

3.4* MATLAB의 활용 (*선택 가능)

고계 상미분방정식을 1계 연립상미분방정식으로 변환한 후(7.1절에서 자세히 배우기로 하자), Runge-Kutta method를 적용함으로써 고계 상미분방정식의 해를 그리는 방법이다.

또한, MATLAB 명령어 dsolve.m을 이용하면 초기조건이 있는 상미분방정식의 해를 직접적으로 구할 수 있다.

M_prob 3.1 3계 선형 상미분방정식 $y''' + 2y'' + y' = 0.5$, 초기조건 $y(0) = 0.1$, $y'(0) = 0$, $y''(0) = 0$에 대한 해를 그려라.

풀이

$y = \begin{Bmatrix} y \\ y' \\ y'' \end{Bmatrix}$ 이라고 놓고, $f = \begin{Bmatrix} y' \\ y'' \\ y''' \end{Bmatrix}$ 이라 놓으면

$$f(1) = y(2)$$
$$f(2) = y(3)$$
$$f(3) = -2y(3) - y(2) + 0.5$$

가 된다.

위와 같은 함수를 정의하는 m_file(파일명은 song3_1로 하자)을 별도로 만들고, 실행 파일명은 mprob3_1로 하자.

```
% song3_1.m
function f=song3_1(x,y)
f=zeros(3,1);
f(1)=y(2);
f(2)=y(3);
f(3)=-2*y(3)-y(2)+0.5;
```

```
% main file mprob3_1.m
close all; clear all;
x=0:0.01:5;
y00=[1; 0; 0];                    % initial condition
[x, y]=ode23('song3_1', x, y00);        % ode (ordinary differential equation)
plot(x, y(:,1), 'linewidth', 3); hold on
plot(x, 0*x, 'black')
xlabel('x', 'fontsize', 14);
ylabel('y(x)', 'fontsize', 14); grid
```

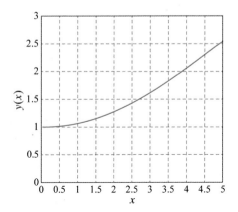

M_prob 3.2 4계 상미분방정식 $y^{(4)} + 4y''' + 6y'' + 4y' + y = 4e^{-0.1x}\sin x$, 초기조건 $y(0) = 1$, $y'(0) = 0$, $y''(0) = 0$, $y'''(0) = 0$에 대한 해를 그려라.

풀이

$\mathbf{y} = \begin{Bmatrix} y \\ y' \\ y'' \\ y''' \end{Bmatrix}$ 이라고 놓고, $\mathbf{f} = \begin{Bmatrix} y' \\ y'' \\ y''' \\ y^{(4)} \end{Bmatrix}$ 이라 놓으면

$$f(1) = y(2)$$
$$f(2) = y(3)$$
$$f(3) = y(4)$$
$$f(4) = -4y(4) - 6y(3) - 4y(2) - y(1) + 4e^{-0.1*x}\sin x$$

가 된다.

　위와 같은 함수를 정의하는 m_file(파일명은 song3_2로 하자)을 별도로 만들고, 실행 파일명은 mprob3_2로 하자.

```
% song3_2.m
function f=song3_2(x,y)
f=zeros(3,1);
f(1)=y(2); f(2)=y(3); f(3)=y(4);
f(4)=-4*y(4)-6*y(3)-4*y(2)-y(1)+4*exp(-0.1 *x).*sin(x);


% main file mprob3_2.m
close all; clear all;
x=0:0.01:5;
y00=[1; 0; 0; 0];                    % initial condition
[x, y]=ode23('song3_2', x, y00);      % ode (ordinary differential equation)
```

```
plot(x, y(:,1), 'linewidth', 3); hold on
plot(x, 0*x, 'black')
xlabel('x', 'fontsize', 14);
ylabel('y(x)', 'fontsize', 14); grid
```

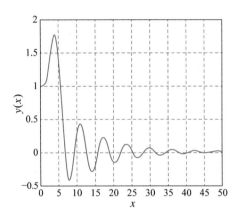

M_prob 3.3 MATLAB을 활용하여 다음 고계 상미분방정식에 대한 해를 구하라.

(a) $y^{(3)} - \ddot{y} + 2\dot{y} - 2y = 0,$ $\qquad y(0) = 2,\ \dot{y}(0) = 1,\ \ddot{y}(0) = -1$

(b) $t^3 y^{(3)} + t^2 \ddot{y} - 2t\dot{y} + 2y = 0,$ $\quad y(1) = 2,\ \dot{y}(1) = 1,\ \ddot{y}(1) = 4$

(c) $y^{(3)} + 2\ddot{y} + \dot{y} = 4e^t,$ $\qquad y(0) = 3,\ \dot{y}(0) = 2,\ \ddot{y}(0) = -1$

(d) $t^3 y^{(3)} + 2t^2 \ddot{y} - t\dot{y} + y = 3t^2,$ $\quad y(1) = 2,\ \dot{y}(1) = 2,\ \ddot{y}(1) = 5$

풀이

(a) 주어진 미분방정식을 명시형으로 고치면

$$y^{(3)} = \ddot{y} - 2\dot{y} + 2y,\ y(0) = 2,\ \dot{y}(0) = 1,\ \ddot{y}(0) = -1$$

이므로 dsolve.m을 이용한다.

```
syms y(t)
D3y = diff(y,3);      % diff(y,3): the 3rd order differential equation
dsolve('D3y=D2y-2*Dy+2*y', 'y(0)=2', 'Dy(0)=1', 'D2y(0)=-1')
```

※ 참고 : 처음 두 줄 내용(syms y(t)와 D3y = diff(y,3))을 생략하여도 무방하다.

```
ans =
    cos(2^(1/2)*t) + exp(t)
```

따라서 $y(t) = \cos\sqrt{2}\,t + e^t$ 이다.

(b) 주어진 미분방정식을 명시형으로 고치면

$$y^{(3)} = -\frac{1}{t}\ddot{y} + \frac{2}{t^2}\dot{y} - \frac{2}{t^3}y, \; y(1) = 2, \; \dot{y}(1) = 1, \; \ddot{y}(1) = 4$$

이므로 dsolve.m을 이용한다.

```
>> dsolve('D3y=-1/t*D2y+2/t^2*Dy-2/t^3*y', 'y(1)=2', 'Dy(1)=1', 'D2y(1)=4')
```

```
ans =
    1/t + t^2
```

따라서 $y(t) = t^{-1} + t^2$ 이다.

(c) 주어진 미분방정식을 명시형으로 고치면

$$y^{(3)} = -2\ddot{y} - \dot{y} + 4e^t, \; y(0) = 3, \; \dot{y}(0) = 2, \; \ddot{y}(0) = -1$$

이므로 dsolve.m을 이용한다.

```
>> dsolve('D3y=-2*D2y-Dy+4*exp(t)', 'y(0)=3', 'Dy(0)=2', 'D2y(0)=-1')
```

```
ans =
    exp(t) - 2*t + t*exp(-t) + t*(2*exp(t) + 2) - 2*t*exp(t) + 2
```

```
>> simple(ans)
```

```
ans =
    exp(t) + t*exp(-t) + 2
```

따라서 $y(t) = e^t + t\,e^{-t} + 2$ 이다.

(d) 주어진 미분방정식을 명시형으로 고치면

$$y^{(3)} = -\frac{2}{t}\ddot{y} + \frac{1}{t^2}\dot{y} - \frac{1}{t^3}y + \frac{3}{t}, \; y(1) = 2, \; \dot{y}(1) = 2, \; \ddot{y}(1) = 5$$

이므로 dsolve.m을 이용한다.

```
>> dsolve('D3y=-2/t*D2y+1/t^2*Dy-1/t^3*y+3/t', 'y(1)=2', 'Dy(1)=2', 'D2y(1)=5')
```

ans =

    (3*t^2*log(t))/2 + t*log(t) - (3*t^2*(2*log(t) - 1))/4 + 1/t + t^2/4

```
>> simple(ans)
```

ans =

    t*(t + log(t)) + 1/t

따라서 $y(t) = t^2 + t \ln|t| + t^{-1}$ 이다.

답 (a) $y(t) = \cos \sqrt{2}\, t + e^t$,

(b) $y(t) = t^{-1} + t^2$,

(c) $y(t) = e^t + te^{-t} + 2$,

(d) $y(t) = t^2 + t \ln|t| + t^{-1}$

(*선택 가능)

1. 3계 선형 상미분방정식 $y''' + 3y'' + 3y' + y = e^{-0.2x}$,
   초기조건 $y(0) = 0.2$, $y'(0) = 0$, $y''(0) = 0$에 대한 해를 그려라.

2. 4계 상미분방정식 $y^{(4)} + 6y''' + 11y'' + 6y' = e^{-x}$, 초기조건 $y(0) = 0$, $y'(0) = 1$,
   $y''(0) = 0$, $y'''(0) = 0$에 대한 해를 그려라.

3. MATLAB을 활용하여 다음의 고계 상미분방정식에 대한 해를 구하라.

    (a) $y^{(4)} - 2\ddot{y} + y = 0$, $y(0) = 0$, $\dot{y}(0) = 1$, $\ddot{y}(0) = 2$, $y^{(3)}(0) = 3$

    (b) $t^3 y^{(3)} + 4t^2 \ddot{y} + t\dot{y} - y = 0$, $y(1) = 1$, $\dot{y}(1) = 1$, $\ddot{y}(1) = -4$

    (c) $y^{(3)} + \ddot{y} + \dot{y} + y = e^{-t}$, $y(0) = 0$, $\dot{y}(0) = 0$, $\ddot{y}(0) = 1$

    (d) $y^{(3)} + 3\ddot{y} + 3\dot{y} + y = e^{-t}$, $y(0) = 1$, $\dot{y}(0) = 0$, $\ddot{y}(0) = 0$

CHAPTER

4

Laplace 변환
(Laplace Transform)

Laplace 변환(Laplace transform)은 초기값을 포함하는 선형 상미분방정식의 해를 구하는 데 유용한 방법이다.(4.1절, 4.2절) 또한 일반적인 해석적 방법으로 구하기 어려운 델타 함수(delta function)와 계단 함수(step function) 등의 입력이 있는 상미분방정식의 해를 구할 때 특히 유용하게 쓰인다(4.3절).

이 방법은 일반적으로 상미분방정식을 먼저 Laplace 변환을 하여 s—도메인의 대수 방정식을 얻은 후 대수 해를 구하고, 이를 Laplace 역변환(inverse Laplace transform)을 함으로써 상미분방정식의 해를 구하는 방법이다(4.4절).

Laplace 변환은 제어공학이나 진동학, 및 신호처리 등의 공학과 물리학에서 필수적으로 사용된다(4.5절).

4.1 Laplace 변환의 정의

> 🧩 **CORE** Laplace 변환
>
> 함수 $f(t)$가 시간 범위 $t \geq 0$에서 정의된 함수라면, 함수 $f(t)$에 대한 Laplace 변환 함수 $F(s)$는 다음과 같이 정의된다.
>
> $$F(s) = \mathcal{L}\{f(t)\} = \int_0^\infty f(t)\, e^{-st}\, dt \qquad (4.1)$$

Laplace 변환에서는 시간-도메인(t-domain)에서의 함수 $f(t)$가 다른 공간, 즉 s-도메인의 함수 $F(s)$로 일대일 대응으로 변환되기 때문에, 변환되었던 s-도메인 함수 $F(s)$에서 다시 처음 공간인 t-도메인 함수 $f(t)$로의 역변환(inverse transform)도 가능하게 된다.

따라서, 처음 함수 $f(t)$는 Laplace 변환 함수 $F(s)$의 역변환 함수라 하며, $\mathcal{L}^{-1}(F)$로 표기한다. 즉,

$$f(t) = \mathcal{L}^{-1}(F) \qquad (4.2)$$

4.1.1 Laplace 변환(Laplace transform)의 표기 약속

원래의 시간-도메인 함수와 그에 상응하는 Laplace 변환된 함수를 표기할 때에는 다음과 같이 쓰기로 약속한다.

$$f(t) \xrightarrow{\mathcal{L}} F(s), \ x(t) \xrightarrow{\mathcal{L}} X(s),$$

$$y(t) \xrightarrow{\mathcal{L}} Y(s), \ r(t) \xrightarrow{\mathcal{L}} R(s) \ \text{등}$$

$$F(s) \xrightarrow{\mathcal{L}^{-1}} f(t), \ X(s) \xrightarrow{\mathcal{L}^{-1}} x(t),$$

$$Y(s) \xrightarrow{\mathcal{L}^{-1}} y(t), \ R(s) \xrightarrow{\mathcal{L}^{-1}} r(t) \ \text{등}$$

4.1.2 Laplace 변환의 선형성(linearity)

다음과 같이 성립하므로, Laplace 변환은 선형성을 만족한다고 할 수 있다.

$$\mathcal{L}\left[af(t)+bg(t)\right]=a\int_0^\infty f(t)\,e^{-st}\,dt+b\int_0^\infty g(t)\,e^{-st}\,dt=a\mathcal{L}\left(f\right)+b\mathcal{L}\left(g\right) \quad (4.3)$$

4.1.3 상수 1과 정식 t^n의 Laplace 변환

먼저, $t \geq 0$에서 $f(t)=1$에 대하여 Laplace 변환하면 다음과 같다.

$$F(s)=\mathcal{L}\left(1\right)=\int_0^\infty e^{-st}\,dt=\left.\frac{e^{-st}}{-s}\right|_0^\infty=\frac{1}{s} \quad (s>0) \qquad (4.4)$$

또한, $f(t)=t$에 대하여 Laplace 변환하면 다음과 같다.

$$F(s)=\mathcal{L}\left(t\right)=\int_0^\infty t\,e^{-st}\,dt=\left.t\,\frac{e^{-st}}{-s}\right|_0^\infty-\int_0^\infty 1\cdot\frac{e^{-st}}{-s}\,dt=\frac{1}{s^2} \qquad (4.5)$$

같은 방법으로, $f(t)=t^n \ (n=2,\,3,\,\cdots)$에 대하여 Laplace 변환하면 다음과 같다.

$$\mathcal{L}\left(t^n\right)=\int_0^\infty t^n\,e^{-st}\,dt=\left.t^n\,\frac{e^{-st}}{-s}\right|_0^\infty-\int_0^\infty n\,t^{n-1}\cdot\frac{e^{-st}}{-s}\,dt=\frac{n}{s}\,\mathcal{L}\left(t^{n-1}\right) \qquad (4.6)$$

따라서, 이를 정리하면 <표 4.1>과 같다.

〈표 4.1〉 상수 1과 정식 t^n의 Laplace 변환

$f(t)$	$F(s)$
1	$\dfrac{1}{s}$
t	$\dfrac{1}{s^2}$
t^2	$\dfrac{2}{s^3}$
t^3	$\dfrac{3!}{s^4}$
$t^n \ (n=0, 1, 2, \cdots)$	$\dfrac{n!}{s^{n+1}}$

⚙ 예제 4.1

함수 $f(t) = t^2 - 2t + 3$을 Laplace 변환하라.

풀이

선형성을 이용하면,

$$F(s) = \mathcal{L}\left(t^2 - 2t + 3\right) = \mathcal{L}\left(t^2\right) - 2\,\mathcal{L}\left(t\right) + 3 = \frac{2}{s^3} - 2 \cdot \frac{1}{s^2} + 3 \cdot \frac{1}{s}$$

이 된다.

답 $F(s) = \dfrac{2 - 2s + 3s^2}{s^3}$

4.1.4 지수함수 e^{at}과 삼각함수의 Laplace 변환

시간 $t \geq 0$에서 $f(t) = e^{at}$에 대하여 Laplace 변환하면 다음과 같다.

$$F(s) = \mathcal{L}(e^{at}) = \int_0^\infty e^{at} e^{-st} dt = \left. \frac{e^{-(s-a)t}}{a-s} \right|_0^\infty = \frac{1}{s-a} \quad (s-a > 0) \qquad (4.7)$$

식 (4.7)에서 $a = i\omega$라 놓으면,

$$\mathcal{L}(e^{i\omega t}) = \frac{1}{s - i\omega} \qquad (4.8)$$

이 성립한다. 이 식에 오일러 식 $e^{i\omega t} = \cos \omega t + i \sin \omega t$를 적용한 후 Laplace 변환의 선형성을 이용하면, 식 (4.8)의 좌변은

$$\mathcal{L}(e^{i\omega t}) = \mathcal{L}(\cos \omega t + i \sin \omega t) = \mathcal{L}(\cos \omega t) + i \mathcal{L}(\sin \omega t) \qquad (4.9a)$$

가 성립하며, 또한, 식 (4.8)의 우변을 유리화하면

$$\frac{1}{s - i\omega} = \frac{s}{s^2 + \omega^2} + i \frac{\omega}{s^2 + \omega^2} \qquad (4.9b)$$

가 성립한다. 좌변 항 (4.9a)와 우변 항 (4.9b)에서 실수부와 허수부를 각각 정리하면, 다음과 같다.

$$\mathcal{L}(\cos \omega t) = \frac{s}{s^2 + \omega^2} \qquad (4.10a)$$

$$\mathcal{L}(\sin \omega t) = \frac{\omega}{s^2 + \omega^2} \qquad (4.10b)$$

지수함수와 삼각함수에 대한 Laplace 변환을 정리하면 <표 4.2>와 같다.

〈표 4.2〉 지수함수와 삼각함수의 Laplace 변환

$f(t)$	$F(s)$
e^{at}	$\dfrac{1}{s-a}$
$\cos \omega t$	$\dfrac{s}{s^2 + \omega^2}$
$\sin \omega t$	$\dfrac{\omega}{s^2 + \omega^2}$
$\cosh at$	$\dfrac{s}{s^2 - a^2}$
$\sinh at$	$\dfrac{a}{s^2 - a^2}$

⚙ 예제 4.2

함수 $f(t) = \cosh at$를 Laplace 변환하라.

풀이

Laplace 변환의 선형성을 이용한다.

$$\mathcal{L}\left(\cosh at\right) = \mathcal{L}\left(\frac{e^{at} + e^{-at}}{2}\right) = \frac{1}{2}\{\mathcal{L}\left(e^{at}\right) + \mathcal{L}\left(e^{-at}\right)\} = \frac{1}{2}\left(\frac{1}{s-a} + \frac{1}{s+a}\right) = \frac{s}{s^2 - a^2}$$

답 $\dfrac{s}{s^2 - a^2}$

4.1.5 s-이동

Laplace 변환에서 s를 $s-a$로 대체한다.

🧩 CORE $e^{at}f(t)$의 Laplace 변환

함수 $f(t)$의 Laplace 변환이 $F(s)$일 때, $e^{at}f(t)$의 Laplace 변환은 $F(s-a)$가 된다. 즉,

$$\mathcal{L}\{e^{at}f(t)\}=F(s-a) \tag{4.11}$$

증명 $F(s)=\displaystyle\int_0^\infty f(t)e^{-st}dt$에서 s 대신 $s-a$를 대입하면

$$F(s-a)=\int_0^\infty f(t)e^{-(s-a)t}dt$$

$$=\int_0^\infty \{e^{at}f(t)\}e^{-st}dt$$

$$=\mathcal{L}\{e^{at}f(t)\} \qquad\qquad \text{[식 (4.11)의 증명]}$$

가 된다.

<표 4.3>은 지수함수 e^{at}과 임의의 함수 $f(t)$와의 곱에 대한 Laplace 변환을 정리한 표로, s 대신 $s-a$로 대체됨을 알 수 있다.

〈표 4.3〉 지수함수 e^{at}과 임의의 함수 $f(t)$와의 곱에 대한 Laplace 변환

$f(t)$	$F(s)$
$e^{at}\cdot 1$	$\dfrac{1}{s-a}$
$e^{at}t$	$\dfrac{1}{(s-a)^2}$
$e^{at}t^2$	$\dfrac{2}{(s-a)^3}$

$f(t)$	$F(s)$
$e^{at}t^n$	$\dfrac{n!}{(s-a)^{n+1}}$
$e^{at}\cos\omega t$	$\dfrac{s-a}{(s-a)^2+\omega^2}$
$e^{at}\sin\omega t$	$\dfrac{\omega}{(s-a)^2+\omega^2}$

 예제 4.3

함수 $f(t)=e^{at}\cos\omega t$와 $f(t)=e^{at}\sin\omega t$를 Laplace 변환하라.

풀이

$$\mathcal{L}\left(e^{at}e^{i\omega t}\right)=\mathcal{L}\left[e^{(a+i\omega)t}\right]=\frac{1}{s-(a+i\omega)}$$

이 되므로,

좌변: $\mathcal{L}\left(e^{at}e^{i\omega t}\right)=\mathcal{L}\left\{e^{at}(\cos\omega t+i\sin\omega t)\right\}$

$$=\mathcal{L}\left(e^{at}\cos\omega t\right)+i\,\mathcal{L}\left(e^{at}\sin\omega t\right)$$

우변: $\dfrac{1}{(s-a)-i\omega}=\dfrac{s-a}{(s-a)^2+\omega^2}+i\,\dfrac{\omega}{(s-a)^2+\omega^2}$

이다. 따라서, 실수부와 허수부를 정리하면, 다음 식들이 유도된다.

$$\mathcal{L}\left(e^{at}\cos\omega t\right)=\frac{s-a}{(s-a)^2+\omega^2},$$

$$\mathcal{L}\left(e^{at}\sin\omega t\right)=\frac{\omega}{(s-a)^2+\omega^2}$$

답 $\mathcal{L}\left(e^{at}\cos\omega t\right)=\dfrac{s-a}{(s-a)^2+\omega^2}$, $\mathcal{L}\left(e^{at}\sin\omega t\right)=\dfrac{\omega}{(s-a)^2+\omega^2}$

4.1.6 Laplace 역변환(inverse Laplace transform)

Laplace 변환은 일대일 대응으로 변환되기 때문에, 변환되었던 s-도메인 함수 $F(s)$에서 다시 처음의 시간-도메인 함수 $f(t)$로의 Laplace 역변환도 가능하게 된다.

즉,

$$f(t) \xrightarrow{\ \mathcal{L}\ } F(s) \xrightarrow{\ \mathcal{L}^{-1}\ } f(t)$$

로 표기된다.

 예제 4.4

함수 $F(s) = \dfrac{s+2}{s^2 - 2s + 10}$ 를 Laplace 역변환하라.

풀이

$$F(s) = \frac{s+2}{s^2-2s+10} = \frac{(s-1)+3}{(s-1)^2+3^2} \xrightarrow{\ \mathcal{L}^{-1}\ } f(t) = e^t(\cos 3t + \sin 3t)$$

답 $f(t) = e^t(\cos 3t + \sin 3t)$

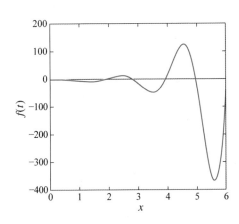

※ 다음 시간 함수를 Laplace 변환하라. [1 ～ 6]

　1.　$f(t) = t^3 - 3t^2 + 6t + 6$

　2.　$f(t) = e^{2t} + 2\sin 2t$

　3.　$f(t) = e^{2t}\cos 3t - e^{-t}\sin 3t$

　4.　$f(t) = 4\cos^2 3t + t^2$

　5.　$f(t) = (t^2 + 2t)e^{-3t}$

　6.　$f(t) = e^{-3t}\cosh 3t$

※ 다음 함수를 Laplace 역변환하라. [7 ～ 12]

　7.　$F(s) = \dfrac{s^2 - 2s + 2}{s^3}$

　8.　$F(s) = \dfrac{2s}{(s-3)^2}$

　9.　$F(s) = \dfrac{-3s + 3}{s^2 + 2s + 5}$

　10.　$F(s) = \dfrac{5s + 4}{s^2 + 2s}$

　11.　$F(s) = \dfrac{2s + 2}{(s-2)^3}$

　12.　$F(s) = \dfrac{s^2 - 10s + 20}{s(s^2 - 6s + 10)}$

4.2 미분함수와 적분함수의 Laplace 변환

Laplace 변환은 초기값이 있는 선형 상미분방정식의 해를 구하는 데 유용한 방법이다. 따라서 상미분방정식에 포함되어 있는 미분함수와 적분함수에 대한 Laplace 변환이 매우 중요한 과정이 될 것이다.

4.2.1 미분함수에 대한 Laplace 변환

🧩 CORE **미분함수에 대한 Laplace 변환**

함수 $f(t)$의 1계, 2계 및 3계 도함수에 대한 Laplace 변환을 정리하면 다음과 같다.

$$\mathcal{L}\left(f'\right) = s\,\mathcal{L}\left(f\right) - f(0) \tag{4.12}$$

$$\mathcal{L}\left(f''\right) = s^2\,\mathcal{L}\left(f\right) - s\,f(0) - f'(0) \tag{4.13}$$

$$\mathcal{L}\left(f'''\right) = s^3\,\mathcal{L}\left(f\right) - s^2\,f(0) - s\,f'(0) - f''(0) \tag{4.14}$$

증명 $\mathcal{L}\left(f'\right) = \displaystyle\int_0^\infty f'(t)\,e^{-st}\,dt$로부터 부분 적분을 전개하면

$$\mathcal{L}\left(f'\right) = \int_0^\infty f'(t)\,e^{-st}\,dt = f(t)\,e^{-st}\bigg|_0^\infty + s\int_0^\infty f(t)\,e^{-st}\,dt$$

이다. 따라서, $s > 0$에서

$$\mathcal{L}\left(f'\right) = s\,\mathcal{L}\left(f\right) - f(0) \qquad\qquad \text{[식 (4.12)의 증명]}$$

가 된다. 식 (1)을 2계 도함수의 Laplace 변환에 적용하면

$$
\begin{aligned}
\mathcal{L}\left(f''\right) &= s\,\mathcal{L}\left(f'\right) - f'(0) \\
&= s\left\{s\,\mathcal{L}\left(f\right) - f(0)\right\} - f'(0) \\
&= s^2\,\mathcal{L}\left(f\right) - s\,f(0) - f'(0) \qquad \text{[식 (4.13)의 증명]}
\end{aligned}
$$

이다. 같은 방법으로 확장하여 n계 도함수에 대한 Laplace 변환을 다음과 같이 정리할 수 있다.

$$\mathcal{L}\left(f^{(n)}\right) = s^n \mathcal{L}\left(f\right) - s^{(n-1)} f(0) - s^{(n-2)} f'(0) - \cdots - f^{(n-1)}(0) \qquad (4.15)$$

⚙ 예제 4.4

다음 함수를 Laplace 변환하라.

(a) $f(t) = t\,e^{at}$

(b) $f(t) = t\sin t$

풀이

(a) $f(t) = te^{at}$ 에서 $f(0) = 0$ 이다.

미분하면

$$f'(t) = e^{at} + at\,e^{at}$$

이다. 이 식을 Laplace 변환하면

$$s\,F(s) - f(0) = \frac{1}{s-a} + a\,F(s)$$

따라서

$$F(s) = \frac{1}{(s-a)^2}$$

이다.

별해

〈표 4.3〉에서의 지수함수 e^{at} 과 함수 t 와의 곱에 대한 Laplace 변환과 같이, 함수 t 의 Laplace 변환함수 $\frac{1}{s^2}$ 에서 s 대신 $s-a$ 로 대체되었음을 알 수 있다.

(b) $f(t) = t\sin t$에서 $f(0) = 0$이다.

 미분하면

$$f'(t) = \sin t + t\cos t, \quad f'(0) = 0$$

 또 미분하면

$$f''(t) = 2\cos t - t\sin t$$

이다. 즉,

$$f''(t) = 2\cos t - f(t)$$
$$f''(t) + f(t) = 2\cos t$$

 이 식을 Laplace 변환하면

$$s^2 F(s) - sf(0) - f'(0) = \frac{2s}{s^2 + 1} - F(s)$$

 따라서

$$(s^2 + 1)F(s) = \frac{2s}{s^2 + 1}$$

 즉,

$$F(s) = \frac{2s}{(s^2 + 1)^2}$$

이다.

🔢 (a) $\mathcal{L}\left(te^{at}\right) = \dfrac{1}{(s-a)^2}$, (b) $\mathcal{L}\left(t\sin t\right) = \dfrac{2s}{(s^2 + 1)^2}$

4.2.2 적분함수에 대한 Laplace 변환

🧩 CORE   적분함수에 대한 Laplace 변환

 모든 시간 범위 $t \geq 0$에서 함수 $f(t)$의 Laplace 변환을 $F(s)$라 할 때, 적분함수 $\displaystyle\int_0^t f(\tau)\,d\tau$의 Laplace 변환은 다음과 같이 정리된다.

$$\mathcal{L}\left\{\int_0^t f(\tau)\,d\tau\right\} = \frac{1}{s}F(s) \quad (s > 0) \tag{4.16}$$

증명 $g(t) = \int_0^t f(\tau) \, d\tau$라 놓으면, $g(0) = 0$이다.

$$F(s) = \mathcal{L}(f) = \mathcal{L}(g') = s \, \mathcal{L}(g) - g(0) \quad (s > 0)$$

따라서, $F(s) = s \, \mathcal{L}(g)$ 이다. 즉,

$$\frac{1}{s} F(s) = \mathcal{L} \left\{ \int_0^t f(\tau) \, d\tau \right\} \qquad \text{[식 (4.16)의 증명]}$$

이다. 따라서, 식 (4.16)을 역변환하면

$$\mathcal{L}^{-1} \left\{ \frac{1}{s} F(s) \right\} = \int_0^t f(\tau) \, d\tau \tag{4.17}$$

가 된다.

⚙ **예제 4.5**

$\dfrac{1}{s(s^2 + \omega^2)}$ 을 Laplace 역변환하라.

풀이

$\dfrac{1}{s} F(s) = \dfrac{1}{s(s^2 + \omega^2)}$ 이라 하면

$$F(s) = \frac{1}{s^2 + \omega^2} = \mathcal{L} \left\{ \frac{\sin wt}{\omega} \right\}$$

이다. 따라서,

$$f(t) = \frac{\sin wt}{\omega}$$

이다.

$$\mathcal{L}^{-1}\left\{\frac{1}{s}F(s)\right\}=\int_0^t f(\tau)\,d\tau$$

로부터

$$\mathcal{L}^{-1}\left\{\frac{1}{s\,(s^2+\omega^2)}\right\}=\int_0^t \frac{\sin\omega\tau}{\omega}\,d\tau=-\left.\frac{\cos\omega\tau}{\omega^2}\right|_0^t=\frac{1-\cos\omega t}{\omega^2}$$

가 된다.

답 $\mathcal{L}^{-1}\left\{\dfrac{1}{s\,(s^2+\omega^2)}\right\}=\dfrac{1-\cos\omega t}{\omega^2}$

별해

$\dfrac{1}{s\,(s^2+\omega^2)}=\dfrac{a}{s}+\dfrac{b\,s+c}{s^2+\omega^2}$ 로 부분분수 전개하면

분자: $1=a\,(s^2+\omega^2)+(b\,s+c)\,s$

가 된다. 이를 계수 비교하면

$$a=\frac{1}{\omega^2},\ \ b=-\frac{1}{\omega^2},\ \ c=0$$

이다. 즉,

$$\frac{1}{s\,(s^2+\omega^2)}=\frac{1}{\omega^2}\left(\frac{1}{s}-\frac{s}{s^2+\omega^2}\right)$$

이다. 이를 Laplace 변환하면 다음이 유도된다.

$$\mathcal{L}^{-1}\left\{\frac{1}{\omega^2}\left(\frac{1}{s}-\frac{s}{s^2+\omega^2}\right)\right\}=\frac{1-\cos\omega t}{\omega^2}$$

4.2.3 초기값이 있는 상미분방정식의 해

다음과 같이 초기값이 있는 2계 상미분방정식에 대한 해를 Laplace 변환을 이용하여 구하여 보자.

$$y'' + ay' + by = r(t), \quad y(0) = y_0, \quad y'(0) = y_0' \qquad (4.18)$$

여기서 a, b는 상수이고, $r(t)$는 시스템에서 외력(external force) 또는 입력(input)에 해당하며, $y(t)$는 시스템에서 입력 $r(t)$에 의한 응답(response), 즉, 출력(output)에 해당한다.

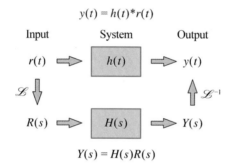

[그림 4.1] 시스템과 Laplace 변환

일반적인 선형시스템에서, 입력-시스템-출력 관계는 [그림 4.1]과 같이 표현될 수 있다. t-도메인에서 입력 $r(t)$, 시스템 $h(t)$ 및 출력 $y(t)$의 관계는 $y(t) = h(t)*r(t)$로 나타내며, 여기서 *는 합성곱(convolution)을 의미한다. 즉,

$$y(t) = h(t)*r(t) = \int_0^t h(\tau)r(t-\tau)\,d\tau = \int_0^t h(t-\tau)r(\tau)\,d\tau \qquad (4.19)$$

식 (4.19)로부터 시스템의 시간 함수 $h(t)$를 구하는 것은 매우 어려울 것이다.

반면에, s-도메인에서 입력 $R(s)$, 시스템 전달함수(transfer function) $H(s)$, 및 출력 $Y(s)$의 관계는 다음과 같다.

$$Y(s) = H(s) R(s) \tag{4.20a}$$

즉,

$$H(s) = \frac{Y(s)}{R(s)} \tag{4.20b}$$

따라서, 시스템의 특성을 해석할 때에는 t-도메인에서 풀이하는 것보다 s-도메인에서 풀이하는 것이 훨씬 쉽다는 것을 알 수 있으며, 이것이 Laplace 변환의 장점이라 할 수 있다.

또한, Laplace 변환을 이용하면 초기값이 있는 상미분방정식의 해를 비교적 쉽게 구할 수 있으며, [그림 4.2]에서와 같이, 세 단계를 순차적으로 수행하여 해를 구하게 된다. 특히 제 1 장에서 제 3 장까지의 상미분방정식에서는 구할 수 없었던 문제, 예를 들면, 단위계단 함수, 델타함수, 시간 평행이동 함수 및 반복 신호 함수 등을 포함한 미분방정식의 해를 구할 수 있다.

i) 1단계: 미분방정식을 Laplace 변환하고 초기값을 대입한다.

ii) 2단계: s-도메인에서 $Y(s)$를 구한다.

iii) 3단계: $Y(s)$로부터 역변환하여 $y(t)$를 구한다.

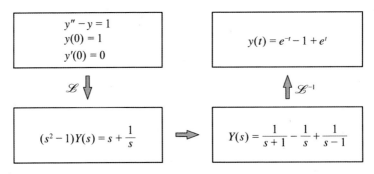

[그림 4.2] 상미분방정식의 해를 구하는 순서

예제 4.6

상미분방정식 $y'' - y = 1$, $y(0) = 1$, $y'(0) = 0$의 해를 구하라.

풀이

$y'' - y = 1$을 Laplace 변환하면

$$[s^2 \, Y(s) - s \, y(0) - y'(0)] - Y(s) = \frac{1}{s}$$

$$(s^2 - 1) \, Y(s) = s + \frac{1}{s}$$

$$Y(s) = \frac{s^2 + 1}{s \, (s^2 - 1)} = \frac{1}{s+1} - \frac{1}{s} + \frac{1}{s-1}$$

이다. 이를 역변환하면 다음과 같다.

$$y(t) = e^{-t} - 1 + e^t$$

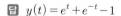 **답** $y(t) = e^t + e^{-t} - 1$

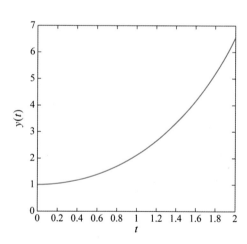

검토

$y(t) = e^t + e^{-t} - 1$ 에서

$$y' = e^t - e^{-t}, \quad y'' = e^t + e^{-t}$$

상미분방정식

$$y'' - y = (e^t + e^{-t}) - (e^t + e^{-t} - 1) = 1$$

이 성립한다.

예제 4.7

상미분방정식 $y'' + 2y' + 10y = 10t,\ y(0) = 0,\ y'(0) = 1$의 해를 구하라.

풀이

$y'' + 2y' + 10y = 10t$를 Laplace 변환하면

$$[s^2\,Y(s) - s\,y(0) - y'(0)] + 2\,[s\,Y(s) - y(0)] + 10\,Y(s) = \frac{10}{s^2}$$

$$(s^2 + 2s + 10)\,Y(s) = \frac{s^2 + 10}{s^2}$$

$$Y(s) = \frac{s^2 + 10}{s^2\,(s^2 + 2s + 10)} = \frac{a}{s} + \frac{b}{s^2} + \frac{cs + d}{s^2 + 2s + 10}$$

계수 비교하여

$$a = -\frac{1}{5},\ b = 1,\ c = \frac{1}{5},\ d = \frac{2}{5}$$

를 얻게 되므로

$$Y(s) = -\frac{1}{5s} + \frac{1}{s^2} + \frac{(s+1) + \frac{1}{3} \cdot 3}{5\{(s+1)^2 + 3^2\}}$$

이 된다. 이를 역변환하면 다음과 같다.

$$y(t) = -\frac{1}{5} + t + \frac{1}{5}e^{-t}\left(\cos 3t + \frac{1}{3}\sin 3t\right)$$

답 $y(t) = -\frac{1}{5} + t + \frac{1}{5}e^{-t}\left(\cos 3t + \frac{1}{3}\sin 3t\right)$

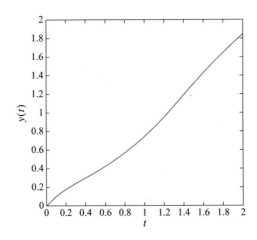

🧠 검토

$$y(t) = -\frac{1}{5} + t + \frac{1}{5}e^{-t}\left(\cos 3t + \frac{1}{3}\sin 3t\right)$$

에서

$$y(0) = 0$$

이며,

$$y' = 1 - \frac{2}{3}e^{-t}\sin 3t$$

에서

$$y'(0) = 1$$

이다. 또한,

$$y'' = \frac{2}{3}e^{-t}\sin 3t - 2e^{-t}\cos 3t$$

상미분방정식 (좌변) : $y'' + 2y' + 10y$

$$= \left(\frac{2}{3}e^{-t}\sin 3t - 2e^{-t}\cos 3t\right) + 2\left(1 - \frac{2}{3}e^{-t}\sin 3t\right)$$

$$+ 10\left\{-\frac{1}{5} + t + \frac{1}{5}e^{-t}\left(\cos 3t + \frac{1}{3}\sin 3t\right)\right\}$$

$$= 10t : (우변)$$

가 증명된다.

4.2.4 시간 평행이동된 초기값이 있는 상미분방정식의 해 (*선택 가능)

앞 절에서 초기값 $y(0) = y_0$, $y'(0) = y_0'$인 경우를 살펴보았다. 그러나 실전 문제에서는 $t_0 > 0$인 초기값 $y(t_0) = y_0$, $y'(t_0) = y_0'$인 경우가 있을 수 있다. 즉,

$$y'' + ay' + by = r(t), \quad y(t_0) = y_0, \quad y'(t_0) = y_0' \tag{4.21}$$

식 (4.21)에서

$$\tau = t - t_0 (> 0)$$

라 놓으면, $t = t_0$에서 $\tau = 0$이 된다.

또한, $y(t)$에서 t 방향으로 t_0만큼 평행이동한 함수를 $\tilde{y}(\tau)$라 놓는다면, 즉,

$$y(t) = y(\tau + t_0) = \tilde{y}(\tau) \tag{4.22}$$

로 놓을 수 있으며, 식 (4.21)은 다음과 같이 표현된다.

$$\tilde{y}'' + a\tilde{y}' + b\tilde{y} = r(\tau + t_0), \quad \tilde{y}(0) = y_0, \quad \tilde{y}'(0) = y_0' \tag{4.23}$$

$\tilde{y}(\tau)$의 Laplace 변환함수를 $\tilde{Y}(s)$라 하면, 즉,

$$\mathcal{L}\{y(t)\} = \mathcal{L}\{\tilde{y}(\tau)\} = \tilde{Y}(s) \tag{4.24}$$

라 놓고, 식 (4.23)을 Laplace 변환하면,

$$[s^2\tilde{Y} - sy_0 - y_0'] + a[s\tilde{Y} - y_0] + b\tilde{Y} = \mathcal{L}\{r(\tau + t_0)\} \tag{4.25}$$

가 된다.

예제 4.8

상미분방정식 $y'' - 2y' - 3y = 3t$, $y(1) = 0$, $y'(1) = -2$의 해를 구하라.

풀이

$\tau = t - 1 (> 0)$이라 놓으면, $t = \tau + 1$이다. t 방향으로 1만큼 평행이동한 함수를 $\tilde{y}(\tau)$라 놓으면

$$y(t) = y(\tau + 1) = \tilde{y}(\tau)$$

라 놓을 수 있다. 따라서

$$\tilde{y}'' - 2\tilde{y}' - 3\tilde{y} = 3(\tau + 1), \quad \tilde{y}(0) = 0, \quad \tilde{y}'(0) = -2$$

가 된다. 이를 Laplace 변환하면

$$[s^2\tilde{Y} - s \cdot 0 - (-2)] - 2[s\tilde{Y} - 0] - 3\tilde{Y} = \frac{3}{s^2} + \frac{3}{s}$$

$$(s^2 - 2s - 3)\tilde{Y} = \frac{3}{s^2} + \frac{3}{s} - 2$$

$$\tilde{Y} = \frac{-2s^2 + 3s + 3}{s^2(s+1)(s-3)}$$

이 된다. 이를 부분분수 전개하면

$$\tilde{Y}(s) = -\frac{1}{3s} - \frac{1}{s^2} + \frac{1}{2(s+1)} - \frac{1}{6(s-3)}$$

역변환하면

$$\tilde{y}(\tau) = -\frac{1}{3} - \tau + \frac{1}{2}e^{-\tau} - \frac{1}{6}e^{3\tau}$$

이 식에 $\tau = t - 1$을 대입하면 다음 식이 된다.

$$y(t) = -\frac{1}{3} - (t-1) + \frac{1}{2}e^{-(t-1)} - \frac{1}{6}e^{3(t-1)}$$

답 $y(t) = \frac{2}{3} - t + \frac{1}{2}e^{-(t-1)} - \frac{1}{6}e^{3(t-1)}$

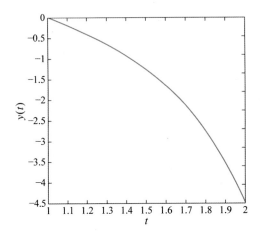

$$y(t) = \frac{2}{3} - t + \frac{1}{2} e^{-(t-1)} - \frac{1}{6} e^{3(t-1)}$$

에서 $y(1) = 0$

$$y'(t) = -1 - \frac{1}{2} e^{-(t-1)} - \frac{1}{2} e^{3(t-1)}$$

에서 $y'(1) = -2$

$$y''(t) = \frac{1}{2} e^{-(t-1)} - \frac{3}{2} e^{3(t-1)}$$

상미분방정식 (좌변) :

$$y'' - 2y' - 3y$$

$$= \left(\frac{1}{2} e^{-(t-1)} - \frac{3}{2} e^{3(t-1)} \right) - 2\left(-1 - \frac{1}{2} e^{-(t-1)} - \frac{1}{2} e^{3(t-1)} \right)$$

$$- 3 \left\{ \frac{2}{3} - t + \frac{1}{2} e^{-(t-1)} - \frac{1}{6} e^{3(t-1)} \right\}$$

$$= 3t : (우변)$$

※ 다음 함수를 Laplace 변환하라. [1 ～ 6]

  1.　$f(t) = t \sin 3t$

  2.　$f(t) = t e^{3t}$

  3.　$f(t) = t \cosh \omega t$

  4.　$f(t) = \cos^2 \omega t$

  5.　$f(t) = \sin^2 \omega t$

  6.　$f(t) = \sinh^2 \omega t$

※ 다음 함수를 Laplace 역변환하라. [7 ～ 12]

  7.　$F(s) = \dfrac{3}{s^2 + 3s}$

  8.　$F(s) = \dfrac{1}{s^3 - s^2}$

  9.　$F(s) = \dfrac{9}{s\,(s^2 + 9)}$

  10.　$F(s) = \dfrac{4}{s\,(s^2 - 4)}$

  11.　$F(s) = \dfrac{5}{s\,(s^2 + 2s + 5)}$

  12.　$F(s) = \dfrac{4s + 8}{s^2\,(s^2 + 4)}$

※ 다음 초기값 문제를 Laplace 변환을 이용하여 해를 구하라. [13 ~ 20]

13. $y' + 3y = 0, \ \ y(0) = 1$

14. $y' - y = \sin t, \ \ y(0) = 2$

15. $y'' - y' - 6y = 0, \ \ y(0) = 0, \ \ y'(0) = 1$

16. $y'' + 4y = 5e^{-t}, \ \ y(0) = 0, \ \ y'(0) = 0$

17. $y'' - 4y = 16\cos 2t, \ \ y(0) = 1, \ \ y'(0) = 0$

18. $y'' - 4y' + 4y = 0, \ \ y(0) = 2, \ \ y'(0) = 0$

19. $y'' + 3y' + 2y = 2t + 1, \ \ y(0) = 0, \ \ y'(0) = 0$

20. $y'' + 2y' + y = 4e^{-t}, \ \ y(0) = 1, \ \ y'(0) = 0$

※ 다음 초기값 문제를 Laplace 변환을 이용하여 해를 구하라. [21 ~ 24]

21. (*선택 가능) $y' - 3y = 0, \ \ y(1) = 2$

22. (*선택 가능) $y'' + 2y' - 3y = 0, \ \ y(1) = 1, \ \ y'(1) = 2$

23. (*선택 가능) $y'' + 2y' + 5y = 5t, \ \ y(2) = 0, \ \ y'(2) = 0$

24. (*선택 가능) $y'' - 3y' - 4y = 2e^{t-2}, \ \ y(2) = 1, \ \ y'(2) = -1$

4.3 단위계단 함수와 Dirac 델타 함수

일반적인 미분방정식의 해법으로는 구하기 어려웠던 단위계단 함수(unit step function)와 델타 함수(delta function)가 포함된 미분방정식에 대한 Laplace 변환을 공부해보기로 하자.

4.3.1 단위계단 함수(unit step function)

> **⊞ CORE   단위계단 함수**
>
> 단위계단 함수 또는 Heaviside 함수(Heaviside function) $u(t-a), \ (a \geqq 0)$는 다음과 같이 정의된다.
>
> $$u(t-a) = \begin{cases} 1 & (t > a) \\ 0 & (t < a) \end{cases} \tag{4.26}$$

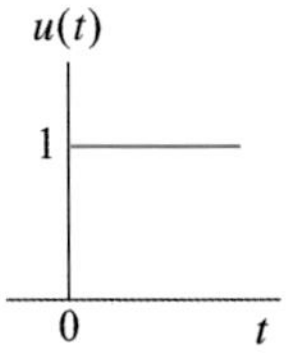

[그림 4.3] 단위계단 함수 $u(t)$ 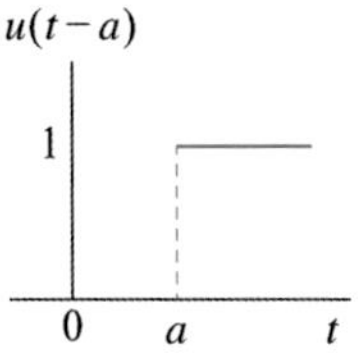   [그림 4.4] 단위계단 함수 $u(t-a)$

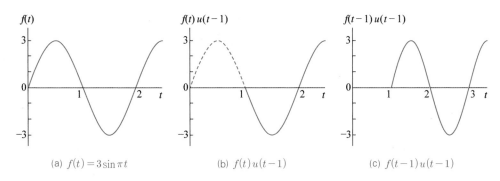

(a) $f(t) = 3\sin \pi t$ (b) $f(t)u(t-1)$ (c) $f(t-1)u(t-1)$

[그림 4.5] 단위계단 함수의 응용 예 I

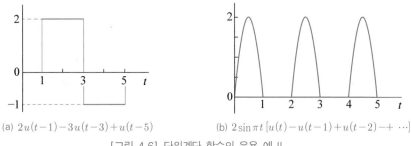

(a) $2u(t-1)-3u(t-3)+u(t-5)$ (b) $2\sin \pi t\,[u(t)-u(t-1)+u(t-2)-+\cdots]$

[그림 4.6] 단위계단 함수의 응용 예 II

[그림 4.3]은 $a=0$인 경우의 단위계단 함수 $u(t)$를 나타내며, [그림 4.4]는 임의의 양수 a인 경우의 단위계단 함수 $u(t-a)$를 나타내는 그림이다.

단위계단 함수는 공학적인 계산에서 응용도가 매우 높은 함수로서, 특히 기계적 구동이나 전기적 신호에서 많이 사용된다. 단위계단 함수를 이용하여 [그림 4.5]와 같이 다양한 신호를 구사할 수 있다.

[그림 4.5(a)]는 일반적인 조화 신호 $f(t)=3\sin \pi t$이며, [그림 4.5(b)]는 $t=1$ 이후 성분만 유효하도록 단위계단 함수 $u(t-1)$을 곱함으로써 원 함수에서 시간 구간을 선택할 수 있으며, [그림 4.5(c)]는 t의 양의 방향으로 $t=1$ 만큼 시간 평행 이동한 신호를 단위계단 함수 $u(t-1)$를 이용하여 구간 선택한 그림이다.

[그림 4.6]은 단위계단 함수의 또 다른 예를 보여준다. [그림 4.6(a)]는 계단함수의 조합을 보여주며, [그림 4.6(b)]는 전기공학에서의 반파 정류 신호를 보여준다.

단위계단 함수 $u(t-a)$에 대한 Laplace 변환은 다음과 같다.

$$\begin{aligned}
\mathcal{L}\{u(t-a)\} &= \int_0^\infty u(t-a)e^{-st}dt \\
&= \int_0^a 0\cdot e^{-st}dt + \int_a^\infty 1\cdot e^{-st}dt \\
&= -\left.\frac{e^{-st}}{s}\right|_a^\infty = \frac{e^{-as}}{s} \quad (s>0)
\end{aligned}$$

(4.27)

4.3.2 t-이동 : 시간 함수에서 t를 $t-a$로 대체함

4.1절의 (5)에서 s를 $s-a$로 대체하는 s-이동에 대하여 배웠다. 여기서는 t를 $t-a$로 대체하는 t-이동에 대하여 정리하여 보자.

🧩 CORE t-이동

$f(t)$의 Laplace 변환 $F(s)$일 때, 시간에 대한 평행이동 함수(shifted function)는 다음과 같이 Laplace 변환된다. 즉,

$$\mathcal{L}\{f(t-a)u(t-a)\} = e^{-as}F(s) \tag{4.28}$$

여기서, $\tilde{f}(t) = f(t-a)u(t-a) = \begin{cases} 0 & (t < a) \\ f(t-a) & (t > a) \end{cases}$ 이다.

또한, 식 (4.28)을 Laplace 역변환하면 다음과 같다.

$$f(t-a)u(t-a) = \mathcal{L}^{-1}\{e^{-as}F(s)\} \tag{4.29}$$

증명

$$e^{-as}F(s) = e^{-as}\int_0^\infty f(\tau)e^{-s\tau}d\tau = \int_0^\infty f(\tau)e^{-s(\tau+a)}d\tau$$

가 된다. 여기에서 $t = \tau + a$로 치환하면, $dt = d\tau$가 되고,

$$e^{-as}F(s) = \int_a^\infty f(t-a)e^{-st}dt$$

$$= \int_0^\infty f(t-a)u(t-a)e^{-st}dt$$

$$= \mathcal{L}\{f(t-a)u(t-a)\} \qquad \text{[식 (4.29)의 증명]}$$

가 성립된다.

예제 4.9

시간함수 $f(t) = 3\sin \pi t$의 평행 이동 함수 $f(t-1)\,u(t-1)$에 대해 Laplace 변환을 하라.

풀이

$f(t) = 3\sin \pi t$에 대한 Laplace 변환은 $\dfrac{3\pi}{s^2 + \pi^2}$

이다.

$\mathcal{L}\{f(t-1)\,u(t-1)\} = e^{-s}\dfrac{3\pi}{s^2 + \pi^2}$ 이다.

답 $\dfrac{3\pi e^{-s}}{s^2 + \pi^2}$

 예제 4.10

다음과 같이 표현되는 시간함수 $f(t)$에 대해 Laplace 변환하라.

$$f(t) = \begin{cases} 1 & (0 < t < 1) \\ -t + 2 & (1 < t < 3) \\ \cos \pi t & (t > 3) \end{cases}$$

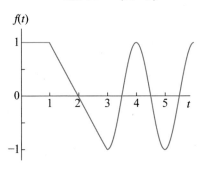

풀이

$f(t)$를 단위계단 함수의 식으로 나타내면

$$f(t) = 1 - u(t-1) - (t-2)\{u(t-1) - u(t-3)\} + \cos \pi t \cdot u(t-3)$$

$$= 1 - (t-1)\,u(t-1) + (t - 2 + \cos \pi t)\,u(t-3)$$

$$= 1 - (t-1)\,u(t-1) + \{(t-3) + 1 - \cos \pi\,(t-3)\}\,u(t-3)$$

이를 Laplace 변환하면

$$F(s) = \frac{1}{s} - \frac{1}{s^2}\,e^{-s} + \left(\frac{1}{s^2} + \frac{1}{s} - \frac{s}{s^2 + \pi^2} \right) e^{-3s}$$

$$\boxed{\text{답}}\quad F(s) = \frac{1}{s} - \frac{1}{s^2}\,e^{-s} + \left(\frac{1}{s^2} + \frac{1}{s} - \frac{s}{s^2 + \pi^2} \right) e^{-3s}$$

 예제 4.11

다음 Laplace 변환을 역변환하라.

$$F(s) = \left(\frac{1}{s^2 + \pi^2} \right) e^{-s} + \left(\frac{1}{s^2 + \pi^2} \right) e^{-2s} + \frac{1}{(s+1)^2}\,e^{-3s}$$

풀이

$$\mathcal{L}^{-1}\left(\frac{1}{s^2 + \pi^2} \right) = \frac{1}{\pi} \sin \pi t,$$

$$\mathcal{L}^{-1}\left\{ \frac{1}{(s+1)^2} \right\} = t e^{-t}$$

이므로

$$\mathcal{L}^{-1}\{F(s)\} = \frac{1}{\pi} \sin \pi\,(t-1) \cdot u(t-1) + \frac{1}{\pi} \sin \pi\,(t-2) \cdot u(t-2) + (t-3)\,e^{-(t-3)} \cdot u(t-3)$$

즉,

$$f(t) = \frac{1}{\pi}\,(-\sin \pi t) \cdot u(t-1) + \frac{1}{\pi} \sin \pi t \cdot u(t-2) + (t-3)\,e^{-(t-3)} \cdot u(t-3)$$

이 된다.

$$\boxed{\text{답}}\quad f(t) = \begin{cases} 0 & (0 < t < 1) \\ -\dfrac{1}{\pi} \sin \pi t & (1 < t < 2) \\ 0 & (2 < t < 3) \\ (t-3)\,e^{-t+3} & (t > 3) \end{cases}$$

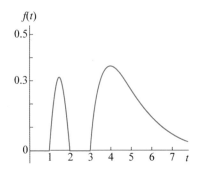

🔵 **예제 4.12**

다음 상미분방정식의 응답을 구하라.

$$y'' + 4y' + 3y = 3\{u(t-1) - u(t-2)\}, \ y(0) = 0, \ y'(0) = 0$$

풀이

준 식 $y'' + 4y' + 3y = 3\{u(t-1) - u(t-2)\}$

를 Laplace 변환하면

$$\{s^2 Y(s) - s y(0) - y'(0)\} + 4\{s Y(s) - y(0)\} + 3 Y(s) = \frac{3}{s}(e^{-s} - e^{-2s})$$

$$Y(s) = \frac{3}{s(s+1)(s+3)}(e^{-s} - e^{-2s})$$

이 된다. 한편,

$$\frac{3}{s(s+1)(s+3)} = \frac{a}{s} + \frac{b}{s+1} + \frac{c}{s+3}$$

이므로, 계수 비교하면

$$a = 1, \ b = -\frac{3}{2}, \ c = \frac{1}{2}$$

이 된다.

$$Y(s) = \left\{ \frac{1}{s} - \frac{3}{2(s+1)} + \frac{1}{2(s+3)} \right\}(e^{-s} - e^{-2s})$$

$$\frac{1}{s} - \frac{3}{2(s+1)} + \frac{1}{2(s+3)} \xrightarrow{\ \mathcal{L}^{-1}\ } 1 - \frac{3}{2}e^{-t} + \frac{1}{2}e^{-3t}$$

이므로

$$y(t) = \{u(t-1) - u(t-2)\} - \frac{3}{2}\{e^{-(t-1)}u(t-1) - e^{-(t-2)}u(t-2)\}$$

$$+ \frac{1}{2}\{e^{-3(t-1)}u(t-1) - e^{-3(t-2)}u(t-2)\}$$

🔁 $y(t) = \begin{cases} 0 & (0 < t < 1) \\ 1 - \dfrac{3}{2}e^{-(t-1)} + \dfrac{1}{2}e^{-3(t-1)} & (1 < t < 2) \\ -\dfrac{3}{2}[e^{-(t-1)} - e^{-(t-2)}] + \dfrac{1}{2}[e^{-3(t-1)} - e^{-3(t-2)}] & (t > 2) \end{cases}$

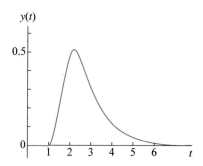

4.3.3 Dirac 델타 함수(Dirac delta function)

🧩 **CORE** **Dirac 델타 함수**

다음과 같이 정의되는 함수를 Dirac 델타 함수(Dirac delta function) 또는 단위충격 함수(unit impulse function)라 한다.

$$\delta(t-a) = \lim_{\epsilon \to 0} \frac{1}{\epsilon}[u(t-a) - u\{t-(a+\epsilon)\}] \tag{4.30}$$

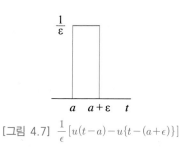

[그림 4.7] $\dfrac{1}{\epsilon}[u(t-a) - u\{t-(a+\epsilon)\}]$

[그림 4.7]은 Dirac 델타 함수의 모양을 설명해주는 그림으로, $t = a$에서의 크기는 ∞(무한대)이지만 전체의 면적이 1인 사각형 모양을 이루게 된다. 즉, Dirac 델타 함수 $\delta(t-a)$는 다음과 같이 표현되는 함수이다.

$$\delta(t-a) = \begin{cases} \infty & (t = a) \\ 0 & otherwise \end{cases} \quad \text{그리고} \quad \int_0^\infty \delta(t-a)\,dt = 1 \tag{4.31}$$

특히, $a = 0$인 델타 함수 $\delta(t)$는 다음과 같이 표현된다.

$$\delta(t) = \begin{cases} \displaystyle\lim_{\epsilon \to 0} \frac{1}{\epsilon}[u(t) - u(t-\epsilon)] & (0 < t < \epsilon) \\ 0 & otherwise \end{cases} \tag{4.32}$$

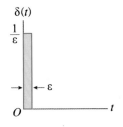

[그림 4.8] 델타 함수 $\delta(t)$

또한, Dirac 델타 함수는 다음과 같은 특성을 갖는다.

$$\int_0^\infty \delta(t-a)\,g(t)\,dt = g(a) \tag{4.33}$$

증명 델타 함수의 정의식

$$\delta(t-a) = \lim_{k \to 0} \frac{1}{k}[u(t-a) - u\{t - (a+k)\}]$$

로부터

$$\int_0^\infty \delta(t-a)\,g(t)\,dt = \lim_{k\to 0}\frac{1}{k}\int_0^\infty \left[u(t-a)-u\{t-(a+k)\}\right]g(t)dt$$

$$= \lim_{k\to 0}\frac{1}{k}\int_a^{a+k} g(t)dt$$

$$= g(a) \qquad\qquad\qquad \text{[식 (4.33)의 증명]}$$

⊹ CORE　Dirac 델타 함수의 Laplace 변환

Dirac 델타 함수(Dirac delta function)의 Laplace 변환은 다음과 같다.

$$\mathcal{L}\{\delta(t)\}=1 \tag{4.34a}$$

$$\mathcal{L}\{\delta(t-a)\}=e^{-as} \tag{4.34b}$$

증명 Laplace 변환의 정의에 의하여

$$\mathcal{L}\{\delta(t-a)\}=\int_0^\infty \delta(t-a)\,e^{-st}\,dt$$

가 된다. 식 (4.33)에 $g(t)=e^{-st}$을 대입한 형태이므로

$$\mathcal{L}\{\delta(t-a)\}=g(a)=e^{-as} \qquad\qquad \text{[식 (4.34)의 증명]}$$

이 성립한다.

 예제 4.13

다음 상미분방정식의 응답을 구하라.

$$y''+4y'+3y=\delta(t-1),\ \ y(0)=0,\ \ y'(0)=0$$

풀이

준식 $y''+4y'+3y=\delta(t-1)$을 Laplace 변환하면

$$[s^2\, Y(s) - s\, y(0) - y'(0)] + 4\, [s\, Y(s) - y(0)] + 3\, Y(s) = e^{-s}$$
$$Y(s) = \frac{e^{-s}}{(s+1)\,(s+3)}$$

이 된다. 한편,

$$\frac{1}{(s+1)\,(s+3)} = \frac{1}{2}\left(\frac{1}{s+1} - \frac{1}{s+3}\right)$$

이므로,

$$Y(s) = \frac{1}{2}\left(\frac{1}{s+1} - \frac{1}{s+3}\right) e^{-s}$$
$$\frac{1}{2}\left(\frac{1}{s+1} - \frac{1}{s+3}\right) \xrightarrow{\;\mathcal{L}^{-1}\;} \frac{1}{2}\left(e^{-t} - e^{-3t}\right)$$

이다. 따라서

$$\boxed{답}\quad y(t) = \frac{1}{2}\left\{e^{-(t-1)} - e^{-3(t-1)}\right\} u(t-1)$$
$$= \begin{cases} 0 & (0 < t < 1) \\ \dfrac{1}{2}\left\{e^{-(t-1)} - e^{-3(t-1)}\right\} & (t > 1) \end{cases}$$

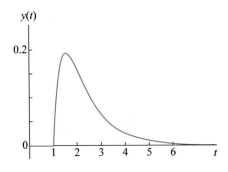

🔍 검토

i) $0 < t < 1$, $y(t) = 0$

ii) $t > 1$

$$y(t) = \frac{1}{2} e^{-(t-1)} - \frac{1}{2} e^{-3(t-1)}$$

에서

$$y' = -\frac{1}{2} e^{-(t-1)} + \frac{3}{2} e^{-3(t-1)}$$

$$y'' = \frac{1}{2} e^{-(t-1)} - \frac{9}{2} e^{-3(t-1)}$$

이므로

$$y'' + 4y' + 3y = 0$$

을 만족한다. 검토시 $\delta(t-1)$이 나타나지는 않는다.

〈표 4.4〉 계단 함수와 델타 함수의 Laplace 변환

$f(t)$	$F(s)$
$u(t)$	$\dfrac{1}{s}$
$u(t-a)$	$\dfrac{e^{-as}}{s}$
$f(t-a)\,u(t-a)$	$F(s)\,e^{-as}$
$\delta(t)$	1
$\delta(t-a)$	e^{-as}

※ 다음 함수 $f(t)$에 대한 Laplace 변환을 하라. [1 ~ 6]

1. $f(t) = \begin{cases} t & (0 < t < 2) \\ 0 & (t > 2) \end{cases}$

2. $f(t) = \begin{cases} 0 & (0 < t < 1) \\ t - 1 & (t > 1) \end{cases}$

3. $f(t) = \begin{cases} \sin t & (0 < t < \pi) \\ 0 & (t > \pi) \end{cases}$

4. $f(t) = \begin{cases} e^{-t} & (0 < t < 1) \\ 0 & (t > 1) \end{cases}$

5. $f(t) = \begin{cases} 0 & (0 < t < 1) \\ t^2 & (1 < t < 2) \\ 0 & (t > 2) \end{cases}$

6. $f(t) = \begin{cases} t^2 & (0 < t < 1) \\ 0 & (1 < t < 2) \\ t & (t > 2) \end{cases}$

※ 다음 Laplace 변환 $F(s)$에 대한 역변환을 하라. [7 ~ 12]

7. $F(s) = \dfrac{e^{-2s}}{(s-1)^2}$

8. $F(s) = \dfrac{\pi(1 + e^{-s})}{s^2 + \pi^2}$

9. $F(s) = \dfrac{e^{-2s} - e^{-3s}}{s}$

10. $F(s) = \dfrac{e^{-2s}}{s^4}$

11. $F(s) = \dfrac{e^{-s} - e^{-2s}}{s^2 - 4}$

12. $F(s) = \dfrac{2}{(s+1)^2 + 4}\left\{1 + e^{-\pi s}\right\}$

※ Laplace 변환을 이용하여 상미분방정식의 해를 구하라. [13 ~ 20]

13. $y'' + 4y = \begin{cases} 8t & (0 < t < 1) \\ 8 & (t > 1) \end{cases}$ $y(0) = 0, \ y'(0) = 0$

14. $y'' + 4y = \begin{cases} 8\cos t & (0 < t < \pi) \\ 0 & (t > \pi) \end{cases}$ $y(0) = 0, \ y'(0) = 0$

15. $y'' + 3y' + 2y = \begin{cases} 1 & (0 < t < 1) \\ 0 & (t > 1) \end{cases}$ $y(0) = 0, \ y'(0) = 0$

16. $y'' + 3y' + 2y = \begin{cases} 2t & (0 < t < 1) \\ 4 & (t > 1) \end{cases}$ $y(0) = 0, \ y'(0) = 0$

17. $y'' - y' - 2y = \begin{cases} 1 & (0 < t < 2) \\ 0 & (t > 2) \end{cases}$ $y(0) = 0, \ y'(0) = 1$

18. $y'' - y' - 2y = \begin{cases} 2\sin t & (0 < t < 2\pi) \\ 0 & (t > 2\pi) \end{cases}$ $y(0) = 0, \ y'(0) = 1$

19. (*선택 가능) $y'' + 4y = \begin{cases} 2t & (0 < t < 2) \\ 0 & (t > 2) \end{cases}$ $y(1) = 0, \ y'(1) = 1$

20. (*선택 가능) $y'' + 2y' + 2y = \begin{cases} 10\sin t & (0 < t < 2\pi) \\ 0 & (t > 2\pi) \end{cases}$

$y(\pi) = 0, \ y'(\pi) = 0$

※ Laplace 변환을 이용하여 상미분방정식의 해를 구하라. [21 ~ 28]

21. $y'' + 2y' + 10y = \delta(t)$ $y(0) = 0, \ y'(0) = 0$

22. $y'' + 4y = \delta(t - \pi)$ $y(0) = 0, \ y'(0) = 0$

23. $y'' + 16y = 4\delta(t - 2\pi)$ $y(0) = 1, \ y'(0) = 0$

24. $y'' + 2y' + 5y = \delta(t - 1)$ $y(0) = 0, \ y'(0) = 1$

25. $y'' + 2y' + 2y = 5\sin t + 8\delta(t - \pi)$ $y(0) = 1, \ y'(0) = 1$

26. $y'' + 3y' + 2y = \delta(t - \pi) + u(t - 2\pi)$ $y(0) = 0, \ y'(0) = 0$

27. $y'' + 4y' + 5y = 2e^{-t} + \delta(t - 1)$ $y(0) = 0, \ y'(0) = 0$

28. $y'' + 3y' + 2y = 4t - 6\delta(t - 1)$ $y(0) = 0, \ y'(0) = 1$

4.4 합성곱, 적분방정식, 및 Laplace 변환의 미분과 적분

4.4.1 합성곱(convolution integral)

🧩 CORE 합성곱

합성곱(convolution integral)은 식 (4.19)에서 이미 언급한 바와 같이, 다음과 같이 정의된다.

$$h(t) = f(t) * g(t) = \int_0^t f(\tau)\, g(t-\tau)\, d\tau \qquad (4.35a)$$

또는

$$h(t) = f(t) * g(t) = \int_0^t f(t-\tau)\, g(\tau)\, d\tau \qquad (4.35b)$$

함수 $h(t)$, $f(t)$, $g(t)$의 Laplace 변환을 각각 $H(s)$, $F(s)$, $G(s)$라 한다면, 다음 관계식을 만족한다.

$$H(s) = F(s)\, G(s) \qquad (4.36)$$

증명 $f(t)$, $g(t)$의 Laplace 변환을 각각 $F(s)$, $G(s)$라 할 때,

$$F(s) = \int_0^\infty e^{-s\tau} f(\tau)\, d\tau$$

$$G(s) = \int_0^\infty e^{-su} g(u)\, du$$

라 쓸 수 있다. 여기서, $t = \tau + u$라 놓고, τ를 처음에는 고정된 상수로 본다. 따라서, $u = t - \tau$이고, t는 τ에서 ∞ 까지 변한다. $G(s)$에서 u 대신 t를 사용하여 표기하면,

$$G(s) = \int_\tau^\infty e^{-s(t-\tau)} g(t-\tau)\, dt = e^{s\tau} \int_\tau^\infty e^{-st} g(t-\tau)\, dt$$

가 된다. $F(s)$의 τ와 $G(s)$의 t는 서로 독립적으로 변하므로, $F(s)$와 $G(s)$를 곱하면

$$F(s)\,G(s) = \int_0^\infty e^{-s\tau}f(\tau)\,d\tau\; e^{s\tau}\int_\tau^\infty e^{-st}g(t-\tau)\,dt$$

$$= \int_0^\infty f(\tau)\int_\tau^\infty e^{-st}g(t-\tau)\,dt\,d\tau$$

가 된다. 여기서, τ를 고정된 상수로 보고, t는 τ에서 ∞까지 적분을 한 후, τ에 대하여 0에서 ∞까지 적분한다. 적분 순서를 바꾸어서, 먼저 τ에 대하여 0에서 t까지 적분한 후, 그 다음에 t에 대하여 0에서 ∞까지 적분을 하면,

$$F(s)\,G(s) = \int_0^\infty e^{-st}\int_0^t f(\tau)\,g(t-\tau)\,d\tau\,dt$$

$$= \int_0^\infty e^{-st}\{f(t)^*g(t)\}\,dt$$

$$= \int_0^\infty e^{-st}h(t)\,dt = H(s)$$

가 유도된다.

합성곱에 대한 연산법칙은 다음과 같다.

$$f^*g = g^*f \hspace{3cm} \text{(교환법칙)} \hspace{2cm} (4.37)$$

$$(f^*g)^*r = f^*(g^*r) \hspace{2cm} \text{(결합법칙)} \hspace{2cm} (4.38)$$

$$(f_1 + f_2)^*g = f_1{}^*g + f_2{}^*g \hspace{1cm} \text{(분배법칙)} \hspace{2cm} (4.39)$$

$$f^*0 = 0^*f = 0 \hspace{6cm} (4.40)$$

예제 4.14

다음 함수를 Laplace 역변환하라.

$$H(s) = \frac{s^2}{(s^2 + \omega^2)^2}$$

풀이

$$\frac{s^2}{(s^2+\omega^2)^2} = \frac{s}{s^2+\omega^2} \frac{s}{s^2+\omega^2}$$

이다. 한편,

$$f(t) = \mathcal{L}^{-1}\left\{\frac{s}{s^2+\omega^2}\right\} = \cos\omega t$$

이므로

$$
\begin{aligned}
h(t) &= \cos\omega t * \cos\omega t = \int_0^t \cos\omega\tau \, \cos\omega(t-\tau)d\tau \\
&= \int_0^t \cos\omega\tau \, (\cos\omega t \cos\omega\tau + \sin\omega t \sin\omega\tau)\, d\tau \\
&= \cos\omega t \int_0^t \cos^2\omega\tau \, d\tau + \sin\omega t \int_0^t \cos\omega\tau \sin\omega\tau \, d\tau \\
&= \cos\omega t \int_0^t \frac{1+\cos2\omega\tau}{2} \, d\tau + \sin\omega t \int_0^t \frac{\sin2\omega\tau}{2} \, d\tau \\
&= \cos\omega t \left(\frac{t}{2} + \frac{\sin2\omega t}{4\omega}\right) + \sin\omega t \left(\frac{1-\cos2\omega t}{4\omega}\right) \\
&= \frac{t}{2}\cos\omega t + \frac{1}{4\omega}\sin\omega t + \frac{1}{4\omega}(\sin2\omega t \cos\omega t - \cos2\omega t \sin\omega t) \\
&= \frac{t}{2}\cos\omega t + \frac{1}{2\omega}\sin\omega t
\end{aligned}
$$

답 $h(t) = \dfrac{t}{2}\cos\omega t + \dfrac{1}{2\omega}\sin\omega t$

〈표 4.5〉 합성곱을 이용한 Laplace 역변환

$F(s)$	$f(t)$
$\dfrac{1}{(s^2+\omega^2)^2}$	$\dfrac{1}{2\omega^3}(-\omega t\cos\omega t+\sin\omega t)$
$\dfrac{s}{(s^2+\omega^2)^2}$	$\dfrac{t}{2\omega}\sin\omega t$
$\dfrac{s^2}{(s^2+\omega^2)^2}$	$\dfrac{1}{2\omega}(\omega t\cos\omega t+\sin\omega t)$

4.4.2 적분방정식(integral equation)

적분을 포함하는 적분방정식의 해를 구하는 문제에서 합성곱을 이용하면 쉽게 풀리는 경우가 있다.

 예제 4.15

다음 적분방정식의 해를 구하라.

$$y(t)-\int_0^t y(\tau)\,\sin(t-\tau)\,d\tau=1$$

풀이

준 식을 다시 정리하면

$$y(t)-y(t)*\sin t=1$$

이 된다. 이를 Laplace 변환하면

$$Y(s)-Y(s)\,\frac{1}{s^2+1}=\frac{1}{s}$$

즉,

$$Y(s)=\frac{s^2+1}{s^3}=\frac{1}{s}+\frac{1}{s^3}$$

이다. 이를 Laplace 역변환하면

$$y(t) = 1 + \frac{t^2}{2}$$

이 된다.

답 $y(t) = 1 + \dfrac{t^2}{2}$

별해

$\sin(t-\tau) = \sin t \cos \tau - \cos t \sin \tau$ 이므로, 준 식은

$$y(t) - \sin t \int_0^t y(\tau) \cos \tau \, d\tau + \cos t \int_0^t y(\tau) \sin \tau \, d\tau = 1 \qquad ①$$

미분하면

$$y' - \cos t \int_0^t y(\tau) \cos \tau \, d\tau - \sin t \cdot y \cos t - \sin t \int_0^t y(\tau) \sin \tau \, d\tau + \cos t \cdot y \sin t = 0$$

즉,

$$y' - \cos t \int_0^t y(\tau) \cos \tau \, d\tau - \sin t \int_0^t y(\tau) \sin \tau \, d\tau = 0 \qquad ②$$

이 된다. 또 미분하면

$$y'' - y + \sin t \int_0^t y(\tau) \cos \tau \, d\tau - \cos t \int_0^t y(\tau) \sin \tau \, d\tau = 0 \qquad ③$$

이 된다. 식 ①과 ③을 더하면

$$y'' = 1 \qquad ④$$

이므로, 이를 적분하면

$$y' = t + C_1$$

또 적분하면

$$y(t) = \frac{t^2}{2} + C_1 t + C_2$$

이다. 식 ①과 ②에서 $t = 0$일 때,

$$y(0) = 1, \ y'(0) = 0$$

이므로

$$C_1 = 0, \; C_2 = 1$$

이다.

따라서, $y(t) = \dfrac{t^2}{2} + 1$ 이다.

4.4.3 Laplace 변환의 미분(differentiation of Laplace transform)

식 (4.1)의 Laplace 변환함수 $F(s)$를 s에 대하여 미분하면 다음과 같은 Laplace 변환의 미분 식을 얻는다.

CORE   Laplace 변환의 미분

$$F'(s) = \frac{dF(s)}{ds} = - \int_0^\infty \{t f(t)\} e^{-st} dt \tag{4.41}$$

따라서, 다음과 같이 정리된다.

$$\mathcal{L}\{t f(t)\} = - F'(s) \tag{4.42a}$$

$$\mathcal{L}^{-1}\{F'(s)\} = - t f(t) \tag{4.42b}$$

예제 4.16

다음 함수를 Laplace 변환하라.

$$\mathcal{L}(t \sin \omega t)$$

풀이

$\mathcal{L}(\sin \omega t) = \dfrac{\omega}{s^2 + \omega^2}$ 이므로

$$\mathcal{L}\left(t\sin\omega t\right)=-\frac{d}{ds}\left(\frac{\omega}{s^2+\omega^2}\right)=\frac{2\omega s}{\left(s^2+\omega^2\right)^2}$$

답 $\dfrac{2\omega s}{\left(s^2+\omega^2\right)^2}$

🧠 검토

$\mathcal{L}\left(t\sin\omega t\right)=\dfrac{2\omega s}{\left(s^2+\omega^2\right)^2}$ 를 다시 정리하면

$$\mathcal{L}^{-1}\left\{\frac{s}{\left(s^2+\omega^2\right)^2}\right\}=\frac{1}{2\omega}t\sin\omega t$$

가 된다. 즉, 〈표 4.5〉의 두 번째 식이 유도된다.

4.4.4 Laplace 변환의 적분(Integration of Laplace transform)

🧩 CORE   Laplace 변환의 적분

식 $\lim\limits_{t\to+0}\dfrac{f(t)}{t}$ 가 존재할 때, $s > k$ 에 대하여

$$\mathcal{L}\left\{\frac{f(t)}{t}\right\}=\int_s^\infty F(\tilde{s})\,d\tilde{s} \tag{4.43a}$$

또는

$$\mathcal{L}^{-1}\left\{\int_s^\infty F(\tilde{s})\,d\tilde{s}\right\}=\frac{f(t)}{t} \tag{4.43b}$$

증명

$$\int_s^\infty F(\tilde{s})\,d\tilde{s}=\int_s^\infty\left[\int_0^\infty e^{-\tilde{s}t}f(t)\,dt\right]d\tilde{s} \qquad (dt\text{와 } d\tilde{s}\text{를 교환하면})$$

$$=\int_0^\infty f(t)\left[\int_s^\infty e^{-\tilde{s}t}d\tilde{s}\right]dt$$

$$= \int_0^\infty f(t) \left[\frac{e^{-\tilde{s}t}}{-t} \right]_s^\infty dt = \int_0^\infty e^{-st} \frac{f(t)}{t} dt = \mathcal{L} \left\{ \frac{f(t)}{t} \right\}$$

[식 (4.43)의 증명]

가 된다.

 예제 4.17

다음 함수 $\ln \dfrac{s}{s+1}$ 를 Laplace 역변환하라.

풀이

$$F(s) = \ln \frac{s}{s+1} = \ln s - \ln(s+1)$$

이를 미분하면

$$F'(s) = \frac{1}{s} - \frac{1}{s+1}$$

이며, 이를 역변환하면

$$\mathcal{L}^{-1}\{F'(s)\} = 1 - e^{-t}$$

이 된다. 한편, 식 (4.43b) $\mathcal{L}^{-1}\{F'(s)\} = -tf(t)$ 이므로

$$-tf(t) = 1 - e^{-t}$$

이 성립된다. 따라서

$$f(t) = \frac{e^{-t}-1}{t}$$

이다.

답 $f(t) = \dfrac{e^{-t}-1}{t}$

※ 다음 합성곱을 계산하라. [1 ∼ 6]

1. $2 * t$

2. $t * t$

3. $1 * \cos \omega t$

4. $t * \sin \omega t$

5. $t * e^t$

6. $\cos t * \sin t$

※ $\mathcal{L}(f)$ 가 다음과 같을 때, 합성곱 정리를 이용하여 Laplace 역변환하라. [7 ∼ 12]

7. $\dfrac{1}{s(s+1)}$

8. $\dfrac{1}{(s-a)(s-b)}$

9. $\dfrac{s}{(s^2+\omega^2)^2}$

10. $\dfrac{1}{(s^2+\omega^2)^2}$

11. $\dfrac{1}{s(s^2-1)}$

12. $\dfrac{e^{-as}}{s(s-1)}$

※ 다음 적분방정식을 풀어라. [13 ∼ 20]

13. $y(t) + \displaystyle\int_0^t y(\tau)\,d\tau = 2$

14. $y(t) + \displaystyle\int_0^t (t-\tau)\,y(\tau)\,d\tau = 1$

15. $y(t) + \displaystyle\int_0^t y(\tau) e^{t-\tau} d\tau = t$

16. $y(t) + \displaystyle\int_0^t (t-\tau) y(\tau) d\tau = \sin t$

17. $y(t) + \displaystyle\int_0^t y(\tau) \cos(t-\tau) d\tau = 1$

18. $y(t) - 2\displaystyle\int_0^t y(\tau) \cos(t-\tau) d\tau = \sin 2t$

19. $y(t) - \displaystyle\int_0^t (1+\tau) y(t-\tau) d\tau = 1 - \sinh t$

20. $y(t) + \displaystyle\int_0^t e^{2(t-\tau)} y(\tau) d\tau = \left(t^2 - 3t + \dfrac{3}{2}\right) u(t-1) + \dfrac{1}{2} e^{2(t-1)} u(t-1)$

※ 다음을 Laplace 역변환하라. [21 ～ 30]

21. $\ln\left(\dfrac{s+1}{s-1}\right)$

22. $\ln\left(s + \dfrac{\omega^2}{s}\right)$

23. $\ln\left(1 + \dfrac{4}{s} + \dfrac{5}{s^2}\right)$

24. $\ln\left\{\dfrac{s^2+1}{(s-1)^2}\right\}$

25. $\ln\left\{\dfrac{s+3}{(s^2+2s+5)^2}\right\}$

26. $\ln\left\{\dfrac{s^2+2s+3}{(s^2+2s+5)^2}\right\}$

27. $\dfrac{s}{(s^2+\omega^2)^2}$

28. $\dfrac{1}{(s^2 + \omega^2)^2}$

29. $\dfrac{s^2}{(s^2 + \omega^2)^2}$

30. $\dfrac{6\,s}{(s^2 - 9)^2}$

※ 다음을 Laplace 변환하라. [31 ~ 37]

31. $t\sin 2t$

32. $t\sinh 2t$

33. $t\,e^{-t}\sin t$

34. $t\,e^{-2t}\cos 3t$

35. $t^2 e^{2t}$

36. $t^2 \cos 3t$

4.5 Laplace 변환의 응용

진동학, 전기공학 및 제어공학 등에서 Laplace 변환이 많이 활용된다.

⚙ 예제 4.18

그림과 같은, 질량 1 kg, 감쇠 계수 4 N s/m, 용수철 상수 104 N/m인 계에 대하여, 순간적으로 충격(impulse) $F = \delta(t)$ [N] (delta function)을 가할 때 출력 변위를 구하라. 단, 초기 조건은 $x(0) = 0$과 $\dot{x}(0) = 0$이다.

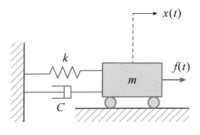

풀이

운동방정식 $m\ddot{x} + c\dot{x} + kx = f(t)$ 에서

$$\ddot{x} + 4\dot{x} + 104x = \delta(t) \tag{1}$$

이 방정식의 일반해를 구할 때, Laplace 변환을 이용하지 않고 해를 얻기는 쉽지 않을 것이다.

$\mathcal{L}\{\delta(t)\} = 1$이므로, 식 ①을 Laplace 변환하면

$$\{s^2 X(s) - sx(0) - \dot{x}(0)\} + 4\{sX(s) - x(0)\} + 104X(s) = 1 \tag{2}$$

이다. 초기조건 $x(0) = 0$과 $\dot{x}(0) = 0$을 대입하면

$$X(s) = \frac{1}{s^2 + 4s + 104} = \frac{1}{(s+2)^2 + 10^2} \tag{3}$$

이다. 식 ③을 Laplace 역변환하면, 다음과 같다.

$$x(t) = 0.1\,e^{-2t}\sin 10t$$

답 $x(t) = 0.1\,e^{-2t}\sin 10t$ [m]

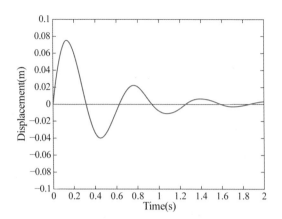

예제 4.19

그림과 같은 LC 직렬회로에서 $E(t) = 4$ V, $L = 1$ H, $C = 0.04$ F일 때 회로의 전류 응답 $i(t)$를 구하라.

단, 초기 전하 $Q(0) = 0$ C 및 초기 전류 $i(0) = \dfrac{dQ(0)}{dt} = 0$ A 이다.

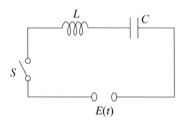

풀이

전압 $E(t)$는 인덕터 L에서의 전압강하 $E_L(t)\left(= L\dfrac{di}{dt}\right)$와 축전기 C에서의 전압강하 $E_C(t)\left(= \dfrac{1}{C}\int i\right)$의 합이 된다.

즉,

$$E(t) = E_L(t) + E_C(t) = L\frac{di}{dt} + \frac{1}{C}\int i\, dt$$

이다. 즉,

$$\frac{di}{dt} + \frac{1}{0.04}\int i\, dt = 4 \qquad\qquad ①$$

이다. 식 ①을 Laplace 변환하면

$$s\,I(s) - i(0) + 25\frac{I(s)}{s} = \frac{4}{s}$$ ②

이다. 초기조건 $i(0) = 0$을 대입하면

$$I(s) = \frac{4}{s^2 + 25}$$ ③

이다. 식 ③을 Laplace 역변환하면 다음과 같다.

$$i(t) = 0.8\sin 5t$$

답 $i(t) = 0.8\sin 5t$ [A]

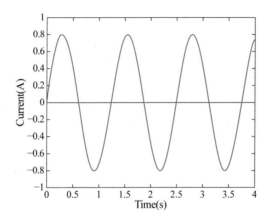

예제 4.20

그림과 같은 RLC 직렬회로에서 $R = 1\,\Omega$, $L = 2\,\mathrm{H}$, $C = 1\,\mathrm{F}$, $E(t) = \cos 2t\,\mathrm{V}$ 일 때 회로의 전류 응답 $i(t)$를 구하라. 단, 초기 전하 $Q(0) = 0\,\mathrm{C}$ 및 초기 전류 $i(0) = \dfrac{dQ(0)}{dt} = 0\,\mathrm{A}$ 이다.

풀이

전압 $E(t)$는 인덕터 L에서의 전압강하 $E_L(t)\left(=L\dfrac{di}{dt}\right)$, 저항 R에서의 전압강하 $E_R(t)\,(=Ri)$ 및 축전기 C에서의 전압강하 $E_C(t)\,(=\dfrac{1}{C}\displaystyle\int i\,dt)$의 합이 된다. 즉,

$$E(t) = L\frac{di}{dt} + Ri + \frac{1}{C}\int i\,dt$$

이다. 즉,

$$\frac{di}{dt} + 2i + \int i\,dt = \cos 2t \qquad\qquad ①$$

이다. 이를 Laplace 변환하면 다음과 같다.

$$\{sI(s) - i(0)\} + 2I(s) + \frac{I(s)}{s} = \frac{s}{s^2+4} \qquad\qquad ②$$

초기조건 $i(0)=0$을 대입하면

$$I(s) = \frac{s^2}{(s+1)^2(s^2+4)} \qquad\qquad ③$$

이다. 즉,

$$I(s) = -\frac{8}{25(s+1)} + \frac{1}{5(s+1)^2} + \frac{8s+12}{25(s^2+4)} \qquad\qquad ④$$

이다. 식 ④를 Laplace 역변환하면

$$i(t) = -\frac{8}{25}e^{-t} + \frac{1}{5}te^{-t} + \frac{2}{25}(4\cos 2t + 3\sin 2t)$$

가 된다.

답 $\ i(t) = -\dfrac{8}{25}e^{-t} + \dfrac{1}{5}te^{-t} + \dfrac{2}{25}(4\cos 2t + 3\sin 2t)\ \text{[A]}$

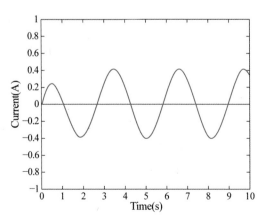

※ 다음 Laplace 변환 응용문제를 풀어라. [1 ~ 6]

1. 그림과 같은, 질량 1 kg, 감쇠 계수 2 N s/m, 용수철 상수 101 N/m인 계에 대하여 조화 함수(harmonic function) $F = 5002 \sin t$ mN을 가할 때 출력 변위를 구하라. 단, 초기 조건은 $x(0) = 0$과 $\dot{x}(0) = 0$이다.

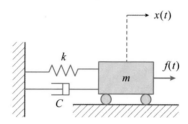

2. 그림과 같은, 질량 1 kg, 감쇠 계수 4 N s/m, 용수철 상수 104 N/m인 계에 대하여 계단 함수(step function) $F = 104\,u(t-1)$ N을 가할 때 출력 변위를 구하라. 단, 초기 조건은 $x(0) = 0$과 $\dot{x}(0) = 0$이다.

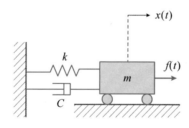

3. 그림과 같은 LC 직렬회로에서 $E(t) = 10$ V, $L = 1$ H, $C = 0.01$ F 일 때 회로의 전류 응답 $i(t)$를 구하라. 단, 초기 전하 $Q(0) = 0$ C 및 초기 전류 $i(0) = \dfrac{dQ(0)}{dt} = 0$ A 이다.

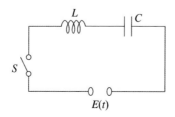

4. 그림과 같은 LC 직렬회로에서 $L = 1\,\mathrm{H}$이고 $C = 0.01\,\mathrm{F}$일 때 회로의 전류 응답 $i(t)$를 구하라. 단, 회로에 인가되는 기전력은 $\pi < t < 3\pi$에서는 $E(t) = -9900\,\mathrm{V}$이고 나머지 구간에서는 $E(t) = 0\,\mathrm{V}$이다. 또한 초기 전하 $Q(0) = 0\,\mathrm{C}$ 및 초기 전류 $i(0) = \dfrac{dQ(0)}{dt} = 0\,\mathrm{A}$이다.

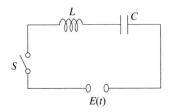

5. 그림과 같은 RLC 직렬회로에서 $R = 160\,\Omega$, $L = 20\,\mathrm{H}$, $C = 0.002\,\mathrm{F}$ 및 $E(t) = 37\sin 10t\,\mathrm{V}$일 때 회로의 전류 응답 $i(t)$를 구하라. 단, 초기 전하 $Q(0) = 0\,\mathrm{C}$ 및 초기 전류 $i(0) = \dfrac{dQ(0)}{dt} = 0\,\mathrm{A}$이다.

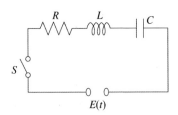

6. 그림과 같은 RLC 직렬회로에서 $R = 2\,\Omega$, $L = 1\,\mathrm{H}$, 및 $C = 0.5\,\mathrm{F}$일 때 회로의 전류 응답 $i(t)$를 구하라. 단, 회로에 인가되는 기전력은 $0 < t < 2$에서는 $E(t) = 1\,\mathrm{kV}$이고 $t > 2$에서는 $E(t) = 0\,\mathrm{V}$이다. 또한 초기 전하 $Q(0) = 0\,\mathrm{C}$ 및 초기 전류 $i(0) = \dfrac{dQ(0)}{dt} = 0\,\mathrm{A}$이다.

4.6 Laplace 변환표

	$F(s) = \mathcal{L}\{f(t)\}$	$f(t)$
1	1	$\delta(t)$
2	$\dfrac{1}{s}$	1
3	$\dfrac{1}{s^2}$	t
4	$\dfrac{1}{s^n} \quad (n=1,\,2,\,\cdots)$	$\dfrac{t^{n-1}}{(n-1)!}$
5	$\dfrac{1}{s-a}$	e^{at}
6	$\dfrac{1}{(s-a)^2}$	$t\,e^{at}$
7	$\dfrac{1}{(s-a)^n} \quad (n=1,\,2,\,\cdots)$	$\dfrac{t^{n-1}e^{at}}{(n-1)!}$
8	$\dfrac{1}{s^2+\omega^2}$	$\dfrac{1}{\omega}\sin\omega t$
9	$\dfrac{s}{s^2+\omega^2}$	$\cos\omega t$
10	$\dfrac{1}{s^2-\omega^2}$	$\dfrac{1}{\omega}\sinh\omega t$
11	$\dfrac{s}{s^2-\omega^2}$	$\cosh\omega t$
12	$\dfrac{1}{(s-a)^2+\omega^2}$	$\dfrac{1}{\omega}e^{at}\sin\omega t$
13	$\dfrac{s}{(s-a)^2+\omega^2}$	$e^{at}\cos\omega t$
14	$\dfrac{1}{s\,(s^2+\omega^2)}$	$\dfrac{1}{\omega^2}(1-\cos\omega t)$
15	$\dfrac{1}{s^2\,(s^2+\omega^2)}$	$\dfrac{1}{\omega^3}(\omega t-\sin\omega t)$
16	$\dfrac{1}{(s^2+\omega^2)^2}$	$\dfrac{1}{2\omega^3}(-\omega t\cos\omega t+\sin\omega t)$
17	$\dfrac{s}{(s^2+\omega^2)^2}$	$\dfrac{t}{2\omega}\sin\omega t$
18	$\dfrac{s^2}{(s^2+\omega^2)^2}$	$\dfrac{1}{2\omega}(\omega t\cos\omega t+\sin\omega t)$
19	$\dfrac{e^{-as}}{s}$	$u(t-a)$
20	e^{-as}	$\delta(t-a)$

4.7* MATLAB의 활용

MATLAB 명령어 laplace.m을 사용하면 시간-도메인 함수 $f(t)$를 Laplace 변환할 수 있으며, laplace.m을 사용하면 s-도메인 함수 $F(s)$를 Laplace 역변환할 수 있다.

⚙ **예제 4.21**

MATLAB 명령어를 사용하여 다음 함수를 Laplace 변환하라.

(a) $f(t) = t + \sin at + e^{bt}$

(b) $f(t) = t^2 e^{at} + e^{bt} \cos \omega t$

(c) $f(t) = 2 + t \sin \omega t$

(d) $f(t) = t e^{-t} \cos t$

풀이

(a) $f(t) = t + \sin at + e^{bt}$

```
>> syms a b t
>> laplace(t+sin(a*t)+exp(b*t))

ans =

    a/(a^2 + s^2) + 1/s^2 - 1/(b - s)
```

📋 $F(s) = \dfrac{1}{s^2} + \dfrac{a}{s^2 + a^2} + \dfrac{1}{s - b}$

(b) $f(t) = t^2 e^{at} + e^{bt} \cos \omega t$

```
>> syms a b omega t
>> laplace(t^2 *exp(a*t)+exp(b*t)*cos(omega*t))

ans =

    - (b - s)/(omega^2 + (b - s)^2) - 2/(a - s)^3
```

📋 $F(s) = \dfrac{2}{(s-a)^3} + \dfrac{s-b}{(s-b)^2 + \omega^2}$

(c) $f(t) = 2 + t\sin\omega t$

```
>> syms omega t
>> laplace(2+t*sin(omega*t))

ans =

    2/s + (2*omega*s)/(omega^2 + s^2)^2
```

답 $F(s) = \dfrac{2}{s} + \dfrac{2\omega s}{(s^2 + \omega^2)^2}$

(d) $f(t) = te^{-t}\cos t$

```
>> laplace(t*exp(-t)*cos(t))

ans =

    ((2*s + 2)*(s + 1))/((s + 1)^2 + 1)^2 - 1/((s + 1)^2 + 1)

>> simple(ans)

ans =

    (s*(s + 2))/(s^2 + 2*s + 2)^2
```

답 $F(s) = \dfrac{s(s+2)}{\left(s^2 + 2s + 2\right)^2}$

 예제 4.22

MATLAB 명령어를 사용하여 다음 함수를 Laplace 역변환하라.

(a) $F(s) = \dfrac{3}{s(s^2 + 9)}$

(b) $F(s) = \dfrac{1}{s(s^2 - 4)}$

(c) $F(s) = \dfrac{1}{(s^2 + \omega^2)^2}$

(d) $F(s) = \dfrac{s^2}{(s^2 + \omega^2)^2}$

풀이

(a) $F(s) = \dfrac{3}{s\,(s^2+9)}$

```
syms s
ilaplace(3/s/(s^2+9))
```

ans =

    1/3 - cos(3*t)/3

답 $f(t) = \dfrac{1-\cos 3t}{3}$

(b) $F(s) = \dfrac{1}{s\,(s^2-4)}$

```
syms s
ilaplace(1/s/(s^2-4))
```

ans =

    exp(-2*t)/8 + exp(2*t)/8 - 1/4

답 $f(t) = \dfrac{1}{8}\left(e^{-2t}+e^{2t}\right)-\dfrac{1}{4}$

(c) $F(s) = \dfrac{1}{(s^2+\omega^2)^2}$

```
syms s omega
ilaplace(1/(s^2 +omega^2)^2)
```

ans =

    (sin(omega*t) - omega*t*cos(omega*t))/(2*omega^3)

답 $f(t) = \dfrac{1}{2\,\omega^3}\left(\sin\omega t-\omega t\cos\omega t\right)$

(d) $F(s) = \dfrac{s^2}{(s^2+\omega^2)^2}$

```
>> syms s omega
>> ilaplace(s^2/(s^2 +omega^2)^2)
```

ans =

    sin(omega*t)/omega - (sin(omega*t) - omega*t*cos(omega*t))/(2*omega)

 ans =

    (t*cos(omega*t))/2 + sin(omega*t)/(2*omega)

```
>> simple(ans)
```

답 $f(t) = \dfrac{1}{2\,\omega}\left(\omega t\cos\omega t + \sin\omega t\right)$

※ MATLAB 명령어를 사용하여 다음 함수를 Laplace 변환하라. [1 ~ 4]

1. $f(t) = te^{at}$

2. $f(t) = t\cos\omega t$

3. $f(t) = \sinh\omega t$

4. $f(t) = t^2\cos t$

※ MATLAB 명령어를 사용하여 다음 함수를 Laplace 역변환하라. [5 ~ 8]

5. $F(s) = \dfrac{1}{(s-a)^2}$

6. $F(s) = \dfrac{1}{(s-a)^2 + \omega^2}$

7. $F(s) = \dfrac{1}{s^2(s^2 + \omega^2)}$

8. $F(s) = \dfrac{s}{(s^2 + \omega^2)^2}$

CHAPTER

5

Engineering Mathematics with MATLAB

상미분방정식의 급수해

　1장에서 4장까지 학습한 상수계수를 갖는 선형 상미분방정식에 대한 일반해는 x^k, $\cos\alpha x$, $\sin\alpha x$, e^{ax} 등, 기본 함수의 조합 형태로 이루어짐을 알 수 있었다. 그러나, 대부분의 변수계수를 갖는 고계 상미분방정식에 대한 해는 기본 함수의 조합 형태로 표현되지 않는다.

　먼저, 이러한 변수계수를 갖는 상미분방정식에 대한 해를 구하기 위하여 거듭제곱급수(또는 멱급수, power series) 방법을 배우기로 하자(5.1절과 5.2절). 또한, 거듭제곱급수 방법을 이용하여 특수함수인 Bessel 함수 및 Legendre 함수(5.3절)에 대하여 알아보자. MATLAB에 내장되어 있는 감마함수, Bessel 함수를 활용해보기로 한다(5.4절).

5.1 거듭제곱급수 법

5.1.1 거듭제곱급수(power series method)

거듭제곱급수 법은 변수계수를 갖는 상미분방정식에 대한 일반해를 구하기 위한 표준 해법이다. 중심이 x_0인 거듭제곱급수라 함은 다음과 같은 형태의 무한급수를 의미한다.

$$\sum_{k=0}^{\infty} c_k (x - x_0)^k = c_0 + c_1 (x - x_0) + c_2 (x - x_0)^2 + \cdots \tag{5.1}$$

여기서, 상수 c_k는 급수의 계수(coefficient)이다. 특히 중심 $x_0 = 0$인 경우에 대한 거듭제곱급수는 다음과 같이 간략화된다.

$$\sum_{k=0}^{\infty} c_k x^k = c_0 + c_1 x + c_2 x^2 + c_3 x^3 + \cdots \tag{5.2}$$

대표적인 거듭제곱급수는 다음과 같다.

$$\frac{1}{1-x} = \sum_{k=0}^{\infty} x^k = 1 + x + x^2 + x^3 + \cdots \qquad (단, \ |x| < 1) \tag{5.3}$$

$$e^x = \sum_{k=0}^{\infty} \frac{x^k}{k!} = 1 + x + \frac{x^2}{2!} + \frac{x^3}{3!} + \cdots \tag{5.4}$$

$$\cos x = \sum_{k=0}^{\infty} \frac{(-1)^k x^{2k}}{(2k)!} = 1 - \frac{x^2}{2!} + \frac{x^4}{4!} - \frac{x^6}{6!} + - \cdots \tag{5.5}$$

$$\sin x = \sum_{k=0}^{\infty} \frac{(-1)^k x^{2k+1}}{(2k+1)!} = x - \frac{x^3}{3!} + \frac{x^5}{5!} - \frac{x^7}{7!} + - \cdots \tag{5.6}$$

위의 식들로부터 다음의 미분도 성립함을 알 수 있다.

$$\frac{d}{dx}e^x = \frac{d}{dx}\left(1 + x + \frac{x^2}{2!} + \frac{x^3}{3!} + \cdots\right) \tag{5.7}$$

$$= 1 + x + \frac{x^2}{2!} + \frac{x^3}{3!} + \cdots \quad = e^x$$

$$\frac{d}{dx}(\cos x) = \frac{d}{dx}\left(1 - \frac{x^2}{2!} + \frac{x^4}{4!} - \frac{x^6}{6!} + - \cdots\right) \tag{5.8}$$

$$= -\left(x - \frac{x^3}{3!} + \frac{x^5}{5!} - \frac{x^7}{7!} + - \cdots\right) = -\sin x$$

$$\frac{d}{dx}(\sin x) = \frac{d}{dx}\left(x - \frac{x^3}{3!} + \frac{x^5}{5!} - \frac{x^7}{7!} + - \cdots\right) \tag{5.9}$$

$$= \left(1 - \frac{x^2}{2!} + \frac{x^4}{4!} - \frac{x^6}{6!} + - \cdots\right) = \cos x$$

또한, 이들의 조합도 다음과 같이 계산할 수 있다.

$$e^x\cos x = \left(1 + x + \frac{x^2}{2!} + \frac{x^3}{3!} + \cdots\right)\left(1 - \frac{x^2}{2!} + \frac{x^4}{4!} - \frac{x^6}{6!} + - \cdots\right)$$

$$= 1 + x - \frac{1}{3}x^3 - \frac{5}{24}x^4 - \frac{1}{24}x^5 - \cdots$$

5.1.2 거듭제곱급수 법(the method of power series)

1계 선형상미분방정식, 2계 선형상미분방정식 등에 대한 해를 구하는 데 거듭제곱
급수를 적용할 수 있을 것이다. 다음의 예제를 통하여 거듭제곱급수 법을 이해하여
보기로 하자.

예제 5.1

거듭제곱급수 법을 이용하여 다음 1계 선형상미분방정식의 해를 구하라.

$$y' + y = 0$$

풀이

$y = c_0 + c_1 x + c_2 x^2 + c_3 x^3 + \cdots$ 이라 놓고, 이를 미분하면

$$y' = c_1 + 2c_2 x + 3c_3 x^2 + 4c_4 x^3 + \cdots$$

이다. 이를 주어진 미분방정식에 대입하면

$$(c_0 + c_1) + (c_1 + 2c_2)x + (c_2 + 3c_3)x^2 + (c_3 + 4c_4)x^3 + \cdots = 0$$

이 된다. 각 항의 계수가 0이므로

$$c_1 = -c_0$$
$$c_2 = -\frac{1}{2}c_1 = \frac{1}{2}c_0 = \frac{1}{2!}c_0$$
$$c_3 = -\frac{1}{3}c_2 = -\frac{1}{3!}c_0$$
$$c_4 = -\frac{1}{4}c_3 = \frac{1}{4!}c_0$$

이다. 따라서,

$$y = c_0\left(1 - x + \frac{x^2}{2!} - \frac{x^3}{3!} + \frac{x^4}{4!} - + \cdots\right) = c_0 e^{-x}$$

이다.

답 $y = c_0 e^{-x}$

별해

앞으로는 별해 법의 사용을 권장한다.

$y = \sum\limits_{k=0}^{\infty} c_k x^k$이라 놓고, 이를 미분하면

$$y' = \sum_{k=0}^{\infty} k c_k x^{k-1} = \sum_{k=0}^{\infty} (k+1) c_{k+1} x^k$$

이다. 이를 주어진 미분방정식에 대입하면

$$y' + y = \sum_{k=0}^{\infty} (k+1) c_{k+1} x^k + \sum_{k=0}^{\infty} c_k x^k = \sum_{k=0}^{\infty} \left\{ (k+1) c_{k+1} + c_k \right\} x^k = 0$$

이 된다. 각 항의 계수가 0이므로

$$c_{k+1} = -\frac{1}{k+1} c_k \quad (k = 0,\ 1,\ 2,\ \cdots)$$

이다. 즉,

$$c_1 = -c_0,$$
$$c_2 = -\frac{1}{2} c_1 = \frac{1}{2} c_0 = \frac{1}{2!} c_0$$
$$c_3 = -\frac{1}{3} c_2 = -\frac{1}{3!} c_0$$
$$c_4 = -\frac{1}{4} c_3 = \frac{1}{4!} c_0$$

가 된다. 따라서

$$y = c_0 \left(1 - x + \frac{x^2}{2!} - \frac{x^3}{3!} + \frac{x^4}{4!} - \ + \ \cdots \right) = c_0 e^{-x}$$

이다.

답 $y = c_0 e^{-x}$

5.1.3 거듭제곱급수의 수렴과 발산(convergence and divergence), 수렴반경

중심이 x_0인 거듭제곱급수 식 (5.1)에서 n번째 부분합(partial sum) $S_n(x)$와 나머지(remainder) $R_n(x)$를 분리하여 나타내면 다음과 같다.

$$S(x) = S_n(x) + R_n(x) \tag{5.10}$$

여기서,

$$S_n(x) = \sum_{k=0}^{n} c_k(x-x_0)^k = c_0 + c_1(x-x_0) + c_2(x-x_0)^2 + \cdots + c_n(x-x_0)^n \text{이며},$$

$$R_n(x) = \sum_{k=n+1}^{\infty} c_k(x-x_0)^k = c_{n+1}(x-x_0)^{n+1} + c_{n+2}(x-x_0)^{n+2} + \cdots$$

이다.

어떤 $x = x_1$에서 거듭제곱급수 식 (5.1)이 수렴한다(convergent)는 것은 다음 식을 만족함을 의미한다.

$$S(x_1) = \lim_{n \to \infty} S_n(x_1) \tag{5.11}$$

즉,

$$\lim_{n \to \infty} R_n(x_1) = \lim_{n \to \infty} \left\{ S(x_1) - S_n(x_1) \right\} = 0 \tag{5.12}$$

식 (5.12)를 만족하지 못하는 경우에는 거듭제곱급수 식 (5.1)이 발산한다(divergent)고 한다. x_0를 중심으로 급수가 수렴하는 x의 범위가 존재한다면, 그 범위를 수렴구간(convergence interval)이라 한다. 수렴구간이 다음 식을 만족할 때 R을 수렴반경(radius of convergence)이라 한다([그림 5.1] 참조).

$$|x - x_0| < R \qquad (5.13)$$

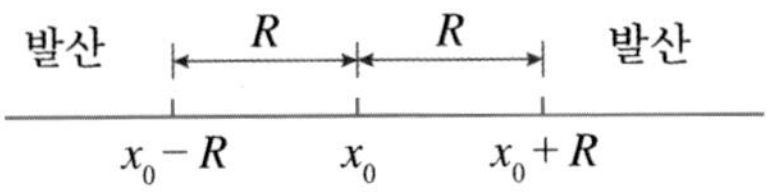

발산 $\overset{R}{\longleftrightarrow}$ $\overset{R}{\longleftrightarrow}$ 발산

$x_0 - R \qquad x_0 \qquad x_0 + R$

[그림 5.1] 중심이 x_0인 거듭제곱급수의 수렴구간

예를 들어, $\dfrac{1}{1-x} = \sum_{k=0}^{\infty} x^k = 1 + x + x^2 + x^3 + \cdots$을 보면, 중심 $x_0 = 0$에서 거듭

제곱급수 식이 수렴하려면 $\lim_{n \to \infty} R_n(0) = \lim_{n \to \infty} x^{n+1} = 0$을 만족하여야 한다. 따라서,

수렴조건이 $|x| < 1$이므로 수렴반경 $R = 1$이다.

CORE 수렴반경과 수렴구간

중심이 x_0인 거듭제곱급수 $\sum_{k=0}^{\infty} c_k (x - x_0)^k = c_0 + c_1(x - x_0) + c_2(x - x_0)^2$

$+ \cdots$에 대한 수렴구간과 수렴반경은 다음과 같다.

수렴구간: $|x - x_0| < R \qquad (5.13)$

수렴반경: $R = \dfrac{1}{\lim\limits_{n \to \infty} \left| \dfrac{c_{n+1}}{c_n} \right|} \qquad (5.14)$

예제 5.2

다음 거듭제곱급수의 수렴반경을 구하라.

$$\sum_{n=0}^{\infty} \frac{3^n}{n+1} x^n$$

풀이

$c_n = \dfrac{3^n}{n+1}$ 이므로,

$$R = \frac{1}{\displaystyle\lim_{n \to \infty} \left| \frac{c_{n+1}}{c_n} \right|} = \frac{1}{\displaystyle\lim_{n \to \infty} \left| \frac{3^{n+1}/(n+2)}{3^n/(n+1)} \right|} = \frac{1}{3}$$

이다.

탑 $\dfrac{1}{3}$

※ 다음 거듭제곱급수의 수렴반경과 수렴구간을 구하라. [1 ~ 6]

1. $\displaystyle\sum_{n=0}^{\infty} \frac{n(n+1)}{(2n-1)} x^n$

2. $\displaystyle\sum_{n=0}^{\infty} \frac{2^n}{n!} (x-1)^n$

3. $\displaystyle\sum_{k=0}^{\infty} \frac{(-1)^k}{(2k)!} (x+1)^k$

4. $\displaystyle\sum_{k=1}^{\infty} \frac{(-1)^k}{2^{k-1}} (x+3)^k$

5. $\displaystyle\sum_{n=0}^{\infty} n\left(\frac{2}{3}\right)^n x^{2n}$

6. $\displaystyle\sum_{m=0}^{\infty} (2m+1)(x-1)^{2m+1}$

※ x의 거듭제곱급수를 이용하여 다음 미분방정식의 해를 구하라. [7 ~ 12]

7. $y'' - y = 0$

8. $y'' + y = 0$

9. $y'' - xy = 0$

10. $y'' - xy' + y = 0$

11. $y'' + y' - xy = 0$

12. $y'' - (x^2 + 1)y = 0$

5.2 Frobenius 해법(Frobenius method)

상미분방정식이 분수함수, log 함수 등을 포함하고 있을 때, 그에 대한 풀이는 쉽지 않을 것이다. Bessel 방정식, 초기하방정식(hypergeometric equation) 등에 대하여도 해를 구할 수 있는 새로운 방법으로, 거듭제곱급수 법을 확장한 Frobenius 해법이 있다.

Frobenius 해법은 다음과 같이 정의된다.

⚙ CORE Frobenius 해법

함수 $p(x)$와 $q(x)$가 중심 x_0에서 해석적인 임의의 함수라 할 때, 상미분방정식

$$x^2 y'' + x\, p(x) y' + q(x) y = 0 \tag{5.15}$$

은 다음과 같이 표현되는 해를 갖는다.

$$y_1(x) = (x - x_0)^r \sum_{k=0}^{\infty} c_k (x - x_0)^k = \sum_{k=0}^{\infty} c_k (x - x_0)^{k+r} \tag{5.16}$$

여기서, 지수 r은 구해야 할 상수이며, 급수는 적어도 어느 구간 $0 < x - x_0 < R$에서 수렴할 것이다.

또한, $y_1(x)$와 유사한 형태(지수 r이 다른) 또는 $y_1(x)$에 로그 항을 포함하는 또 다른 해 $y_2(x)$를 갖는다. 이 때, $y_1(x)$와 $y_2(x)$는 서로 1차 독립이다.

중심이 $x_0 = 0$인 경우, 식 (5.15)에서 함수 $p(x)$와 $q(x)$를 각각 거듭제곱급수로 나타내면,

$$p(x) = p_0 + p_1 x + p_2 x^2 + p_3 x^3 + \cdots$$

$$q(x) = q_0 + q_1 x + q_2 x^2 + q_3 x^3 + \cdots$$

이 되며, 중심이 $x_0 = 0$인 경우 식 (5.16)과 이의 미분 식을 정리하면

$$y_1(x) = \sum_{k=0}^{\infty} c_k x^{k+r} = x^r \{ c_0 + c_1 x + c_2 x^2 + \cdots \}$$

$$y_1'(x) = \sum_{k=0}^{\infty} (k+r) c_k x^{k+r-1} = x^{r-1} \{ r c_0 + (r+1) c_1 x + \cdots \}$$

$$y_1''(x) = \sum_{k=0}^{\infty} (k+r)(k+r-1) c_k x^{k+r-2}$$

$$= x^{r-2} \{ r(r-1) c_0 + (r+1) r c_1 x + \cdots \}$$

가 된다. 이들을 식 (5.15)에 대입하면

$$x^r \{ r(r-1) c_0 + (r+1) r c_1 x + \cdots \} + \{ p_0 + p_1 x + p_2 x^2 + \cdots \} x^r \{ r c_0 + (r+1) c_1 x + \cdots \}$$

$$+ \{ q_0 + q_1 x + q_2 x^2 + \cdots \} x^r \{ c_0 + c_1 x + c_2 x^2 + \cdots \} = 0$$

이다. 각 항의 계수가 0이므로, 먼저 x^r 항의 계수를 정리하면 다음과 같은 결정 방정식(indicial equation)을 얻게 된다. (단, $c_0 \neq 0$)

$$r(r-1) + p_0 r + q_0 = 0 \tag{5.17}$$

r에 대한 2차방정식 (5.17)로부터 근 r을 구할 수 있다.

🧩 CORE Frobenius 해법

중심이 $x_0 = 0$인 경우, 결정 방정식의 근 r에 따라 다음의 세 가지 경우로 정리된다.

i) 두 근의 차가 정수가 아닌 서로 다른 두 근 r_1, r_2인 경우

$$y_1(x) = \sum_{k=0}^{\infty} c_k x^{k+r_1} = x^{r_1} (c_0 + c_1 x + c_2 x^2 + \cdots) \tag{5.18a}$$

$$y_2(x) = \sum_{k=0}^{\infty} c_k x^{k+r_2} = x^{r_2}\left(A_0 + A_1 x + A_2 x^2 + \cdots\right) \qquad (5.18b)$$

ii) 두 근의 차가 정수인 서로 다른 두 근 r_1, r_2 $(r_1 > r_2)$인 경우

$$y_1(x) = \sum_{k=0}^{\infty} c_k x^{k+r_1} = x^{r_1}\left(c_0 + c_1 x + c_2 x^2 + \cdots\right) \qquad (5.19a)$$

$$y_2(x) = K y_1 \ln x + x^{r_2}\left(A_0 + A_1 x + A_2 x^2 + \cdots\right) \qquad (5.19b)$$

여기서 K는 상수이며, 0일 수도 있다.

iii) 두 근이 중근 $r_1 = r_2$인 경우

$$y_1(x) = \sum_{k=0}^{\infty} c_k x^{k+r_1} = x^{r_1}\left(c_0 + c_1 x + c_2 x^2 + \cdots\right) \qquad (5.20a)$$

$$y_2(x) = y_1(x)\ln x + x^{r_2}\left(A_1 x + A_2 x^2 + \cdots\right) \qquad (5.20b)$$

🧩 CORE **두 근의 차가 정수(0 포함)일 때 $y_2(x)$를 구하는 방법**

방법 1) 차수축소법(reduction of order)

$y_1(x)$를 구한 후, 다른 기저 $y_2(x)$를 구하는 법으로 2.1절의 식 (2.4)와 (2.5)로 유도한 바 있다. $y'' + P(x)y' + Q(x)y = 0$에서

$$y_2 = y_1 \int v\, dx \qquad (5.21)$$

단, $v = \dfrac{1}{y_1^2}\, e^{-\int P(x)\, dx}$ 이다.

방법 2) Frobenius 해법

차수축소법으로 구할 수 없는 경우에 사용한다.

$$y_2(x) = y_1(x)\ln x + x^{r_2}\left(A_0 + A_1 x + A_2 x^2 + \cdots\right) \qquad \text{(5.20b 반복)}$$

식 (5.20b)를 주어진 상미분방정식 $x^2 y'' + x\,p(x)y' + q(x)y = 0$에 대입한 후, $x^2 y_1'' + x\,p(x)y_1' + q(x)y_1 = 0$ 성분을 소거하여 계수 비교함으로써 계수 A_0, A_1, A_2, $\cdots$ 등을 구한다.

예제 5.3

다음 상미분방정식 $2x^2y'' - xy' + y = 0$을 풀어라.

풀이

$2x^2y'' - xy' + y = 0$은 $x^2y'' + xp(x)y' + q(x)y = 0$에서 $p(x) = -\dfrac{1}{2}$, $q(x) = \dfrac{1}{2}$에 해당하므로, Frobenius 해법을 사용한다.

따라서, $y = \displaystyle\sum_{k=0}^{\infty} c_k x^{k+r}$이라 놓고, 이를 미분하면

$$y' = \sum_{k=0}^{\infty} (k+r)c_k x^{k+r-1}$$

$$y'' = \sum_{k=0}^{\infty} (k+r)(k+r-1)c_k x^{k+r-2}$$

이다. 이를 주어진 미분방정식에 대입하면,

$$2x^2y'' - xy' + y = 2\sum_{k=0}^{\infty} (k+r)(k+r-1)c_k x^{k+r} - \sum_{k=0}^{\infty} (k+r)c_k x^{k+r} + \sum_{k=0}^{\infty} c_k x^{k+r}$$

$$= \sum_{k=0}^{\infty} \{2(k+r)(k+r-1) - (k+r) + 1\}c_k x^{k+r} = 0$$

이 된다. 각 항의 계수가 0이므로 (단, $c_0 \neq 0$)

$$2r(r-1) - r + 1 = 0$$

이다. 즉,

$$r = 1, \ \frac{1}{2}$$

이다. 이는 Frobenius 해법의 i) 두 근의 차가 정수가 아닌 경우에 해당한다. 즉,

$$c_k = 0 \quad k = 1, \ 2, \ \cdots$$

가 된다.

i) $r=1$일 때, $c_0=1$이라 놓으면, $y_1(x)=x$

ii) $r=\dfrac{1}{2}$일 때, $c_0=1$이라 놓으면, $y_2(x)=\sqrt{x}$

$$\boxed{\text{답}}\ \ y(x)=Ax+B\sqrt{x}$$

M_prob 5.3 참조) MATLAB을 이용하면 바로 해를 구할 수 있다.

 예제 5.4

다음 상미분방정식 $(x-x^2)y''+xy'-y=0$을 풀어라.

풀이

$(x-x^2)y''+xy'-y=0$은 초기하미분방정식의 예이다.

$x^2y''+xp(x)y'+q(x)y=0$에서 $p(x)=\dfrac{x}{1-x}$, $q(x)=-\dfrac{x}{1-x}$ 에 해당하므로, $x\neq 1$이다.

따라서, $x\neq 1$에서 Frobenius 해법을 사용한다.

$$y=\sum_{k=0}^{\infty}c_kx^{k+r}$$

이라 놓고, 이를 미분하면

$$y'=\sum_{k=0}^{\infty}(k+r)c_kx^{k+r-1}$$

$$y''=\sum_{k=0}^{\infty}(k+r)(k+r-1)c_kx^{k+r-2}$$

이다. 이를 주어진 미분방정식에 대입하면

$$(x-x^2)y''+xy'-y=\sum_{k=0}^{\infty}(k+r)(k+r-1)c_kx^{k+r-1}-\sum_{k=0}^{\infty}(k+r)(k+r-1)c_kx^{k+r}$$

$$+\sum_{k=0}^{\infty}(k+r)c_kx^{k+r}-\sum_{k=0}^{\infty}c_kx^{k+r}$$

$$=-r(r-1)c_0x^{r-1}$$

$$+ \sum_{k=1}^{\infty}(k+r)(k+r-1)c_k x^{k+r-1} - \sum_{k=0}^{\infty}(k+r)(k+r-1)c_k x^{k+r}$$

$$+ \sum_{k=0}^{\infty}(k+r)c_k x^{k+r} - \sum_{k=0}^{\infty}c_k x^{k+r}$$

$$= -r(r-1)c_0 x^{r-1}$$

$$+ \sum_{k=0}^{\infty}(k+r+1)(k+r)c_{k+1} x^{k+r} - \sum_{k=0}^{\infty}(k+r)(k+r-1)c_k x^{k+r}$$

$$+ \sum_{k=0}^{\infty}(k+r)c_k x^{k+r} - \sum_{k=0}^{\infty}c_k x^{k+r}$$

$$= -r(r-1)c_0 x^{r-1}$$

$$+ \sum_{k=0}^{\infty}\left[(k+r+1)(k+r)c_{k+1} - \{(k+r)(k+r-1)-(k+r)+1\}c_k\right]x^{k+r}$$

이 된다. 각 항의 계수가 0이므로,

$r=1,\ 0$ (Frobenius 해법의 ii) 두 근의 차가 정수인 경우에 해당한다.)

$$c_{k+1} = \frac{(k+r-1)^2}{(k+r+1)(k+r)}c_k \qquad k=0,\ 1,\ 2,\ \cdots$$

가 된다.

i) $r=1$일 때, $c_{k+1} = \frac{k^2}{(k+2)(k+1)}c_k$이다. $(k=0,\ 1,\ 2,\ \cdots)$

즉,

$$c_1 = 0$$
$$c_2 = 0$$
$$c_3 = 0$$
$$\cdots$$

따라서, $c_0 = 1$이라 놓으면,

$$y_1(x) = x$$

가 된다.

ii) 차수축소법에서 $P(x) = -\frac{1}{x-1}$, $y_1(x) = x$이므로

$$v = \frac{1}{y_1^2}e^{-\int P(x)\,dx}$$

$$= \frac{1}{x^2} e^{-\int -\frac{1}{x-1} dx} = \frac{1}{x^2} e^{\ln |x-1|} = \frac{x-1}{x^2}$$

식 (5.20) $y_2 = y_1 \int v \, dx$

$$= x \int \frac{x-1}{x^2} dx = x \left(\ln|x| + \frac{1}{x} \right) = x \ln|x| + 1$$

 $y(x) = Ax + B(x \ln|x| + 1)$

M_prob 5.3 참조) MATLAB을 이용하면 바로 해를 구할 수 있다.

예제 5.5

다음 상미분방정식 $xy'' - y = 0$을 풀어라.

풀이

$xy'' - y = 0$은 $x^2 y'' - xy = 0$이 되므로,

$x^2 y'' + x p(x) y' + q(x) y = 0$에서 $p(x) = 0$, $q(x) = -x$에 해당하므로, Frobenius 해법을 사용한다. 따라서

$$y = \sum_{k=0}^{\infty} c_k x^{k+r}$$

이라 놓고, 이를 미분하면

$$y'' = \sum_{k=0}^{\infty} (k+r)(k+r-1) c_k x^{k+r-2}$$

이다. 이를 주어진 미분방정식에 대입하면

$$xy'' - y = \sum_{k=0}^{\infty} (k+r)(k+r-1) c_k x^{k+r-1} - \sum_{k=0}^{\infty} c_k x^{k+r}$$

$$= r(r-1) c_0 x^{r-1} + \sum_{k=0}^{\infty} (k+r+1)(k+r) c_{k+1} x^{k+r} - \sum_{k=0}^{\infty} c_k x^{k+r}$$

$$= r(r-1) c_0 x^{r-1} + \sum_{k=0}^{\infty} \{ (k+r+1)(k+r) c_{k+1} - c_k \} x^{k+r} = 0$$

이 된다. 각 항의 계수가 0이므로 (단, $c_0 \neq 0$)

$r = 0,\ 1$ (Frobenius 해법의 ii) 두 근의 차가 정수인 경우에 해당한다.)

$$c_{k+1} = \frac{1}{(k+r+1)(k+r)} c_k \qquad k = 0,\ 1,\ 2,\ \cdots$$

가 된다.

i) $r = 1$일 때, $c_{k+1} = \dfrac{1}{(k+2)(k+1)} c_k$ 이다. ($k = 0,\ 1,\ 2,\ \cdots$)

$c_0 = 1$이라 놓으면, 즉,

$$c_1 = \frac{1}{2 \cdot 1} c_0 = \frac{1}{2!}$$

$$c_2 = \frac{1}{3 \cdot 2} c_1 = \frac{1}{3 \cdot 2 \cdot 2} = \frac{1}{3!2!}$$

$$c_3 = \frac{1}{4 \cdot 3} c_2 = \frac{1}{4 \cdot 3 \cdot 3 \cdot 2 \cdot 2} = \frac{1}{4!3!}$$

$$\cdots$$

따라서

$$y_1(x) = x\left(1 + \frac{x}{2!} + \frac{x^2}{3!2!} + \frac{x^3}{4!3!} + \cdots\right) = x + \frac{x^2}{2!} + \frac{x^3}{3!2!} + \frac{x^4}{4!3!} + \cdots$$

이다.

ii) $r = 0$일 때, $c_{k+1} = \dfrac{1}{(k+1)k} c_k$ 이다. ($k = 0,\ 1,\ 2,\ \cdots$)

$c_0 = 1$이라 놓고, $k = 0$을 대입하면 분모가 0이 되어 c_1의 값을 구할 수 없다.

⊚ **검토**

$y_1(x)$를 알 때, $y_2(x)$를 구하는 법, 즉 차수축소법으로 구해보자.

$P(x) = 0,\ y_1(x) = x + \dfrac{x^2}{2!} + \dfrac{x^3}{3!2!} + \dfrac{x^4}{4!3!} + \cdots$ 이므로

$$v = \frac{1}{y_1^2} e^{-\int P dx} = \frac{1}{y_1^2} e^{-\int 0\, dx} = \frac{1}{y_1^2} = \frac{1}{\left(x + \dfrac{x^2}{2} + \dfrac{x^3}{12} + \dfrac{x^4}{144} + \cdots\right)^2}$$

식 (5.21) $y_2 = y_1 \displaystyle\int v\, dx = y_1 \int \frac{1}{y_1^{\,2}} dx$

(헉!!!) 더 이상 구할 수 없다.

이제 다른 방법인 식 (5.19b) $y_2(x) = Ky_1\ln x + x^{r_2}\big(A_0 + A_1x + A_2x^2 + \cdots\big)$에 의거하여,

$$y_2(x) = Ky_1\ln x + x^{r_2}\big(A_0 + A_1x + A_2x^2 + \cdots\big)$$

에서, 우선, $K=1$, $r_2=0$이라 놓으면

$$y_2(x) = y_1\ln x + \sum_{k=0}^{\infty} A_k x^k$$

이다. 이를 미분하면

$$y_2{}' = y_1{}'\ln x + y_1{}'\frac{1}{x} + \sum_{k=0}^{\infty} kA_k x^{k-1}$$

$$y_2{}'' = y_1{}''\ln x + 2y_1{}'\frac{1}{x} - y_1\frac{1}{x^2} + \sum_{k=0}^{\infty} k(k-1)A_k x^{k-2}$$

이다. 이를 주어진 방정식 $xy'' - y = 0$에 대입하면,

$$xy_2{}'' - y = (xy_1{}'' - y_1)\ln x + 2y_1{}' - y_1\frac{1}{x} + \sum_{k=0}^{\infty} k(k-1)A_k x^{k-1} - \sum_{k=0}^{\infty} A_k x^k = 0$$

이다.

$$xy_1{}'' - y_1 = 0$$

이고,

$$y_1(x) = x + \frac{x^2}{2} + \frac{x^3}{12} + \frac{x^4}{144} + \cdots$$

이므로,

$$2\left(1 + x + \frac{x^2}{4} + \frac{x^3}{36} + \cdots\right) - \left(1 + \frac{x}{2} + \frac{x^2}{12} + \frac{x^3}{144} + \cdots\right) + \sum_{k=0}^{\infty}\big\{k(k+1)A_{k+1} - A_k\big\}x^k = 0$$

i) $k=0$에서, $1 - A_0 = 0$,

   즉,

$$A_0 = 1$$

ii) $k=1$에서, $2 - \dfrac{1}{2} + 2A_2 - A_1 = 0$,

   여기에서, $A_1 = 0$이라 놓으면

$$A_2 = -\frac{3}{4}$$

iii) $k = 2$에서, $\dfrac{1}{2} - \dfrac{1}{12} + 6A_3 - A_2 = 0$,

$$A_3 = -\frac{7}{36}$$

$$\cdots$$

따라서

$$y_2(x) = y_1 \ln|x| + 1 - \frac{3}{4} x^2 - \frac{7}{36} x^3 - \cdots$$

이다.

답 $y(x) = A y_1(x) + B y_2(x)$ 에서

$$y_1(x) = x + \frac{x^2}{2} + \frac{x^3}{12} + \frac{x^4}{144} + \cdots, \quad y_2(x) = y_1 \ln|x| + 1 - \frac{3}{4} x^2 - \frac{7}{36} x^3 - \cdots$$

M_prob 5.5 참조) MATLAB을 이용하면 바로 해를 구할 수 있다.

※ Frobenius 해법을 이용하여 다음 상미분방정식의 해를 구하라. [1 ~ 14]

[결정 방정식의 두 근의 차가 정수가 아닌 서로 다른 두 근 r_1, r_2일 경우]

1. $2xy'' - y' + y = 0$
2. $2xy'' + 5y' - xy = 0$

[결정 방정식의 두 근의 차가 정수인 서로 다른 두 근 r_1, r_2일 경우]

3. $x^2 y'' + xy' - y = 0$
4. $x^2 y'' - 2xy' + 2y = 0$
5. $x(x-1)y'' - xy' + y = 0$
6. $x^2 y'' + 2xy' - x^2 y = 0$
7. $xy'' + y = 0$

※ [결정 방정식의 두 근이 중근일 경우]

8. $x^2 y'' - xy' + y = 0$
9. $x^2 y'' - 3xy' + 4y = 0$
10. $x^2 y'' + 3xy' + y = 0$
11. $(x^2 - x)y'' + (3x - 1)y' + y = 0$
12. $xy'' + y' - y = 0$

5.3 특수함수, Bessel 함수와 Legendre 함수

다음은 응용수학, 물리학 등에서 많이 응용되는 미분방정식의 형태이다.

$$x^2 y'' + xy' + (x^2 - \nu^2)y = 0 \qquad (\nu \geq 0) \qquad (5.22)$$

$$(1-x^2)y'' - 2xy' + n(n+1)y = 0 \qquad (n \geq 0 \text{인 정수}) \qquad (5.23)$$

식 (5.22)를 Bessel 방정식이라 부르며, 식 (5.23)을 Legendre 방정식이라 부른다. 이들의 해를 각각 Bessel 함수(Bessel function), Legendre 함수(Legendre function)라 부른다.

5.3.1 제1종 Bessel 함수 $J_\nu(x)$

Frobenius 해법에 따라 $y = \sum_{k=0}^{\infty} c_k x^{k+r}$이라 놓고, 이를 미분하면

$$y' = \sum_{k=0}^{\infty} (k+r)c_k x^{k+r-1}$$

$$y'' = \sum_{k=0}^{\infty} (k+r)(k+r-1)c_k x^{k+r-2}$$

이다. 이들을 Bessel 방정식, 식 (5.22)에 대입하면

$$x^2 y'' + xy' + (x^2 - \nu^2)y$$

$$= \sum_{k=0}^{\infty} (k+r)(k+r-1)c_k x^{k+r} + \sum_{k=0}^{\infty} (k+r)c_k x^{k+r} + \sum_{k=0}^{\infty} c_k x^{k+r+2} - \nu^2 \sum_{k=0}^{\infty} c_k x^{k+r}$$

$$= \{r(r-1) + r - \nu^2\}c_0 x^r + \{(r+1)r + (r+1) - \nu^2\}c_1 x^{r+1}$$

$$+ \sum_{k=0}^{\infty} \left[\{(k+r+2)^2 - \nu^2\}c_{k+2} + c_k \right] x^{k+r+2}$$

$$= \{r^2 - \nu^2\}c_0 x^r + \{(r+1)^2 - \nu^2\}c_1 x^{r+1}$$

$$+ \sum_{k=0}^{\infty} \left[\{(k+r+2)^2 - \nu^2\}c_{k+2} + c_k \right] x^{k+r+2} = 0$$

이 된다. 각 항의 계수가 0이므로 (단, $c_0 \neq 0$)

$$r^2 - \nu^2 = 0 \tag{5.24}$$

$$c_1 = 0 \tag{5.25}$$

$$\{(k+r+2)^2 - \nu^2\}c_{k+2} + c_k = 0 \quad (k = 0, 1, 2, \cdots) \tag{5.26}$$

을 얻게 된다. 식 (5.24)로부터 $r = \nu, -\nu$이다. $(\nu \geq 0)$

먼저, $r = \nu$일 때, 식 (5.26)으로부터

$$c_{k+2} = -\frac{1}{(k+2)(k+2\nu+2)}c_k \quad (k = 0, 1, 2, \cdots) \tag{5.27}$$

이다. 식 (5.25) $c_1 = 0$이므로 식 (5.27)으로부터 홀수 항은 모두 0이 된다.

$$c_1 = c_3 = c_5 = \cdots = 0 \tag{5.28}$$

또한, 짝수 항을 정리하면 다음과 같다.

$$c_2 = -\frac{1}{2(2\nu+2)}c_0 = -\frac{1}{2^2(\nu+1)}c_0$$

$$c_4 = -\frac{1}{4(2\nu+4)}c_2 = \frac{1}{2^4 2!(\nu+2)(\nu+1)}c_0$$

$$c_6 = -\frac{1}{6(2\nu+6)}c_4 = -\frac{1}{2^6 3!(\nu+3)(\nu+2)(\nu+1)}c_0$$

$$\cdots$$

이들을 일반화하면 다음과 같다.

$$c_{2k} = \frac{(-1)^k}{2^{2k}k!(\nu+k)\cdots(\nu+2)(\nu+1)}c_0 \quad (k = 1, 2, \cdots)$$

(5.29)

한편, c_0을 다음과 같이 감마함수(gamma function) $\Gamma(1+\nu)$를 포함한 값을 택하여 보자.

$$c_0 = \frac{1}{2^\nu \Gamma(\nu+1)}$$

(5.30)

여기서, 감마함수는 다음과 같은 성질을 가진다.

🧩 CORE 감마함수(gamma function)

감마함수는 다음과 같이 정의된다.

$$\Gamma(\nu+1) = \int_0^\infty e^{-t}t^\nu \, dt \quad (\nu > -1)$$

(5.31)

🧩 CORE 감마함수의 성질

$$\Gamma(\nu+1) = \nu\Gamma(\nu)$$ (5.32)

$$\Gamma(1) = 1$$ (5.33)

$$\Gamma(n+1) = n! \quad (n: 자연수)$$ (5.34)

---

i) 식 (5.32)의 증명

식 (5.31) $\Gamma(\nu+1) = \int_0^\infty e^{-t}t^\nu \, dt$ 에서 부분적분법을 사용하면 다음과 같이 증명된다.

$$\int_0^\infty e^{-t}t^\nu \, dt = -e^{-t}t^\nu \Big|_0^\infty - \int_0^\infty (-e^{-t})(\nu t^{\nu-1}) \, dt = \nu\Gamma(\nu)$$

(5.32의 반복)

ii) 식 (5.33)의 증명

$$\Gamma(1) = \int_0^\infty e^{-t}t^0\,dt = -\,e^{-t}\,\bigg|_0^\infty = 1 \qquad \text{(5.33의 반복)}$$

iii) 식 (5.34)의 증명

식 (5.32)로부터

$$\Gamma(2) = 1\Gamma(1) = 1$$
$$\Gamma(3) = 2\Gamma(2) = 2!$$
$$\Gamma(4) = 3\Gamma(3) = 3!$$

따라서

$$\Gamma(n+1) = n\Gamma(n) = \cdots = n! \qquad \text{(5.34의 반복)}$$

iv) 식 (5.35)의 증명

식 (5.32)로부터 $\Gamma\left(\dfrac{1}{2}\right) = \displaystyle\int_0^\infty e^{-t}t^{-1/2}\,dt$ 이다.

이 식에서 $t = u^2$ 으로 치환하면

$$I = \Gamma(\tfrac{1}{2}) = \int_0^\infty e^{-u^2}u^{-1}2u\,du = 2\int_0^\infty e^{-u^2}\,du$$

이다. 또 같은 적분을 v에 대하여 나타내면

$$I = \Gamma(\tfrac{1}{2}) = 2\int_0^\infty e^{-v^2}\,dv$$

따라서, 다음과 같이 정리된다.

$$I^2 = 4\int_0^\infty e^{-u^2}du\int_0^\infty e^{-v^2}dv = 4\int_0^\infty\int_0^\infty e^{-(u^2+v^2)}dudv$$

이 식에서 $u = r\cos\theta$, $v = r\sin\theta$로 치환하면, $dudv$는 $rdrd\theta$가 되며 1사분면에 해당한다.

$$I^2 = 4\int_0^{\pi/2}\int_0^\infty e^{-r^2}rdr\,d\theta = 4\int_0^{\pi/2}d\theta\int_0^\infty e^{-r^2}rdr = 4\cdot\frac{\pi}{2}\cdot\frac{1}{2} = \pi$$

따라서, $\Gamma\left(\dfrac{1}{2}\right) = \sqrt{\pi}$ 이다.   (5.35의 반복)

식 (5.29)의 Bessel 방정식을 연이어 설명한다.

i) $\nu = n$ (n은 0 또는 자연수)인 경우

식 (5.34)를 식 (5.30)에 대입하면 $c_0 = \dfrac{1}{2^n n!}$ 이 되어, 식 (5.29)는 다음과 같이 정리된다.

$$c_{2k} = \frac{(-1)^k}{2^{2k+n}k!(n+k)!}c_0 \qquad (k = 1,\ 2,\ \cdots) \tag{5.36}$$

따라서, Bessel 방정식의 특수해 $J_n(x)$ (n차 제1종 Bessel 함수, Bessel function of the first kind of order n)는 다음과 같이 나타난다.

🧩 **CORE**   제1종 Bessel 함수 $J_n(x)$

Bessel 방정식 $x^2y'' + xy' + (x^2 - \nu^2)y = 0$ 에서
i) $\nu = n$ (n은 0 또는 자연수)인 경우, 특수해 $J_n(x)$는 다음과 같다.

$$J_n(x) = x^n\sum_{k=0}^\infty\frac{(-1)^k}{2^{2k+n}k!(n+k)!}x^{2k} \qquad (n \geq 0) \tag{5.37}$$

특히, $n = 0$인 경우는 0차 Bessel 함수라 하고, $n = 1$인 경우는 1차 Bessel 함수라 하며 다음과 같이 표현된다.

$$J_0(x) = \sum_{k=0}^{\infty} \frac{(-1)^k}{2^{2k}(k!)^2} x^{2k} = 1 - \frac{x^2}{2^2(1!)^2} + \frac{x^4}{2^4(2!)^2} - \frac{x^6}{2^6(3!)^2} + - \cdots \qquad (5.38a)$$

$$J_1(x) = x \sum_{k=0}^{\infty} \frac{(-1)^k}{2^{2k+1}k!(k+1)!} x^{2k} = \frac{x}{2} - \frac{x^3}{2^3 1! 2!} + \frac{x^5}{2^5 2! 3!} - \frac{x^7}{2^7 3! 4!} + - \cdots \ (5.38b)$$

ii) 임의의 양수 ν $(\nu > 0)$인 경우

식 (5.29)에 식 (5.30) $c_0 = \dfrac{1}{2^{\nu}\Gamma(\nu+1)}$ 을 대입하면 다음과 같이 정리된다.

$$c_{2k} = \frac{(-1)^k}{2^{2k}k!(\nu+k)\cdots(\nu+2)(\nu+1)2^{\nu}\Gamma(\nu+1)}$$

즉,

$$c_{2k} = \frac{(-1)^k}{2^{2k+\nu}k!\Gamma(\nu+k+1)} \qquad (k = 1, \ 2, \ \cdots) \qquad (5.39)$$

따라서, Bessel 방정식의 특수해 $J_{\nu}(x)$와 $J_{-\nu}(x)$는 다음과 같이 정리된다.

⟐ CORE   1종 Bessel 함수 $J_{\nu}(x)$와 $J_{-\nu}(x)$

Bessel 방정식 $x^2 y'' + xy' + (x^2 - \nu^2)y = 0$에서

ii) 임의의 양수 ν인 경우, 특수해 $J_{\nu}(x)$는 다음과 같다.

$$J_{\nu}(x) = x^{\nu} \sum_{k=0}^{\infty} \frac{(-1)^k}{2^{2k+\nu}\Gamma(\nu+k+1)} x^{2k} \qquad (\nu > 0) \qquad (5.40)$$

또한, $J_{\nu}(x)$와 1차 독립인 또 하나의 해 $J_{-\nu}(x)$는 다음과 같다.

$$J_{-\nu}(x) = x^{-\nu} \sum_{k=0}^{\infty} \frac{(-1)^k}{2^{2k-\nu}\Gamma(-\nu+k+1)} x^{2k} \qquad (5.41)$$

> ### 🧩 CORE   Bessel 방정식의 일반해(ν가 정수가 아닌 경우)
>
> ν가 정수가 아닌 경우에 대한 Bessel 방정식 $x^2 y'' + xy' + (x^2 - \nu^2)y = 0$의 일반해는 다음과 같다.
>
> $$y(x) = c_1 J_\nu(x) + c_2 J_{-\nu}(x) \qquad (\text{단}, \ x \neq 0) \tag{5.42}$$

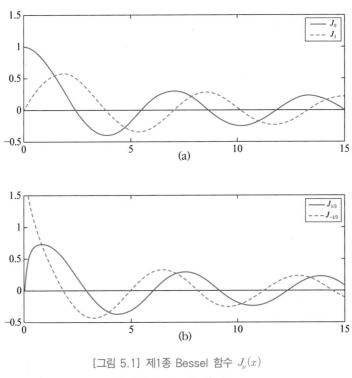

[그림 5.1] 제1종 Bessel 함수 $J_\nu(x)$

(a) J_0와 J_1, (b) $J_{1/3}$와 $J_{-1/3}$

$\nu = n(n$은 정수)인 경우에 대한 Bessel 방정식의 일반해는 $y(x) = c_1 J_n(x) + c_2 J_{-n}(x)$로 쓸 수 없다. 왜냐하면, $J_{-n}(x) = (-1)^n J_n(x)$가 되어 $J_n(x)$와 $J_{-n}(x)$가 1차 종속이 되기 때문이다. $\nu = n(n$은 정수)인 경우를 포함하는 Bessel 방정식의 일반해를 구하기 위해 새로운 2종 Bessel 함수 $Y_\nu(x)$를 도입하기로 한다.

예제 5.6

다음 상미분방정식의 일반해를 구하라.

$$x^2 y'' + xy' + \left(x^2 - \frac{1}{4}\right)y = 0$$

풀이

Bessel 방정식 $x^2 y'' + xy' + (x^2 - \nu^2)y = 0$에서 $\nu = \dfrac{1}{2}$에 해당하므로 일반해는

$$y(x) = c_1 J_{1/2}(x) + c_2 J_{-1/2}(x)$$

이다. 단,

$$J_{1/2}(x) = x^{1/2} \sum_{k=0}^{\infty} \frac{(-1)^k}{2^{2k+1/2}\Gamma(k+3/2)} x^{2k},$$

$$J_{-1/2}(x) = x^{-1/2} \sum_{k=0}^{\infty} \frac{(-1)^k}{2^{2k-1/2}\Gamma(k+1/2)} x^{2k}$$

답 $y(x) = c_1 J_{1/2}(x) + c_2 J_{-1/2}(x)$

M_prob 5.6 참조) MATLAB을 이용하면 바로 해를 구할 수 있다.

5.3.2 0차 제2종 Bessel 함수 $Y_0(x)$

먼저, $\nu = n = 0$인 경우에 대한 Bessel 방정식을 검토하여보자.

$$xy'' + y' + xy = 0 \tag{5.43}$$

이 경우 결정 방정식 (5.24) $r^2 = 0$에서 즉, $r = 0$ (중근)이 된다.

또한, 식 (5.37)에서 확인한 바와 같이 하나의 해 $J_0(x) = \displaystyle\sum_{k=0}^{\infty} \frac{(-1)^k}{2^{2k}(k!)^2} x^{2k}$을 갖는다. 따라서, 또 하나의 해는 다음과 같은 Frobenius 해법 iii)의 형태가 된다.

$$y_2(x) = J_0(x)\ln x + \sum_{k=1}^{\infty} A_k x^k \tag{5.44}$$

이를 미분하면

$$y_2' = J_0'\ln x + \frac{J_0}{x} + \sum_{k=1}^{\infty} k A_k x^{k-1}$$

$$y_2'' = J_0''\ln x + 2\frac{J_0'}{x} - \frac{J_0}{x^2} + \sum_{k=1}^{\infty} k(k-1) A_k x^{k-2}$$

이다. 이들을 식 (5.43)에 대입하면

$$\left\{ x J_0''\ln x + 2 J_0' - \frac{J_0}{x} + \sum_{k=1}^{\infty} k(k-1) A_k x^{k-1} \right\}$$

$$+ \left\{ J_0'\ln x + \frac{J_0}{x} + \sum_{k=1}^{\infty} k A_k x^{k-1} \right\} + \left\{ x J_0\ln x + \sum_{k=1}^{\infty} A_k x^{k+1} \right\} = 0$$

이다. $x J_0'' + J_0' + x J_0 = 0$이므로,

$$2 J_0' + \sum_{k=1}^{\infty} k(k-1) A_k x^{k-1} + \sum_{k=1}^{\infty} k A_k x^{k-1} + \sum_{k=1}^{\infty} A_k x^{k+1} = 0$$

즉,

$$2 J_0' + \sum_{k=1}^{\infty} k^2 A_k x^{k-1} + \sum_{k=1}^{\infty} A_k x^{k+1} = 0 \tag{5.45}$$

으로 간략화된다. 한편, 식 (5.38a) $J_0(x) = \sum_{k=0}^{\infty} \frac{(-1)^k}{2^{2k}(k!)^2} x^{2k}$을 미분하면

$$J_0' = \sum_{k=1}^{\infty} \frac{(-1)^k 2k}{2^{2k}(k!)^2} x^{2k-1} = \sum_{k=1}^{\infty} \frac{(-1)^k}{2^{2k-1} k!(k-1)!} x^{2k-1} \tag{5.46}$$

이 된다. 식 (5.46)을 식 (5.45)에 대입하면

$$\sum_{k=1}^{\infty} \frac{(-1)^k}{2^{2k-2}k!(k-1)!} x^{2k-1} + \sum_{k=1}^{\infty} k^2 A_k x^{k-1} + \sum_{k=1}^{\infty} A_k x^{k+1} = 0$$

$$\sum_{k=1}^{\infty} \frac{(-1)^k}{2^{2k-2}k!(k-1)!} x^{2k-1} + A_1 + 2^2 A_2 x$$

$$+ \sum_{k=1}^{\infty} \left\{ (k+2)^2 A_{k+2} + A_k \right\} x^{k+1} = 0 \qquad (5.47)$$

을 얻는다. 먼저, x^0 항의 계수가 0이어야 하므로

$$A_1 = 0$$

이 된다. 같은 방법으로, x^2의 계수는

$$3^2 A_3 + A_1 = 0,$$

이고, x^4의 계수는

$$5^2 A_5 + A_3 = 0,$$

$$\cdots$$

이다. 따라서, $x^{2k} \ (k=1, \ 2, \ \cdots \ )$항의 계수는

$$A_3 = A_5 = \ \cdots \ = 0$$

이 된다. 이 계수들을 식 (5.47)의 첫 번째 항을 제외한 항들에 대입하면,

$$A_1 + 2^2 A_2 x + \sum_{k=1}^{\infty} \left\{ (k+2)^2 A_{k+2} + A_k \right\} x^{k+1}$$

$$= 2^2 A_2 x + \left\{ 4^2 A_4 + A_2 \right\} x^3 + \left\{ 6^2 A_6 + A_4 \right\} x^5 + \left\{ 8^2 A_8 + A_6 \right\} x^7 + \cdots$$

$$= - A_0 x + \left\{ 2^2 A_2 + A_0 \right\} x + \left\{ 4^2 A_4 + A_2 \right\} x^3 + \left\{ 6^2 A_6 + A_4 \right\} x^5 + \left\{ 8^2 A_8 + A_6 \right\} x^7 + \cdots$$

$$= - A_0 x + \sum_{k=1}^{\infty} \left\{ (2k)^2 A_{2k} + A_{2k-2} \right\} x^{2k-1}$$

이 되며, 위의 값을 다시 식 (5.47)에 대입하여 정리하면 다음과 같다.

$$\sum_{k=1}^{\infty} \frac{(-1)^k}{2^{2k-2} k! (k-1)!} x^{2k-1} - A_0 x + \sum_{k=1}^{\infty} \left\{ (2k)^2 A_{2k} + A_{2k-2} \right\} x^{2k-1} = 0$$

즉,

$$- A_0 x + \sum_{k=1}^{\infty} \left\{ \frac{(-1)^k}{2^{2k-2} k! (k-1)!} + (2k)^2 A_{2k} + A_{2k-2} \right\} x^{2k-1} = 0$$

$x^{2k-1} \ (k=1, \ 2, \ \cdots)$항의 계수가 0이므로,

먼저, x의 계수는

$$- A_0 + \left\{ \frac{(-1)}{1! 0!} + (2)^2 A_2 + A_0 \right\} = 0,$$

즉,

$$A_2 = \frac{1}{4}$$

이고, x^3의 계수는

$$\frac{1}{2^2 2! 1!} + 4^2 A_4 + A_2 = 0,$$

즉,

$$A_4 = -\frac{3}{128}$$

이고, x^5의 계수는

$$\frac{-1}{2^4 3! 2!} + 6^2 A_6 + A_4 = 0,$$

즉

$$A_6 = \frac{11}{13824}$$

$$\cdots$$

이다. 이를 일반화하면

$$A_{2k} = \frac{(-1)^{k-1}}{2^{2k}(k!)^2}\left(1 + \frac{1}{2} + \frac{1}{3} + \cdots + \frac{1}{k}\right) \qquad (k = 1, \ 2, \ \cdots)$$

가 된다. 따라서, 식 (5.44)에 대입하면

$$y_2(x) = J_0(x)\ln x + \sum_{k=1}^{\infty} \frac{(-1)^{k-1}}{2^{2k}(k!)^2}\left(1 + \frac{1}{2} + \frac{1}{3} + \cdots + \frac{1}{k}\right)x^{2k} \qquad (5.48)$$

$$= J_0(x)\ln x + \frac{1}{4}x^2 - \frac{3}{128}x^4 + \frac{11}{13824}x^6 - +\cdots$$

임을 알 수 있다. 0 차수의 제2종 Bessel 함수 $Y_0(x)$는 $x > 0$에 대하여, 다음과 같은 1차 결합으로 정의된다. 즉,

CORE 0차 제2종 Bessel 함수 $Y_0(x)$

$$Y_0(x) = \frac{2}{\pi} J_0(x)\left(\ln\frac{x}{2} + \gamma\right) + \frac{2}{\pi}\sum_{k=1}^{\infty}\frac{(-1)^{k-1}}{2^{2k}(k!)^2}\left(1 + \frac{1}{2} + \frac{1}{3} + \cdots + \frac{1}{k}\right)x^{2k} \quad (5.49)$$

여기서 $\gamma = 0.5772156649\cdots$ 인 Euler 상수(Euler constant)이다.

CORE Bessel 방정식의 일반해(ν가 0인 경우)

Bessel 방정식 $xy'' + y' + xy = 0$의 일반해는 다음과 같다.

$$y(x) = c_1 J_0(x) + c_2 Y_0(x) \qquad (단,\ x \neq 0) \tag{5.50}$$

단, $J_0(x) = \displaystyle\sum_{k=0}^{\infty}\frac{(-1)^k}{2^{2k}(k!)^2}x^{2k} = 1 - \frac{x^2}{2^2(1!)^2} + \frac{x^4}{2^4(2!)^2} - \frac{x^6}{2^6(3!)^2} + - \cdots$

(5.38a 반복)

$$Y_0(x) = \frac{2}{\pi} J_0(x)\left(\ln\frac{x}{2} + \gamma\right) + \frac{2}{\pi}\sum_{k=1}^{\infty}\frac{(-1)^{k-1}}{2^{2k}(k!)^2}\left(1 + \frac{1}{2} + \frac{1}{3} + \cdots + \frac{1}{k}\right)x^{2k}$$

(5.49 반복)

5.3.3 n차 제2종 Bessel 함수 $Y_n(x)$

$\nu = n = 1,\ 2,\ \cdots$ 인 경우에 대한 Bessel 방정식을 검토하여 보자.

$$x^2 y'' + xy' + (x^2 - n^2)y = 0 \tag{5.51}$$

Bessel 방정식에 대한 하나의 해 $J_n(x)$는 식 (5.37)에서 유도하였다.

$$J_n(x) = x^n \sum_{k=0}^{\infty}\frac{(-1)^k}{2^{2k+n}k!(n+k)!}x^{2k} \qquad (n \geq 0) \tag{5.37 반복}$$

$J_n(x)$와 1차 독립인 또 다른 해 $Y_n(x)$는 다음과 같이 정의한다.

> 🧩 **CORE** n차 제2종 Bessel 함수 $Y_n(x)$
>
> $$Y_n(x) = \frac{2}{\pi} J_n(x)\left(\ln\frac{x}{2} + \gamma\right) + \frac{x^n}{\pi} \sum_{k=1}^{\infty} \frac{(-1)^{k-1}}{2^{2k+n}k!(k+n)!}\left(\sum_{m=1}^{\infty}\frac{1}{m} + \sum_{m=1}^{\infty}\frac{1}{m+n}\right)x^{2k} \qquad (5.52)$$

> 🧩 **CORE**   Bessel 방정식의 일반해(n이 자연수인 경우)
>
> Bessel 방정식 $x^2 y'' + xy' + (x^2 - n^2)y = 0$의 일반해는 다음과 같다.
>
> $$y(x) = c_1 J_n(x) + c_2 Y_n(x) \qquad (단,\ x \neq 0) \qquad (5.53)$$
>
> 단, $J_n(x) = x^n \displaystyle\sum_{k=0}^{\infty} \frac{(-1)^k}{2^{2k+n}k!(n+k)!}x^{2k} \qquad (n \geq 0)$ (5.37 반복)
>
> $Y_n(x) = \dfrac{2}{\pi} J_n(x)\left(\ln\dfrac{x}{2} + \gamma\right) + \dfrac{x^n}{\pi} \displaystyle\sum_{k=1}^{\infty} \frac{(-1)^{k-1}}{2^{2k+n}k!(k+n)!}\left(\sum_{m=1}^{\infty}\frac{1}{m} + \sum_{m=1}^{\infty}\frac{1}{m+n}\right)x^{2k}$ (5.49 반복)

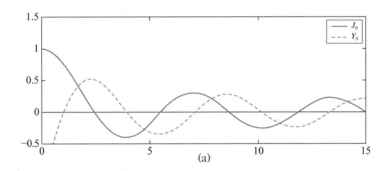

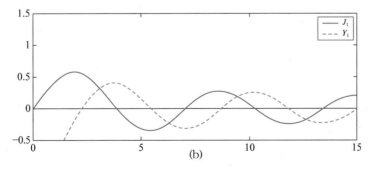

[그림 5.2] 제1종 Bessel 함수 $J_n(x)$와 제2종 Bessel 함수 $Y_n(x)$

(a) J_0와 Y_0, (b) J_1와 Y_1

예제 5.7

다음 상미분방정식의 일반해를 구하라.

$$x^2y'' + xy' + (x^2 - 1)y = 0$$

풀이

Bessel 방정식 $x^2y'' + xy' + (x^2 - \nu^2)y = 0$에서 $n = 1$ (정수)에 해당하므로
일반해는

$$y(x) = c_1 J_1(x) + c_2 Y_1(x)$$

이다. 단,

$$J_1(x) = x\sum_{k=0}^{\infty} \frac{(-1)^k}{2^{2k+1}k!(1+k)!}x^{2k},$$

$$Y_1(x) = \frac{2}{\pi}J_1(x)\left(\ln\frac{x}{2} + \gamma\right) + \frac{x}{\pi}\sum_{k=1}^{\infty}\frac{(-1)^{k-1}}{2^{2k+1}k!(k+1)!}\left(\sum_{m=1}^{\infty}\frac{1}{m} + \sum_{m=1}^{\infty}\frac{1}{m+1}\right)x^{2k}$$

답 $y(x) = c_1 J_1(x) + c_2 Y_1(x)$

5.3.4 Legendre 함수(Legendre function)

식 (5.23)의 Legendre 방정식 $(1 - x^2)y'' - 2xy' + n(n+1)y = 0$에서 거듭제곱급수
$y = \sum_{k=0}^{\infty} c_k x^k$이라 놓고, 이를 미분하면

$$y' = \sum_{k=0}^{\infty} kc_k x^{k-1},$$

$$y'' = \sum_{k=0}^{\infty} k(k-1)c_k x^{k-2}$$

이므로, 이들을 식 (5.23)에 대입하면

$$(1-x^2)y'' - 2xy' + n(n+1)y$$

$$= \sum_{k=0}^{\infty} k(k-1)c_k x^{k-2} - \sum_{k=0}^{\infty} k(k-1)c_k x^k - \sum_{k=0}^{\infty} 2kc_k x^k + \sum_{k=0}^{\infty} n(n+1)c_k x^k$$

$$= \sum_{k=0}^{\infty} (k+2)(k+1)c_{k+2} x^k - \sum_{k=0}^{\infty} k(k-1)c_k x^k - \sum_{k=0}^{\infty} 2kc_k x^k + \sum_{k=0}^{\infty} n(n+1)c_k x^k$$

$$= \sum_{k=0}^{\infty} \left[(k+2)(k+1)c_{k+2} - \{k(k+1)-n(n+1)\}c_k \right] x^k = 0$$

$x^k \ (k=0,\ 1,\ 2,\ \cdots)$ 항의 계수가 모두 0이므로

$$c_{k+2} = -\frac{n(n+1)-(k+1)k}{(k+2)(k+1)}c_k = -\frac{(n-k)(n+k+1)}{(k+2)(k+1)}c_k$$

가 된다. 먼저, x^k의 짝수 차수항의 계수에서

$k=0$에서 $c_2 = -\dfrac{n(n+1)}{2!}c_0$

$k=2$에서 $c_4 = -\dfrac{(n-2)(n+3)}{4 \cdot 3}c_2 = \dfrac{(n-2)n(n+1)(n+3)}{4!}c_0$

$\cdots$

또한, x^k의 홀수 차수항의 계수에서

$k=1$에서 $c_3 = -\dfrac{(n-1)(n+2)}{3!}$

$k=3$에서 $c_5 = -\dfrac{(n-3)(n+4)}{5 \cdot 4}c_3 = -\dfrac{(n-3)(n-1)(n+2)(n+4)}{5!}$

$\cdots$

따라서, Legendre 방정식의 일반해는 다음과 같이 정리된다.

> **🧩 CORE** Legendre 방정식의 일반해
>
> Legendre 방정식 $(1-x^2)y'' - 2xy' + n(n+1)y = 0$의 일반해는 다음과 같다.
>
> $$y(x) = c_0 y_1(x) + c_1 y_2(x) \qquad (|x| < 1) \tag{5.54}$$
>
> 단, $y_1(x) = 1 - \dfrac{n(n+1)}{2!}x^2 + \dfrac{(n-2)n(n+1)(n+3)}{4!}x^4 - + \cdots$
>
> $y_2(x) = x - \dfrac{(n-1)(n+2)}{3!}x^3 + \dfrac{(n-3)(n-1)(n+2)(n+4)}{5!}x^5 - + \cdots$

> **⚙️ 예제 5.8**
>
> 다음 Legendre 방정식의 해를 구하라.
>
> $$(1-x^2)y'' - 2xy' = 0 \quad (|x| < 1)$$

풀이

주어진 식은 $n = 0$인 Legendre 방정식이다.

따라서, 식 (5.50)으로부터 일반해는

$$y(x) = c_0 y_1(x) + c_1 y_2(x)$$

이다. 단,

$$y_1(x) = 1,$$

$$y_2(x) = x + \frac{x^3}{3} + \frac{x^5}{5} + \frac{x^7}{7} + \cdots$$

$$\boxed{답}\ y(x) = c_0 + c_1\left(x + \frac{x^3}{3} + \frac{x^5}{5} + \frac{x^7}{7} + \cdots\right)$$

※ 다음 Bessel 방정식의 해를 구하라. [1 ~ 4]

1. $x^2 y'' + xy' + \left(x^2 - \dfrac{4}{9}\right)y = 0$

2. $4x^2 y'' + 4xy' + (4x^2 - 1)y = 0$

3. $x^2 y'' + xy' + (x^2 - 4)y = 0$

4. $x^2 y'' + xy' + (x^2 - 9)y = 0$

※ 괄호 안의 힌트를 이용하여 다음 Bessel 방정식의 해를 구하라. [5 ~ 8]

5. $4x^2 y'' + 4xy' + (x^2 - 1)y = 0, \ (x = 2z)$

6. $x^2 y'' + xy' + (9x^2 - 4)y = 0, \ (3x = z)$

7. $xy'' + y' + y = 0, \ (2\sqrt{x} = z)$

8. $(x-1)^2 y'' + (x-1)y' + x(x-2)y = 0, \ (x - 1 = z)$

※ 거듭제곱급수 법을 이용하여 다음 Legendre 방정식의 해를 구하라. [9 ~ 10]

9. $(1 - x^2)y'' - 2xy' + 2y = 0, \ (\,|x| < 1)$

10. $(1 - x^2)y'' - 2xy' + 6y = 0, \ (\,|x| < 1)$

5.4* MATLAB의 활용 (*선택 가능)

M_prob 5.1) 다음 감마함수의 값을 계산하라.

(a) $\Gamma(4)$

(b) $\Gamma(0.5)$

풀이

```
% gamma.m
```

(a)   gamma(4)

답 6

(b)   gamma(0.5)

답 1.7725

M_prob 5.2) 다음 Bessel 방정식의 기저 $y_1,\ y_2$를 그려라.

(a) $x^2 y'' + xy' + \left(x^2 - \dfrac{1}{4} \right) y = 0$

풀이

$\nu = 1/2$인 Bessel 방정식이므로, 일반해는

$$y(x) = c_1 J_{1/2}(x) + c_2 J_{-1/2}(x)$$

이다. 따라서

$$y_1 = J_{1/2}(x),\ y_2 = J_{-1/2}(x)$$

이다.

```
close all; clear all;
x=[ 0: 0.2: 15];
subplot(211)
y1=besselj(1/2, x);                          % besselj.m
plot(x, y1, ' black', 'linewidth', 3); hold on
plot(x, 0*x, 'black')
```

```
axis([0 15 -.5 1.5])
legend('J_{1/2}'); xlabel('J_{1/2}(x)', 'fontsize', 12)


subplot(212)
y2=besselj(-1/2, x);                              % besselj.m
plot(x, y2, ':', 'linewidth', 3); hold on
plot(x, 0*x, 'black')
axis([0 15 -.5 1.5])
legend('J_{-1/2}'); xlabel('J_{-1/2}(x)', 'fontsize', 12)
```

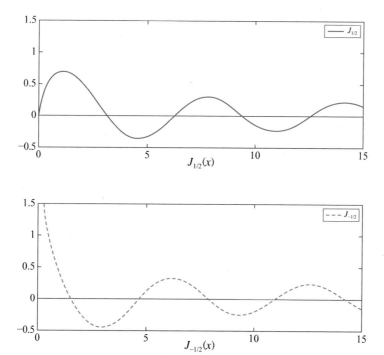

(b) $xy'' + y' + xy = 0$

풀이

$\nu = 0$인 Bessel 방정식이므로, 일반해는

$$y(x) = c_1 J_0(x) + c_2 Y_0(x)$$

이다. 따라서

$$y_1 = J_0(x),\ y_2 = Y_0(x)$$

이다.

```matlab
% Bessel function of the first kind
close all; clear all;
x=[0: 0.2: 15];
y1=besselj(0, x);                              % besselj.m
subplot(211)
plot(x, y1, ' black', 'linewidth', 3); hold on
plot(x, 0*x, 'black')
axis([0 15 -.5 1.5])
legend('J_{0}'); xlabel('J_{0}(x)', 'fontsize', 12)


% Bessel function of the second kind
y2=bessely(0, x);                              % bessely.m
subplot(212)
plot(x, y2, ':', 'linewidth', 3); hold on
plot(x, 0*x, 'black')
axis([0 15 -.5 1.5])
legend('Y_{0}'); xlabel('Y_{0}(x)', 'fontsize', 12)
```

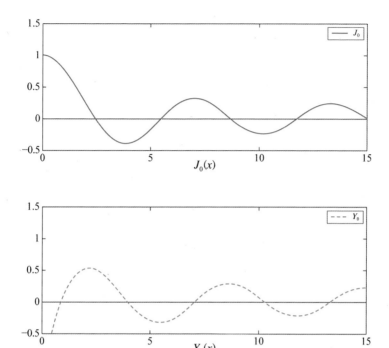

(c) $x^2 y'' + xy' + (x^2 - 4)y = 0$

풀이

$\nu = 2$인 Bessel 방정식이므로, 일반해는

$$y(x) = c_1 J_2(x) + c_2\, Y_2(x)$$

이다. 따라서

$$y_1 = J_2(x),\ \ y_2 = Y_2(x)$$

이다.

```
% Bessel function of the first kind
close all; clear all;
x=[0: 0.2: 15];
y1=besselj(2, x);                         % besselj.m
subplot(211)
plot(x, y1, ' black', 'linewidth', 3); hold on
plot(x, 0*x, 'black')
```

```
axis([0 15 -.5 1.5])
legend('J_{2}'); xlabel('J_{2}(x)', 'fontsize', 12)

% Bessel function of the second kind
y2=bessely(2, x);                              % bessely.m
subplot(212)
plot(x, y2, ':', 'linewidth', 3); hold on
plot(x, 0*x, 'black')
axis([0 15 -.5 1.5])
legend('Y_{2}'); xlabel('Y_{2}(x)', 'fontsize', 12)
```

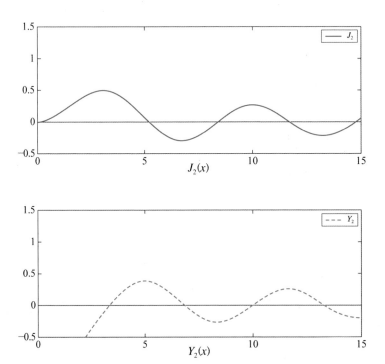

M_prob 5.3) MATLAB을 이용하여 상미분방정식 $2t^2\ddot{y} - t\dot{y} + y = 0$을 풀어라. (예제 5.4 참조)

풀이

주어진 미분방정식을 명시형으로 고치면

$$\ddot{y} = \frac{1}{2t}\dot{y} - \frac{1}{2t^2}y$$

이므로 dsolve.m를 이용한다.

```
>> dsolve('D2y=1/2/t*Dy-1/2/t/t*y')
```

ans =
```
    C1*t^(1/2) - 2*C2*t
```

답 $y(t) = C_1\sqrt{t} + C_2 t$

M_prob 5.4 MATLAB을 이용하여 상미분방정식 $(t - t^2)\ddot{y} + t\dot{y} - y = 0$을 풀어라. (예제 5.5 참조)

풀이

주어진 미분방정식을 명시형으로 고치면

$$\ddot{y} = -\frac{1}{1-t}\dot{y} + \frac{1}{t-t^2}y$$

이므로 dsolve.m을 이용한다.

```
>> dsolve('D2y=-1/(1-t)*Dy+1/(t-t^2)*y')
```

ans =
```
    C1*t + C2*t*(log(t) + 1/t)
```

답 $y(t) = C_1 t + C_2(t\ln|t| + 1)$

M_prob 5.5) MATLAB을 이용하여 상미분방정식 $t\ddot{y} - y = 0$을 풀어라. (예제 5.6 참조)

풀이

주어진 미분방정식을 명시형으로 고치면

$$\ddot{y} = \frac{1}{t}y$$

이므로 dsolve.m을 이용한다.

```
>> dsolve('D2y=1/t*y')
```

ans =
    C1*t^(1/2)*besseli(1, 2*t^(1/2)) + C2*t^(1/2)*besselk(1, 2*t^(1/2))
  % besseli(NU,Z) is the modified Bessel function of the first kind
  % besselk(NU,Z) is the modified Bessel function of the second kind

$$y(t) = C_1 \sqrt{t}\, J_1(2\sqrt{t}) + C_2 \sqrt{t}\, Y_1(2\sqrt{t})$$

여기서 $J_1(2\sqrt{t})$, $Y_1(2\sqrt{t})$은 각각 식 (5.37)과 식 (5.52)로 표현되는 Bessel 함수이다.

M_prob 5.6) 다음 상미분방정식의 일반해를 구하라.

$$t\ddot{y} + \dot{y} + ty = 0$$

풀이

주어진 미분방정식을 명시형으로 고치면

$$\ddot{y} = -\frac{1}{t}\dot{y} - y$$

이므로 dsolve.m을 이용한다.

```
>> dsolve('D2y=-1/t*Dy - y')
```

ans =
    C1*besselj(0, t) + C2*bessely(0, t)
  % besselj(NU,Z) is the Bessel function of the first kind
  % bessely(NU,Z) is the Bessel function of the second kind

$$y(t) = c_1 J_0(t) + c_2 Y_0(t)$$

여기서 $J_0(t)$, $Y_0(t)$는 각각 식 (5.38a)와 식 (5.49)로 표현되는 Bessel 함수이다.

CHAPTER

6

연립 상미분방정식

공학에서는 여러 시스템이 서로 연성(coupling)되어 있는 경우, 한 시스템의 거동이 인접 시스템의 거동에 영향을 주게 되어 있다. 이 경우에 각각의 시스템에 대한 상미분방정식을 차례로 나열함으로써 연립 상미분방정식을 만들 수 있다.

이러한 연립 상미분방정식을 행렬 형태로 나타내면 마치 하나의 상미분방정식의 형태가 되어, 선형대수학(linear algebra)에서의 행렬식(determinant), 역행렬(inverse matrix), 고유값 문제(eigenvalue problem) 등을 활용하여 쉽게 해를 얻을 수 있다.

제7장 선형대수에서 행렬에 대해 자세히 배우겠지만, 연립상미분방정식에서 필요한 행렬 내용만을 우선 배워보기로 한다(6.1절).

2계 및 고계 상미분방정식을 1계 연립 상미분방정식으로 변환한 후 해를 구하는 방법을 배우게 된다(6.2절).

제차 연립 상미분방정식의 해를 행렬의 특성을 이용하여 구하는 방법을 배운다. 특히 고유값이 중근 또는 복소수근인 경우에도 해를 구할 수 있다. 또한, 해들에 대한 일반적인 거동을 조사하는 방법으로 위상평면(phase plane)이 있으며, 이는 해의 안정성(stability)을 판별하는 데 유익하다. 이러한 위상평면법은 시스템 제어(system control), 전기회로(electric circuit), 개체군 역학 등에서 많이 응용된다(6.3절).

비제차 연립 상미분방정식의 해를 행렬의 특성을 이용하여 구하는 방법을 배운다. 2장에서 배운 바와 같이 미정계수법과 변수변환법을 이용하여 특수해를 얻을 수 있다(6.4절).

용액의 혼합, 전기회로 등의 문제를 통하여 제차 연립방정식과 비제차 연립방정식의 응용을 보여준다(6.5절).

또한, 상용 프로그램인 MATLAB을 이용하여 연립 상미분방정식의 해를 직접적으로 구하는 방법을 배우게 된다(6.6절).

6.1 행렬의 기초

식 (6.1)과 같이 하나의 가로 행으로 이루어진 n 차원 벡터를 행벡터(row vector)라 한다.

$$\mathbf{a} = \{a_1, a_2, \cdots, a_n\} \tag{6.1}$$

또한, 식 (6.2)과 같이 하나의 세로 열로 이루어진 m 차원 벡터를 열벡터(column vector)라 한다.

$$\mathbf{b} = \begin{Bmatrix} b_1 \\ b_2 \\ \vdots \\ b_m \end{Bmatrix} \tag{6.2}$$

일반적으로, $m \times n$ 행렬(matrix)은 m개의 행벡터와 n개의 열벡터로 이루어진 행렬을 말하며 다음과 같이 나타낼 수 있다.

$$\mathbf{A}_{m \times n} = (a_{ij}) = \begin{bmatrix} a_{11} & a_{12} & \cdots & a_{1n} \\ a_{21} & a_{22} & \cdots & a_{2n} \\ a_{31} & a_{32} & \cdots & a_{3n} \\ \vdots & \vdots & \ddots & \vdots \\ a_{m1} & a_{m2} & \cdots & a_{mn} \end{bmatrix} \tag{6.3}$$

$$(i = 1, 2, \cdots, m), (j = 1, 2, \cdots, n)$$

여기서, a_{ij}는 i번째 행(row)과 j번째 열(column)의 원소(element)를 의미한다. 또한 $m = n$인 경우의 행렬은 정사각행렬(square matrix)이라 한다. 대각선이 아닌 모든 원소가 0인 정사각행렬은 대각행렬(diagonal matrix)이라 하며, 대각행렬에서 대각선 상의 모든 원소가 1인 행렬을 단위행렬(identity matrix, I)이라 한다.

$$\text{대각행렬:}\quad A = \begin{bmatrix} a_{11} & 0 & \cdots & 0 \\ 0 & a_{22} & \cdots & 0 \\ \vdots & \vdots & \ddots & \vdots \\ 0 & 0 & \cdots & a_{nn} \end{bmatrix}$$

$$\text{단위행렬:}\quad I = \begin{bmatrix} 1 & 0 & \cdots & 0 \\ 0 & 1 & \cdots & 0 \\ \vdots & \vdots & \ddots & \vdots \\ 0 & 0 & \cdots & 1 \end{bmatrix}$$

본 교재에서는 행렬은 [ ]로 표기하고, 벡터는 { } 또는 ( )로 표기하기로 한다. 2×2 행렬은 식 (6.4)와 같이 표시되며, 2×2 단위행렬은 식 (6.5)와 같다.

$$A_{2 \times 2} = (a_{ij}) = \begin{bmatrix} a_{11} & a_{12} \\ a_{21} & a_{22} \end{bmatrix} \tag{6.4}$$

$$I = \begin{bmatrix} 1 & 0 \\ 0 & 1 \end{bmatrix} \tag{6.5}$$

크기가 $m \times n$인 행렬 A와 크기가 $n \times l$인 행렬 B의 행렬곱 A B의 크기는 $m \times l$이 되며, 다음과 같이 계산된다.

$$C = A B \tag{6.6}$$

$$= \begin{bmatrix} a_{11} & a_{12} & \cdots & a_{1n} \\ a_{21} & a_{22} & \cdots & a_{2n} \\ a_{31} & a_{32} & \cdots & a_{3n} \\ \vdots & \vdots & \ddots & \vdots \\ a_{m1} & a_{m2} & \cdots & a_{mn} \end{bmatrix} \begin{bmatrix} b_{11} & b_{12} & \cdots & b_{1l} \\ b_{21} & b_{22} & \cdots & b_{2l} \\ b_{31} & b_{32} & \cdots & b_{3l} \\ \vdots & \vdots & \ddots & \vdots \\ b_{n1} & b_{n2} & \cdots & b_{nl} \end{bmatrix}$$

$$[c_{ij}] = a_{i1} b_{1j} + a_{i2} b_{2j} + \cdots + a_{in} b_{nj}$$

예를 들어, 크기가 2×3인 행렬과 크기가 3×1인 행렬의 행렬곱의 크기는 2×1이 된다. 즉,

$$C_{2 \times 1} = A_{2 \times 3} B_{3 \times 1} \tag{6.7}$$

$$= \begin{bmatrix} a_{11} & a_{12} & a_{13} \\ a_{21} & a_{22} & a_{23} \end{bmatrix} \begin{bmatrix} b_{11} \\ b_{21} \\ b_{31} \end{bmatrix} = \begin{bmatrix} a_{11}b_{11} + a_{12}b_{21} + a_{13}b_{31} \\ a_{21}b_{11} + a_{22}b_{21} + a_{23}b_{31} \end{bmatrix}$$

6.2 n계 상미분방정식

6.2.1 2계 상미분방정식

2.5절에서 2계 상미분방정식을 1계 연립 상미분방정식으로 변환하는 방법을 배운 바 있다. 다시 정리해 보면 다음과 같다.

$$x'' + a(t)x' + b(t)x = r(t) \tag{6.8}$$

식 (6.1)에서 $x'' = -b(t)x - a(t)x' + r(t)$가 되므로, 상태(state) $\mathbf{x} = \begin{Bmatrix} x \\ x' \end{Bmatrix}$이라 놓으면,

$$\begin{Bmatrix} x' \\ x'' \end{Bmatrix} = \begin{bmatrix} 0 & 1 \\ -b(t) & -a(t) \end{bmatrix} \begin{Bmatrix} x \\ x' \end{Bmatrix} + \begin{Bmatrix} 0 \\ r(t) \end{Bmatrix} \tag{6.9}$$

가 된다. 이 식을 다시 행렬식으로 쓰면, 다음과 같은 1계 연립상미분방정식의 형태가 된다.

$$\mathbf{x}' = \mathbf{A}\mathbf{x} + \mathbf{R} \tag{6.10}$$

여기서, 행렬 $\mathbf{A} = \begin{bmatrix} 0 & 1 \\ -b(t) & -a(t) \end{bmatrix}$, 벡터 $\mathbf{R} = \begin{bmatrix} 0 \\ r(t) \end{bmatrix}$이다.

만약, $\mathbf{R} = 0$이면 제차(homogeneous) 미분방정식이 되며, $\mathbf{R} \neq 0$이면 비제차 (nonhomogeneous) 미분방정식이 된다.

🧩 **CORE**　**2계 상미분방정식을 1계 연립 상미분방정식으로 변환하는 방법**

2계 상미분방정식 $x'' + a(t)x' + b(t)x = r(t)$에서 상태 $\mathbf{x} = \begin{Bmatrix} x \\ x' \end{Bmatrix}$이라 놓으면,

$$\mathbf{x}' = \mathbf{A}\mathbf{x} + \mathbf{R} \tag{6.10}$$

이 된다. 여기서, 행렬 $\mathbf{A} = \begin{bmatrix} 0 & 1 \\ -b(t) & -a(t) \end{bmatrix}$, 벡터 $\mathbf{R} = \begin{bmatrix} 0 \\ r(t) \end{bmatrix}$이다.

예제 6.1

다음 2계 미분방정식을 1계 연립 상미분방정식으로 변환하라.

$$x'' + x' - 2x = e^t$$

풀이

$x'' + x' - 2x = e^t$에서 $x'' = 2x - x' + e^t$이 되며, 상태 $\mathbf{x} = \begin{Bmatrix} x \\ x' \end{Bmatrix}$이라 놓으면,

$$\mathbf{x}' = \mathbf{A}\mathbf{x} + \mathbf{R}$$

이 된다. 여기서, 행렬 $\mathbf{A} = \begin{bmatrix} 0 & 1 \\ 2 & -1 \end{bmatrix}$, 벡터 $\mathbf{R} = \begin{bmatrix} 0 \\ e^t \end{bmatrix}$이다.

답 $\mathbf{x}' = \mathbf{A}\mathbf{x} + \mathbf{R}$, $\mathbf{x} = \begin{Bmatrix} x \\ x' \end{Bmatrix}$, $\mathbf{A} = \begin{bmatrix} 0 & 1 \\ 2 & -1 \end{bmatrix}$, $\mathbf{R} = \begin{bmatrix} 0 \\ e^t \end{bmatrix}$

6.2.2 고계 상미분방정식

3.3절에서 고계 상미분방정식을 1계 연립 상미분방정식으로 변환하는 방법을 배운 바 있다. 이를 정리해 보면 다음과 같다.

$$x''' + a(t)x'' + b(t)x' + c(t)x = r(t) \tag{6.11}$$

식 (6.11)에서 $x''' = -c(t)x - b(t)x' - a(t)x'' + r(t)$가 되므로, 상태 $\mathbf{x} = \begin{Bmatrix} x \\ x' \\ x'' \end{Bmatrix}$이라 놓으면,

$$\begin{Bmatrix} x' \\ x'' \\ x''' \end{Bmatrix} = \begin{bmatrix} 0 & 1 & 0 \\ 0 & 0 & 1 \\ -c(t) & -b(t) & -a(t) \end{bmatrix} \begin{Bmatrix} x \\ x' \\ x'' \end{Bmatrix} + \begin{Bmatrix} 0 \\ 0 \\ r(t) \end{Bmatrix} \tag{6.12}$$

가 된다. 이 식을 다시 행렬식으로 쓰면, 다음과 같은 1계 연립 상미분방정식의 형태가 된다.

$$\mathbf{x}' = \mathbf{A}\mathbf{x} + \mathbf{R} \tag{6.13}$$

여기서, 행렬 $\mathbf{A} = \begin{bmatrix} 0 & 1 & 0 \\ 0 & 0 & 1 \\ -c(t) & -b(t) & -a(t) \end{bmatrix}$, 벡터 $\mathbf{R} = \begin{bmatrix} 0 \\ 0 \\ r(t) \end{bmatrix}$ 이다.

만약, $\mathbf{R} = 0$ 이면 제차 미분방정식이 되며, $\mathbf{R} \neq 0$ 이면 비제차 미분방정식이 된다.

🧩 CORE　3계 상미분방정식을 1계 연립 상미분방정식으로 변환하는 방법

　3계 상미분방정식 $x''' + a(t)x'' + b(t)x' + c(t)x = r(t)$ 에서 상태 $\mathbf{x} = \begin{Bmatrix} x \\ x' \\ x'' \end{Bmatrix}$ 이라 놓으면,

$$\mathbf{x}' = \mathbf{A}\mathbf{x} + \mathbf{R} \tag{6.13}$$

이 된다. 여기서, 행렬 $\mathbf{A} = \begin{bmatrix} 0 & 1 & 0 \\ 0 & 0 & 1 \\ -c(t) & -b(t) & -a(t) \end{bmatrix}$, 벡터 $\mathbf{R} = \begin{bmatrix} 0 \\ 0 \\ r(t) \end{bmatrix}$ 이다.

마찬가지로, $n \geq 4$ 인 고계 상미분방정식도 1계 연립 상미분방정식으로 변환할 수 있을 것이다.

🧩 CORE　4계 상미분방정식을 1계 연립 상미분방정식으로 변환하는 방법

　4계 상미분방정식 $x^{(4)} + a(t)x''' + b(t)x'' + c(t)x' + d(t) = r(t)$ 에서

상태 $\mathbf{x} = \begin{Bmatrix} x \\ x' \\ x'' \\ x''' \end{Bmatrix}$ 이라 놓으면,

$$\mathbf{x}' = \mathbf{A}\mathbf{x} + \mathbf{R} \tag{6.14}$$

이 된다. 여기서, 행렬 $\mathbf{A} = \begin{bmatrix} 0 & 1 & 0 & 0 \\ 0 & 0 & 1 & 0 \\ 0 & 0 & 0 & 1 \\ -d(t) & -c(t) & -b(t) & -a(t) \end{bmatrix}$, 벡터 $\mathbf{R} = \begin{bmatrix} 0 \\ 0 \\ 0 \\ r(t) \end{bmatrix}$ 이다.

예제 6.2

다음 3계 미분방정식을 1계 연립 상미분방정식으로 변환하라.

$$x''' - x'' + 3x' + 2x = \cos t$$

풀이

$x''' - x'' + 3x' + 2x = \cos t$에서 $x''' = -2x - 3x' + x'' + \cos t$가 되며, 상태 $\mathbf{x} = \left\{ \begin{matrix} x \\ x' \\ x'' \end{matrix} \right\}$이라 놓으면,

$$\mathbf{x}' = \mathbf{A}\mathbf{x} + \mathbf{R}$$

이 된다. 여기서, 행렬 $\mathbf{A} = \begin{bmatrix} 0 & 1 & 0 \\ 0 & 0 & 1 \\ -2 & -3 & 1 \end{bmatrix}$, 벡터 $\mathbf{R} = \begin{bmatrix} 0 \\ 0 \\ \cos t \end{bmatrix}$이다.

답 $\mathbf{x}' = \mathbf{A}\mathbf{x} + \mathbf{R}$, $\mathbf{x} = \left\{ \begin{matrix} x \\ x' \\ x'' \end{matrix} \right\}$, $\mathbf{A} = \begin{bmatrix} 0 & 1 & 0 \\ 0 & 0 & 1 \\ -2 & -3 & 1 \end{bmatrix}$, $\mathbf{R} = \begin{bmatrix} 0 \\ 0 \\ \cos t \end{bmatrix}$

6.2.3 제차 미분방정식에서의 일반해

$\mathbf{R} = 0$인 제차 행렬방정식에서 고유값 문제를 이용하여 해를 구해보기로 한다.

$$\mathbf{x}' = \mathbf{A}\mathbf{x} \tag{6.15}$$

여기서, 2계 상미분방정식이라 가정하고, 상태 $\mathbf{x} = \left\{ \begin{matrix} x \\ x' \end{matrix} \right\} = \left\{ \begin{matrix} Xe^{\lambda t} \\ \lambda X e^{\lambda t} \end{matrix} \right\}$이라 놓으면,

$$\mathbf{x}' = \lambda \mathbf{x} \tag{6.16}$$

가 된다. 따라서, 1계 연립 상미분방정식은 다음의 선행대수식으로 변환된다.

$$\mathbf{A}\mathbf{x} = \lambda \mathbf{x} \tag{6.17}$$

식 (6.17)으로부터 다음의 특성방정식을 얻게 된다.

$$\det(A - \lambda I) = 0 \qquad (6.18)$$

또한, 이 특성방정식으로부터 고유값(eigenvalue) λ_1, λ_2를 구하게 되며, 고유값에 상응하는(corresponding) 각각의 고유벡터(eigenvector) v_1, v_2를 구할 수 있다. 따라서 제차 행렬방정식의 일반해는 다음과 같이 표현된다.

$$x_h = c_1 x_1 + c_2 x_2 = c_1 v_1 e^{\lambda_1 t} + c_2 v_2 e^{\lambda_2 t} \qquad (6.19)$$

여기서, c_1, c_2는 상수이며, x_1, x_2는 각각 기저 해(basis solution)이다.

🧩 CORE n계 상미분방정식의 제차해 (서로 다른 고유값인 경우)

제차 1계 연립 상미분방정식 $x' = Ax$ 에서, 특성방정식 $\det(A - \lambda I) = 0$으로 부터 고유값 λ_1, λ_2, $\cdots$과 각각의 고유값에 상응하는 고유벡터 v_1, v_2, $\cdots$를 구하면, 방정식의 제차해는 다음과 같이 표현된다.

$$x_h = c_1 x_1 + c_2 x_2 + \cdots = c_1 v_1 e^{\lambda_1 t} + c_2 v_2 e^{\lambda_2 t} + \cdots \qquad (6.20)$$

여기서, c_1, c_2, $\cdots$는 상수이며, x_1, x_2, $\cdots$는 각각 기저 해이다.

식 (6.18)의 특성방정식으로부터 얻은 고유값이 중복인 경우에는 다음과 같은 과정을 통하여 새로운 고유벡터를 얻을 수 있다.

즉, 고유값 λ_1이 중근인 경우, 또한 이에 상응하는 고유벡터가 v_1이라면 두 번째 해를 다음과 같이 가정한다.

$$x_2 = (v_1 t + v_2)e^{\lambda_1 t} \qquad (6.21)$$

식 (6.21)을 행렬방정식 $x' = Ax$에 대입하면

$$(\lambda_1 \mathbf{v}_1)te^{\lambda_1 t} + (\mathbf{v}_1 + \lambda_1 \mathbf{v}_2)e^{\lambda_1 t} = (\mathbf{A}\,\mathbf{v}_1)te^{\lambda_1 t} + (\mathbf{A}\,\mathbf{v}_2)e^{\lambda_1 t} \qquad (6.22)$$

이 되며, 식 (6.22)에서 계수비교하면 다음과 같은 두 식으로 분리된다.

$$(\mathbf{A} - \lambda_1 \mathbf{I})\mathbf{v}_1 = 0 \qquad (6.23)$$

$$(\mathbf{A} - \lambda_1 \mathbf{I})\mathbf{v}_2 = \mathbf{v}_1 \qquad (6.24)$$

식 (6.23)은 이미 구한 고유값 λ_1과 고유벡터 $\mathbf{v}_1$의 식이므로, 식 (6.24)로부터 두 번째 고유벡터 $\mathbf{v}_2$를 구할 수 있다.

 예제 6.3

다음 2계 미분방정식을 1계 연립 상미분방정식으로 변환한 후, 고유값 해석을 통하여 제 차해를 구하라.

$$x'' - 2\,x' - 3\,x = 0$$

풀이

$x'' - 2\,x' - 3\,x = 0$에서 $x'' = 3\,x + 2\,x'$가 되므로, 상태 $\mathbf{x} = \begin{Bmatrix} x \\ x' \end{Bmatrix}$이라 놓으면,

$$\mathbf{x}' = \mathbf{A}\mathbf{x}$$

가 된다. 여기서, 행렬 $\mathbf{A} = \begin{bmatrix} 0 & 1 \\ 3 & 2 \end{bmatrix}$이다.

특성방정식 $\det(\mathbf{A} - \lambda\,\mathbf{I}) = 0$으로부터

$$\det(\mathbf{A} - \lambda\,\mathbf{I}) = \begin{vmatrix} -\lambda & 1 \\ 3 & 2-\lambda \end{vmatrix} = 0$$

$$\lambda^2 - 2\lambda - 3 = 0$$

즉,

$$\lambda_1 = -1, \quad \lambda_2 = 3$$

i) $\lambda_1 = -1$에서

$$(A - \lambda_1 I)x = \begin{bmatrix} -\lambda_1 & 1 \\ 3 & 2-\lambda_1 \end{bmatrix} \begin{Bmatrix} x \\ x' \end{Bmatrix} = \begin{bmatrix} 1 & 1 \\ 3 & 3 \end{bmatrix} \begin{Bmatrix} x \\ x' \end{Bmatrix} = 0$$

첫 번째 고유벡터 $v_1 = \begin{Bmatrix} 1 \\ -1 \end{Bmatrix}$

ii) $\lambda_2 = 3$에서

$$(A - \lambda_2 I)x = \begin{bmatrix} -\lambda_2 & 1 \\ 3 & 2-\lambda_2 \end{bmatrix} \begin{Bmatrix} x \\ x' \end{Bmatrix} = \begin{bmatrix} -3 & 1 \\ 3 & -1 \end{bmatrix} \begin{Bmatrix} x \\ x' \end{Bmatrix} = 0$$

두 번째 고유벡터 $v_2 = \begin{Bmatrix} 1 \\ 3 \end{Bmatrix}$

따라서, 연립 미분방정식의 제차해는

$$x = \begin{Bmatrix} x(t) \\ x'(t) \end{Bmatrix} = c_1 \begin{Bmatrix} 1 \\ -1 \end{Bmatrix} e^{-t} + c_2 \begin{Bmatrix} 1 \\ 3 \end{Bmatrix} e^{3t}$$

이 된다.

답 $x(t) = c_1 e^{-t} + c_2 e^{3t}$

🔍 검토

x의 첫 행이 $x(t) = c_1 e^{-t} + c_2 e^{3t}$일 때,

이를 미분하여 $x'(t) = -c_1 e^{-t} + 3c_2 e^{3t}$이 x의 둘째 행이 됨을 확인할 수 있다.

⚙ 예제 6.4　(중근)

다음 2계 미분방정식을 1계 연립 상미분방정식으로 변환한 후, 고유값 해석을 통하여 제차해를 구하라.

$$x'' + 6x' + 9x = 0$$

풀이

$x'' + 6x' + 9x = 0$에서 $x'' = -9x - 6x'$이 되므로, 상태 $x = \begin{Bmatrix} x \\ x' \end{Bmatrix}$이라 놓으면,

$$\mathbf{x}' = \mathbf{A}\mathbf{x}$$

가 된다. 여기서, 행렬 $\mathbf{A} = \begin{bmatrix} 0 & 1 \\ -9 & -6 \end{bmatrix}$ 이다.

특성방정식 $\det(\mathbf{A} - \lambda\mathbf{I}) = 0$ 으로부터

$$\det(\mathbf{A} - \lambda\mathbf{I}) = \begin{vmatrix} -\lambda & 1 \\ -9 & -6-\lambda \end{vmatrix} = 0,$$
$$\lambda^2 + 6\lambda + 9 = 0$$

즉,

$$\lambda_1 = -3 \ (중근)$$

i) $\lambda_1 = -3$ 에서

$$(\mathbf{A} - \lambda_1\mathbf{I})\mathbf{x} = \begin{bmatrix} -\lambda_1 & 1 \\ -9 & -6-\lambda_1 \end{bmatrix} \begin{Bmatrix} x \\ x' \end{Bmatrix} = \begin{bmatrix} 3 & 1 \\ -9 & -3 \end{bmatrix} \begin{Bmatrix} x \\ x' \end{Bmatrix} = 0$$

첫 번째 고유벡터 $\mathbf{v}_1 = \begin{Bmatrix} 1 \\ -3 \end{Bmatrix}$

즉,

$$\mathbf{x}_1 = \mathbf{v}_1 e^{\lambda_1 t} = \begin{Bmatrix} 1 \\ -3 \end{Bmatrix} e^{-3t}$$

ii) $\mathbf{x}_2 = (\mathbf{v}_1 t + \mathbf{v}_2)e^{\lambda_1 t} = \begin{Bmatrix} 1 \\ -3 \end{Bmatrix} t e^{-3t} + \begin{Bmatrix} a \\ b \end{Bmatrix} e^{-3t}$ 이라 놓으면,

$(\mathbf{A} - \lambda_1\mathbf{I})\mathbf{v}_2 = \mathbf{v}_1$ 으로부터

$$(\mathbf{A} - \lambda_1\mathbf{I})\mathbf{v}_2 = \begin{bmatrix} -\lambda_1 & 1 \\ -9 & -6-\lambda_1 \end{bmatrix} \begin{Bmatrix} a \\ b \end{Bmatrix} = \begin{bmatrix} 3 & 1 \\ -9 & -3 \end{bmatrix} \begin{Bmatrix} a \\ b \end{Bmatrix} = \begin{Bmatrix} 1 \\ -3 \end{Bmatrix}$$

즉,

$$3a + b = 1$$

을 얻는다. 간단한 값을 얻기 위하여 $a = 0$ 이라 놓으면 $b = 1$ 이 된다.

따라서, 두 번째 고유벡터 $\mathbf{v}_2 = \begin{Bmatrix} 0 \\ 1 \end{Bmatrix}$ 이다.

즉,

$$\mathbf{x}_2 = (\mathbf{v}_1 t + \mathbf{v}_2)e^{\lambda_1 t} = \begin{Bmatrix} 1 \\ -3 \end{Bmatrix} t e^{-3t} + \begin{Bmatrix} 0 \\ 1 \end{Bmatrix} e^{-3t}$$

연립 미분방정식의 제차해는

$$\mathbf{x} = \begin{Bmatrix} x(t) \\ x'(t) \end{Bmatrix} = c_1 \begin{Bmatrix} 1 \\ -3 \end{Bmatrix} e^{-3t} + c_2 \begin{Bmatrix} t \\ -3t+1 \end{Bmatrix} e^{-3t}$$

이 된다.

답 $x(t) = c_1 e^{-3t} + c_2 t e^{-3t}$

🧠 **검토**

$\mathbf{x}$의 첫 행이

$$x(t) = c_1 e^{-3t} + c_2 t e^{-3t}$$

일 때, 이를 미분하면

$$x'(t) = -3c_1 e^{-3t} + c_2(-3t+1)e^{-3t}$$

이 $\mathbf{x}$의 둘째 행이 됨을 확인할 수 있다.

6.2.4 비제차 미분방정식에서의 일반해

$R \neq 0$인 비제차 행렬방정식에 대하여 살펴보자.

$$\mathbf{x}' = A\mathbf{x} + R \tag{6.25}$$

여기서, A는 $n \times n$ 행렬이며, R은 $n \times 1$ 벡터함수이다.

비제차 선형 연립미분방정식의 해법은 2장, 3장에서 배운 2계 및 고계 상미분방정식의 해법과 비슷하다. 즉, 비제차 선형 연립미분방정식의 일반해는 다음 식과 같이 제차 선형 연립미분방정식의 일반해(제차해) $\mathbf{x}_h$와 비제차 선형 연립미분방정식의 특수해(비제차해) $\mathbf{x}_p$의 합으로 표현된다.

$$\mathbf{x} = \mathbf{x}_h + \mathbf{x}_p \tag{6.26}$$

따라서, 2계 상미분방정식의 경우, 제차해 식 (6.19)를 식 (6.26)에 대입하면 다음과 같이 쓸 수 있다.

$$\mathbf{x} = c_1\mathbf{x}_1 + c_2\mathbf{x}_2 + \mathbf{x}_p \tag{6.27}$$

여기서, c_1, c_2는 초기조건을 이용하여 구하는 상수이다. 비제차 선형 연립미분방정식의 특수해 $\mathbf{x}_p$는 2.4절에서 배운 바와 같이 미정계수법 또는 변수변환법으로 구할 수 있다.

🧩 CORE n계 상미분방정식의 일반해

비제차 선형 연립미분방정식의 일반해는 제차 선형 연립미분방정식의 일반해 $\mathbf{x}_h$와 비제차 선형 연립미분방정식의 특수해 $\mathbf{x}_p$의 합으로 표현된다.

$$\begin{aligned}\mathbf{x} &= \mathbf{x}_h + \mathbf{x}_p \\ &= c_1\mathbf{x}_1 + c_2\mathbf{x}_2 + \cdots + \mathbf{x}_p\end{aligned} \tag{6.28}$$

여기서, c_1, c_2, $\cdots$는 상수이며, $\mathbf{x}_1$, $\mathbf{x}_2$, $\cdots$는 각각 기저(basis) 제차해이다.

⚙️ 예제 6.5 (미정계수법)

다음 2계 미분방정식의 일반해를 1계 연립미분방정식을 이용하여 구하라.

$$x'' - 2x' - 3x = 10\cos t$$

풀이

$x'' - 2x' - 3x = 10\cos t$에서 $x'' = 3x + 2x' + 10\cos t$가 되므로, 상태 $\mathbf{x} = \begin{Bmatrix} x \\ x' \end{Bmatrix}$이라 놓으면,

$$\mathbf{x}' = A\mathbf{x} + R$$

이 된다. 여기서, 행렬 $A = \begin{bmatrix} 0 & 1 \\ 3 & 2 \end{bmatrix}$, 벡터 $R = \begin{bmatrix} 0 \\ 10\cos t \end{bmatrix}$이다.

예제 6.3에서 구한 제차해는

$$x_h = c_1 e^{-t} + c_2 e^{3t}$$

이다.

이제, 비제차 연립방정식의 특수해를

$$x_p = a\cos t + b\sin t$$

라 놓으면,

$$x_p{'} = b\cos t - a\sin t,$$
$$x_p{''} = -a\cos t - b\sin t$$

가 된다. 이들을 주어진 식에 대입하여 상수 a, b를 구한다.

$$x_p{''} - 2x_p{'} - 3x_p = (-4a - 2b)\cos t + (2a - 4b)\sin t = 10\cos t$$

계수 비교하면

$$-4a - 2b = 10, \ 2a - 4b = 0$$

이 된다. 즉,

$$a = -2, \ b = -1$$

이다. 따라서

$$x_p = -2\cos t - \sin t$$

가 된다.

$$\boxed{\text{답}} \ \ x = x_h + x_p = c_1 e^{-t} + c_2 e^{3t} - 2\cos t - \sin t$$

🔍 검토

$x_p = -2\cos t - \sin t$일 때,

이를 미분하여

$$x_p{'} = -\cos t + 2\sin t,$$
$$x_p{''} = 2\cos t + \sin t$$

가 되므로, 이를 준 식에 대입하면

$$x_p{''} - 2x_p{'} - 3x_p = (2\cos t + \sin t) - 2(-\cos t + 2\sin t) - 3(-2\cos t - \sin t)$$
$$= 10\cos t$$

임을 확인할 수 있다.

⚙ **예제 6.6** **(변수변환법)**

다음 2계 미분방정식의 일반해를 1계 연립미분방정식을 이용하여 구하라.

$$x'' - x = e^t$$

풀이

$x'' - x = e^t$에서 $x'' = x + e^t$이 되므로, $\mathbf{x} = \begin{Bmatrix} x \\ x' \end{Bmatrix}$이라 놓으면,

$$\mathbf{x}' = A\mathbf{x} + R$$

이 된다. 여기서, 행렬 $A = \begin{bmatrix} 0 & 1 \\ 1 & 0 \end{bmatrix}$, 벡터 $R = \begin{bmatrix} 0 \\ e^t \end{bmatrix}$이다.

제차식 $\mathbf{x}' = A\mathbf{x}$ 에서 특성방정식 $\det(A - \lambda I) = 0$으로부터

$$\det(A - \lambda I) = \begin{vmatrix} -\lambda & 1 \\ 1 & -\lambda \end{vmatrix} = 0,$$

$$\lambda^2 - 1 = 0$$

즉,

$$\lambda_1 = -1, \ \lambda_2 = 1$$

i) $\lambda_1 = -1$에서

$$(A - \lambda I)\mathbf{x} = \begin{bmatrix} -\lambda & 1 \\ 1 & -\lambda \end{bmatrix} \begin{Bmatrix} x \\ x' \end{Bmatrix} = \begin{bmatrix} 1 & 1 \\ 1 & 1 \end{bmatrix} \begin{Bmatrix} x \\ x' \end{Bmatrix} = 0$$

첫 번째 고유벡터 $\mathbf{v}_1 = \begin{Bmatrix} 1 \\ -1 \end{Bmatrix}$

i) $\lambda_2 = 1$에서

$$(A - \lambda I)\mathbf{x} = \begin{bmatrix} -\lambda & 1 \\ 1 & -\lambda \end{bmatrix} \begin{Bmatrix} x \\ x' \end{Bmatrix} = \begin{bmatrix} -1 & 1 \\ 1 & -1 \end{bmatrix} \begin{Bmatrix} x \\ x' \end{Bmatrix} = 0$$

두 번째 고유벡터 $\mathbf{v}_2 = \begin{Bmatrix} 1 \\ 1 \end{Bmatrix}$

따라서, 연립 미분방정식의 제차해는

$$\mathbf{x} = \begin{Bmatrix} x(t) \\ x'(t) \end{Bmatrix} = c_1 \begin{Bmatrix} 1 \\ -1 \end{Bmatrix} e^{-t} + c_2 \begin{Bmatrix} 1 \\ 1 \end{Bmatrix} e^t$$

이 된다.

> ### 💭 검토
>
> $\mathbf{x}$의 첫 행이
>
> $$x(t) = c_1 e^{-t} + c_2 e^t$$
>
> 일 때, 이를 미분하여
>
> $$x'(t) = -c_1 e^{-t} + c_2 e^t$$
>
> 이 $\mathbf{x}$의 둘째 행이 됨을 확인할 수 있다.

이제, 비제차 연립방정식의 특수해 x_p라 할 때, $r(t) = e^t$ 이므로 미정계수법으로도 구할 수 있으나, 변수변환법(Lagrange's method)을 사용하도록 하자.

Wronskian $W = \begin{vmatrix} e^{-t} & e^t \\ -e^{-t} & e^t \end{vmatrix} = 2$ 이고, $r(t) = e^t$ 이므로

특수해는

$$
\begin{aligned}
x_p(t) &= -x_1 \int \frac{x_2\, r}{W}\, dt + x_2 \int \frac{x_1\, r}{W}\, dt \\
&= -e^{-t} \int \frac{e^t \cdot e^t}{2}\, dt + e^t \int \frac{e^{-t} \cdot e^t}{2}\, dt \\
&= -e^{-t} \cdot \frac{e^{2t}}{4} + e^t \cdot \frac{t}{2} = \frac{e^t}{4}(2t - 1)
\end{aligned}
$$

이다.

한편, $-\dfrac{1}{4}e^t$은 $x_h(t)$에 포함되므로, $x_p(t) = \dfrac{1}{2}te^t$이다.

따라서, $x = x_h + x_p = c_1 e^{-t} + c_2 e^t + \dfrac{1}{2}te^t$이 된다.

답 $x = c_1 e^{-t} + c_2 e^t + \dfrac{1}{2}te^t$

🧠 검토

$x_p(t) = \dfrac{1}{2} t e^t$ 일 때, 이를 미분하여

$$x_p{'} = \frac{1}{2}(1+t)\,e^t,$$

$$x_p{''} = \frac{1}{2}(2+t)\,e^t$$

이 되므로, 이를 준 식에 대입하면

$$x_p{''} - x_p = \frac{1}{2}(2+t)e^t - \frac{1}{2}te^t = e^t$$

임을 확인할 수 있다.

연습문제 6.2

※ 다음 미분방정식을 1계 연립 상미분방정식으로 변환하라. [1 ~ 4]

1. $x'' - x' - 2x = e^{-2t}$

2. $x'' - 2x' + x = \sin 2t$

3. $x''' - 2x'' + 3x' - 2x = e^{-t}\cos 2t$

4. $x^{(4)} + 2x''' + 3x' - x = \sin t$

※ 다음 미분방정식을 1계 연립 상미분방정식으로 변환하고, 고유값 해석을 통하여 제차해를 구하라. [5 ~ 10]

5. $x'' + 3x' + 2x = 0$

6. $x'' - 4x' + 3x = 0$

7. $x'' - 2x' + x = 0$

8. $x'' + 4x' + 4x = 0$

9. $x''' + 2x'' + x' + 2x = 0$

10. $x''' + x'' - 4x' - 4x = 0$

※ 다음 미분방정식을 1계 연립 상미분방정식으로 변환하고, 일반해를 구하라. [11 ~ 14]

11. $x'' - 5x' + 4x = 4e^{2t}$

12. $x'' - 2x' + x = 2\cos t$

13. $x'' - 3x' + 2x = e^{t}$

14. $x'' + 2x' + x = e^{-t}$

6.3 제차 연립 상미분방정식

n개의 변수 x_1, x_2, $\cdots$, x_n에 관한 다음 연립 선형 1계 미분방정식을 고려해보자.

$$\frac{dx_1}{dt} = a_{11}(t)x_1 + a_{12}(t)x_2 + \cdots + a_{1n}(t)x_n + r_1(t)$$

$$\frac{dx_2}{dt} = a_{21}(t)x_1 + a_{22}(t)x_2 + \cdots + a_{2n}(t)x_n + r_2(t) \tag{6.29}$$

$$\vdots$$

$$\frac{dx_n}{dt} = a_{n1}(t)x_1 + a_{n2}(t)x_2 + \cdots + a_{nn}(t)x_n + r_n(t)$$

이 식들을 행렬 형태로 나타내면 다음과 같이 간략하게 표현된다.

$$\mathbf{x}' = \mathbf{A}\mathbf{x} + \mathbf{R} \tag{6.30}$$

여기서, 상태(state) $\mathbf{x} = \begin{Bmatrix} x_1 \\ x_2 \\ \vdots \\ x_n \end{Bmatrix}$, 행렬 $\mathbf{A} = \begin{bmatrix} a_{11} & a_{12} & \cdots & a_{1n} \\ a_{21} & a_{22} & \cdots & a_{2n} \\ \vdots & \vdots & \ddots & \vdots \\ a_{n1} & a_{n2} & \cdots & a_{nn} \end{bmatrix}$, $\mathbf{R} = \begin{bmatrix} r_1(t) \\ r_2(t) \\ \vdots \\ r_n(t) \end{bmatrix}$ 이다.

만약, $\mathbf{R} = 0$이라면 제차 행렬방정식이 된다. 즉,

$$\mathbf{x}' = \mathbf{A}\mathbf{x} \tag{6.31}$$

6.2절에서와 마찬가지로, 식 (6.31)로부터 다음의 특성방정식을 얻게 된다.

$$\det(\mathbf{A} - \lambda\mathbf{I}) = 0 \tag{6.32}$$

특성방정식으로부터 구하는 고유값의 종류(서로 다른 실근, 중근, 복소수근 등)에 따라 일반해를 구하는 방법을 달리 설명한다.

6.3.1 서로 다른 실수 고유값 λ_1, λ_2, $\cdots$, λ_n에 대한 일반해

특성방정식 (6.32)가 서로 다른 실수 고유값(eigenvalue)을 갖는다면, 각각의 고유값에 상응하는(corresponding) 고유벡터(eigenvector) $\mathbf{v}_1$, $\mathbf{v}_2$, $\cdots$, $\mathbf{v}_n$을 구할 수 있다.

따라서, 각 해는 다음과 같다.

$$\mathbf{x}_1 = \mathbf{v}_1 e^{\lambda_1 t}, \quad \mathbf{x}_2 = \mathbf{v}_2 e^{\lambda_2 t}, \quad \cdots, \quad \mathbf{x}_n = \mathbf{v}_n e^{\lambda_n t} \tag{6.33}$$

제차 행렬방정식 (6.31)에 대한 일반해는 이들의 선형결합(linear combination)으로 나타난다. 이를 중첩의 원리(superposition principle)라고도 한다.

$$\mathbf{x} = c_1 \mathbf{x}_1 + c_2 \mathbf{x}_2 + \cdots + c_n \mathbf{x}_n \tag{6.34}$$

⚙ CORE   1차독립해

해 벡터 $\mathbf{x}_1$, $\mathbf{x}_2$, $\cdots$, $\mathbf{x}_n$이 1차독립이기 위한 필요충분조건은 구간의 모든 t에 대하여 다음의 조건(Wronskian$\neq 0$)을 만족하는 것이다.

$$W(\mathbf{x}_1, \mathbf{x}_2, \cdots, \mathbf{x_n}) = \begin{vmatrix} x_{11} & x_{12} & \cdots & x_{1n} \\ x_{21} & x_{22} & \cdots & x_{2n} \\ \vdots & \vdots & \ddots & \vdots \\ x_{n1} & x_{n2} & \cdots & x_{nn} \end{vmatrix} \neq 0 \tag{6.35}$$

여기서 $\mathbf{x}_1 = \begin{Bmatrix} x_{11} \\ x_{21} \\ \vdots \\ x_{n1} \end{Bmatrix}$, $\mathbf{x}_2 = \begin{Bmatrix} x_{12} \\ x_{22} \\ \vdots \\ x_{n2} \end{Bmatrix}$, $\cdots$, $\mathbf{x}_n = \begin{Bmatrix} x_{1n} \\ x_{2n} \\ \vdots \\ x_{nn} \end{Bmatrix}$이다.

예제 6.7

다음 연립 상미분방정식의 해를 구하라.

$$\frac{dx_1}{dt} = -x_1 + 2x_2$$

$$\frac{dx_2}{dt} = 3x_1 - 2x_2$$

풀이

상태 $\mathbf{X} = \begin{Bmatrix} x_1 \\ x_2 \end{Bmatrix}$ 라 놓고, 연립 상미분방정식을 행렬 형태로 나타내면,

$$\begin{Bmatrix} x_1' \\ x_2' \end{Bmatrix} = \begin{bmatrix} -1 & 2 \\ 3 & -2 \end{bmatrix} \begin{Bmatrix} x_1 \\ x_2 \end{Bmatrix}$$

이다. $\mathbf{A} - \lambda\mathbf{I} = \begin{bmatrix} -1-\lambda & 2 \\ 3 & -2-\lambda \end{bmatrix}$ 이므로, 특성방정식 $\det(\mathbf{A} - \lambda\mathbf{I}) = 0$ 으로부터

$$\lambda^2 + 3\lambda - 4 = 0$$

이다. 즉,

$$\lambda_1 = 1, \quad \lambda_2 = -4$$

i) $\lambda_1 = 1$ 에서

$$(\mathbf{A} - \lambda_1\mathbf{I})\mathbf{x} = \begin{bmatrix} -1-\lambda_1 & 2 \\ 3 & -2-\lambda_1 \end{bmatrix} \begin{Bmatrix} x_1 \\ x_2 \end{Bmatrix} = \begin{bmatrix} -2 & 2 \\ 3 & -3 \end{bmatrix} \begin{Bmatrix} x_1 \\ x_2 \end{Bmatrix} = 0$$

첫 번째 고유벡터 $\mathbf{v}_1 = \begin{Bmatrix} 1 \\ 1 \end{Bmatrix}$ 이다.

따라서

$$\mathbf{x}_1 = \begin{Bmatrix} 1 \\ 1 \end{Bmatrix} e^t$$

이 된다.

ii) $\lambda_2 = -4$ 에서

$$(\mathbf{A} - \lambda_2\mathbf{I})\mathbf{x} = \begin{bmatrix} -1-\lambda_2 & 2 \\ 3 & -2-\lambda_2 \end{bmatrix} \begin{Bmatrix} x_1 \\ x_2 \end{Bmatrix} = \begin{bmatrix} 3 & 2 \\ 3 & 2 \end{bmatrix} \begin{Bmatrix} x_1 \\ x_2 \end{Bmatrix} = 0$$

두 번째 고유벡터 $\mathbf{v}_2 = \begin{Bmatrix} 2 \\ -3 \end{Bmatrix}$ 이다.

따라서

$$\mathbf{x}_2 = \begin{Bmatrix} 2 \\ -3 \end{Bmatrix} e^{-4t}$$

이 된다.

따라서, 미분방정식의 일반해는

$$\mathbf{x} = \begin{Bmatrix} x_1(t) \\ x_2(t) \end{Bmatrix} = c_1 \begin{Bmatrix} 1 \\ 1 \end{Bmatrix} e^t + c_2 \begin{Bmatrix} 2 \\ -3 \end{Bmatrix} e^{-4t}$$

이다.

한편, 계수 c_1, c_2는 초기조건을 이용하여 구할 수 있다.

$$\boxed{\text{답}}\quad x_1(t) = c_1 e^t + 2c_2 e^{-4t},\ x_2(t) = c_1 e^t - 3c_2 e^{-4t}$$

🧠 검토

$\begin{Bmatrix} x_1{}' \\ x_2{}' \end{Bmatrix} = \begin{bmatrix} -1 & 2 \\ 3 & -2 \end{bmatrix} \begin{Bmatrix} x_1 \\ x_2 \end{Bmatrix}$ 에 앞에서 구한 $x_1(t)$, $x_2(t)$를 대입하면 다음과 같다.

좌변: $\begin{Bmatrix} x_1{}' \\ x_2{}' \end{Bmatrix} = \begin{bmatrix} c_1 & -8c_2 \\ c_1 & 12c_2 \end{bmatrix} \begin{Bmatrix} e^t \\ e^{-4t} \end{Bmatrix}$

우변: $\begin{bmatrix} -1 & 2 \\ 3 & -2 \end{bmatrix} \begin{Bmatrix} x_1 \\ x_2 \end{Bmatrix} = \begin{bmatrix} -1 & 2 \\ 3 & -2 \end{bmatrix} \begin{bmatrix} c_1 & 2c_2 \\ c_1 & -3c_2 \end{bmatrix} \begin{Bmatrix} e^t \\ e^{-4t} \end{Bmatrix} = \begin{bmatrix} c_1 & -8c_2 \\ c_1 & 12c_2 \end{bmatrix} \begin{Bmatrix} e^t \\ e^{-4t} \end{Bmatrix}$

따라서, (좌변)=(우변)이 성립한다.

🧠 검토   1차독립 검토

해의 독립성을 확인하기 위하여, 예제 6.2에서 얻은 해에 대해 적용하여 보면,

$$\text{Wronskian } W(\mathbf{x}_1, \mathbf{x}_2) = \begin{vmatrix} x_{11} & x_{12} \\ x_{21} & x_{22} \end{vmatrix} = \begin{vmatrix} e^t & 2e^{-4t} \\ e^t & -3e^{-4t} \end{vmatrix} \neq 0$$

이므로 1차독립임을 알 수 있다.

6.3.2 중복된 고유값에 대한 일반해

중복된 고유값에 대한 해를 구하는 방법은 6.1절에서 이미 설명한 바와 같다. 다시 정리하면 다음과 같다.

🧩 CORE   중복된 고유값을 가진 상미분방정식의 제차해

제차 1계 연립 상미분방정식 $\mathbf{x}' = \mathbf{A}\mathbf{x}$에서, 특성방정식 $\det(\mathbf{A} - \lambda\mathbf{I}) = 0$으로부터 고유값 λ_1이 중근인 경우, 또한 이에 상응하는 고유벡터가 $\mathbf{v}_1$이라면, 두 번째 해는 다음과 같다.

$$\mathbf{x}_2 = (\mathbf{v}_1 t + \mathbf{v}_2)e^{\lambda_1 t} \qquad \text{(6.21 반복)}$$

여기서, 두 번째 고유벡터 $\mathbf{v}_2$는

$$(\mathbf{A} - \lambda_1\mathbf{I})\mathbf{v}_2 = \mathbf{v}_1 \qquad \text{(6.24 반복)}$$

을 만족한다.

⚙ 예제 6.8

다음 연립 상미분방정식의 해를 구하라.

$$\frac{dx_1}{dt} = 3x_1 - 18x_2$$

$$\frac{dx_2}{dt} = 2x_1 - 9x_2$$

풀이

상태 $\mathbf{x} = \begin{Bmatrix} x_1 \\ x_2 \end{Bmatrix}$라 놓고, 연립 상미분방정식을 행렬 형태로 나타내면,

$$\begin{Bmatrix} x_1' \\ x_2' \end{Bmatrix} = \begin{bmatrix} 3 & -18 \\ 2 & -9 \end{bmatrix} \begin{Bmatrix} x_1 \\ x_2 \end{Bmatrix}$$

이다. $\mathbf{A} - \lambda\mathbf{I} = \begin{bmatrix} 3-\lambda & -18 \\ 2 & -9-\lambda \end{bmatrix}$이므로, 특성방정식 $\det(\mathbf{A} - \lambda\mathbf{I}) = 0$으로부터

$$\lambda^2 + 6\lambda + 9 = 0$$

이다. 즉,

$$\lambda_1 = \lambda_2 = -3 (중근)$$

i) $\lambda_1 = -3$에서

$$(A - \lambda_1 I)\mathbf{x} = \begin{bmatrix} 3 - \lambda_1 & -18 \\ 2 & -9 - \lambda_1 \end{bmatrix} \begin{Bmatrix} x_1 \\ x_2 \end{Bmatrix} = \begin{bmatrix} 6 & -18 \\ 2 & -6 \end{bmatrix} \begin{Bmatrix} x_1 \\ x_2 \end{Bmatrix} = 0$$

첫 번째 고유벡터 $\mathbf{v}_1 = \begin{Bmatrix} 3 \\ 1 \end{Bmatrix}$이다.

따라서

$$\mathbf{x}_1 = \begin{Bmatrix} 3 \\ 1 \end{Bmatrix} e^{-3t}$$

이 된다.

ii) 두 번째 고유값도 같은 값($\lambda_1 = -3$)이므로,

식 (6.17) $(A - \lambda_1 I)\mathbf{v}_2 = \mathbf{v}_1$으로부터

$$(A - \lambda_1 I)\mathbf{x} = \begin{bmatrix} 6 & -18 \\ 2 & -6 \end{bmatrix} \begin{Bmatrix} x_1 \\ x_2 \end{Bmatrix} = \begin{Bmatrix} 3 \\ 1 \end{Bmatrix}$$

이 되어, $2x_1 - 6x_2 = 1$을 만족하는 수많은 x_1, x_2를 택할 수 있다. 단순화하기 위하여, $x_2 = 0$ 이라고 하면 $x_1 = 0.5$가 된다.

즉, $\mathbf{v}_2 = \begin{Bmatrix} 0.5 \\ 0 \end{Bmatrix}$이 된다.

따라서

$$\mathbf{x}_2 = \mathbf{v}_1 t e^{\lambda_1 t} + \mathbf{v}_2 e^{\lambda_1 t} = (\mathbf{v}_1 t + \mathbf{v}_2) e^{\lambda_1 t} = \begin{Bmatrix} 3t + 0.5 \\ t \end{Bmatrix} e^{-3t}$$

이 된다.

따라서, 미분방정식의 일반해는

$$\mathbf{x} = \begin{Bmatrix} x_1(t) \\ x_2(t) \end{Bmatrix} = c_1 \begin{Bmatrix} 3 \\ 1 \end{Bmatrix} e^{-3t} + c_2 \begin{Bmatrix} 3t + 0.5 \\ t \end{Bmatrix} e^{-3t}$$

이다. 계수 c_1, c_2는 초기조건을 이용하여 구할 수 있다.

답 $x_1(t) = 3c_1 e^{-3t} + c_2(3t + 0.5)e^{-3t}$, $x_2(t) = (c_1 + c_2 t)e^{-3t}$

검토

$\begin{Bmatrix} x_1{}' \\ x_2{}' \end{Bmatrix} = \begin{bmatrix} 3 & -18 \\ 2 & -9 \end{bmatrix} \begin{Bmatrix} x_1 \\ x_2 \end{Bmatrix}$ 에 앞에서 구한 $x_1(t)$, $x_2(t)$를 대입하면 다음과 같다.

좌변: $\begin{Bmatrix} x_1{}' \\ x_2{}' \end{Bmatrix} = \begin{bmatrix} -9c_1 + 1.5c_2 & -9c_2 \\ -3c_1 + c_2 & -3c_2 \end{bmatrix} \begin{Bmatrix} e^{-3t} \\ te^{-3t} \end{Bmatrix}$

우변: $\begin{bmatrix} 3 & -18 \\ 2 & -9 \end{bmatrix} \begin{Bmatrix} x_1 \\ x_2 \end{Bmatrix} = \begin{bmatrix} 3 & -18 \\ 2 & -9 \end{bmatrix} \begin{bmatrix} 3c_1 + 0.5c_2 & 3c_2 \\ c_1 & c_2 \end{bmatrix} \begin{Bmatrix} e^{-3t} \\ te^{-3t} \end{Bmatrix}$

$= \begin{bmatrix} -9c_1 + 1.5c_2 & -9c_2 \\ -3c_1 + c_2 & -3c_2 \end{bmatrix} \begin{Bmatrix} e^{-3t} \\ te^{-3t} \end{Bmatrix}$

따라서, (좌변)=(우변)이 성립한다.

예제 6.9

다음 연립 상미분방정식의 해를 구하라.

$$\frac{dx_1}{dt} = -x_1 + x_2 + x_3$$

$$\frac{dx_2}{dt} = -x_2 + x_3$$

$$\frac{dx_3}{dt} = 2x_1 + x_2 - x_3$$

풀이

상태 $\mathbf{x} = \begin{Bmatrix} x_1 \\ x_2 \\ x_3 \end{Bmatrix}$ 라 놓고, 연립 상미분방정식을 행렬 형태로 나타내면,

$$\begin{Bmatrix} x_1{}' \\ x_2{}' \\ x_3{}' \end{Bmatrix} = \begin{bmatrix} -1 & 1 & 1 \\ 0 & -1 & 1 \\ 2 & 1 & -1 \end{bmatrix} \begin{Bmatrix} x_1 \\ x_2 \\ x_3 \end{Bmatrix}$$

이다. $\mathbf{A} - \lambda\mathbf{I} = \begin{bmatrix} -1-\lambda & 1 & 1 \\ 0 & -1-\lambda & 1 \\ 2 & 1 & -1-\lambda \end{bmatrix}$ 이므로, 특성방정식 $\det(\mathbf{A} - \lambda\mathbf{I}) = 0$으로부터

$$\lambda^3 + 3\lambda^2 - 4 = 0$$

이다. 즉,

$$\lambda_1 = 1, \quad \lambda_2 = \lambda_3 = -2(중근)$$

i)　$\lambda_1 = 1$에서

$$(A - \lambda_1 I)\mathbf{x} = \begin{bmatrix} -1-\lambda_1 & 1 & 1 \\ 0 & -1-\lambda_1 & 1 \\ 2 & 1 & -1-\lambda_1 \end{bmatrix} \begin{Bmatrix} x_1 \\ x_2 \\ x_3 \end{Bmatrix} = \begin{bmatrix} -2 & 1 & 1 \\ 0 & -2 & 1 \\ 2 & 1 & -2 \end{bmatrix} \begin{Bmatrix} x_1 \\ x_2 \\ x_3 \end{Bmatrix} = 0$$

첫 번째 고유벡터 $\mathbf{v}_1 = \begin{Bmatrix} 3 \\ 2 \\ 4 \end{Bmatrix}$이다. 따라서

$$\mathbf{x}_1 = \begin{Bmatrix} 3 \\ 2 \\ 4 \end{Bmatrix} e^t$$

이 된다.

ii)　$\lambda_2 = -2$ (중근)에서

$$(A - \lambda_2 I)\mathbf{x} = \begin{bmatrix} -1-\lambda_2 & 1 & 1 \\ 0 & -1-\lambda_2 & 1 \\ 2 & 1 & -1-\lambda_2 \end{bmatrix} \begin{Bmatrix} x_1 \\ x_2 \\ x_3 \end{Bmatrix} = \begin{bmatrix} 1 & 1 & 1 \\ 0 & 1 & 1 \\ 2 & 1 & 1 \end{bmatrix} \begin{Bmatrix} x_1 \\ x_2 \\ x_3 \end{Bmatrix} = 0$$

두 번째 고유벡터 $\mathbf{v}_2 = \begin{Bmatrix} 0 \\ 1 \\ -1 \end{Bmatrix}$이다. 따라서

$$\mathbf{x}_2 = \begin{Bmatrix} 0 \\ 1 \\ -1 \end{Bmatrix} e^{-2t}$$

이 된다.

iii) 세 번째 고유값도 같은 값($\lambda_2 = -2$)을 가지므로, 식 (6.17) $(A - \lambda_2 I)\mathbf{v}_3 = \mathbf{v}_2$로부터

$$(A - \lambda_2 I)\mathbf{x} = \begin{bmatrix} 1 & 1 & 1 \\ 0 & 1 & 1 \\ 2 & 1 & 1 \end{bmatrix} \begin{Bmatrix} x_1 \\ x_2 \\ x_3 \end{Bmatrix} = \begin{Bmatrix} 0 \\ 1 \\ -1 \end{Bmatrix}$$

이 되어 $x_1 + x_2 + x_3 = 0$, $x_2 + x_3 = 1$, $2x_1 + x_2 + x_3 = -1$을 만족하여야 한다.

　즉, $x_1 = -1$, $x_2 + x_3 = 1$을 만족하는 수많은 x_1, x_2를 택할 수 있다. 단순화하기 위하여, $x_3 = 0$이라고 하면 $x_2 = 1$이 된다.

　즉, $\mathbf{v}_3 = \begin{Bmatrix} -1 \\ 1 \\ 0 \end{Bmatrix}$이 된다.

$$\mathbf{x}_3 = \mathbf{v}_2 t e^{\lambda_2 t} + \mathbf{v}_3 e^{\lambda_2 t} = \begin{Bmatrix} 0 \\ 1 \\ -1 \end{Bmatrix} t e^{-2t} + \begin{Bmatrix} -1 \\ 1 \\ 0 \end{Bmatrix} e^{-2t}$$

이 된다.

따라서, 미분방정식의 일반해는

$$\mathbf{x} = \begin{Bmatrix} x_1(t) \\ x_2(t) \\ x_3(t) \end{Bmatrix} = c_1 \begin{Bmatrix} 3 \\ 2 \\ 4 \end{Bmatrix} e^t + c_2 \begin{Bmatrix} 0 \\ 1 \\ -1 \end{Bmatrix} e^{-2t} + c_3 \begin{Bmatrix} -1 \\ t+1 \\ -t \end{Bmatrix} e^{-2t}$$

이다. 여기서, 계수 c_1, c_2, c_3는 초기조건을 이용하여 구할 수 있다.

🔲 $x_1(t) = 3c_1 e^t - c_3 e^{-2t}$, $x_2(t) = 2c_1 e^t + (c_2 + c_3 + c_3 t)e^{-2t}$, $x_3(t) = 4c_1 e^t - (c_2 + c_3 t)e^{-2t}$

🧠 검토

$\begin{Bmatrix} x_1' \\ x_2' \\ x_3' \end{Bmatrix} = \begin{bmatrix} -1 & 1 & 1 \\ 0 & -1 & 1 \\ 2 & 1 & -1 \end{bmatrix} \begin{Bmatrix} x_1 \\ x_2 \\ x_3 \end{Bmatrix}$ 에 앞에서 구한 $x_1(t)$, $x_2(t)$를 대입하면 다음과 같다.

좌변: $\begin{Bmatrix} x_1' \\ x_2' \\ x_3' \end{Bmatrix} = \begin{bmatrix} 3c_1 & 2c_3 & 0 \\ 2c_1 & -2c_2 - c_3 & -2c_3 \\ 4c_1 & 2c_2 - c_3 & 2c_3 \end{bmatrix} \begin{Bmatrix} e^t \\ e^{-2t} \\ te^{-2t} \end{Bmatrix}$

우변: $\begin{bmatrix} -1 & 1 & 1 \\ 0 & -1 & 1 \\ 2 & 1 & -1 \end{bmatrix} \begin{bmatrix} 3c_1 & -c_3 & 0 \\ 2c_1 & c_2+c_3 & c_3 \\ 4c_1 & -c_2 & -c_3 \end{bmatrix} \begin{Bmatrix} e^t \\ e^{-2t} \\ te^{-2t} \end{Bmatrix} = \begin{bmatrix} 3c_1 & 2c_3 & 0 \\ 2c_1 & -2c_2 - c_3 & -2c_3 \\ 4c_1 & 2c_2 - c_3 & 2c_3 \end{bmatrix} \begin{Bmatrix} e^t \\ e^{-2t} \\ te^{-2t} \end{Bmatrix}$

따라서 (좌변)=(우변)이 성립한다.

6.3.3* 복소 고유값에 대한 일반해 (*선택 가능)

특성방정식 (6.32)의 고유값이 복소수 $\lambda_1 = \alpha + \beta i$인 경우, 그에 상응하는 고유벡터 $\mathbf{v}_1$을 갖는다면, 다른 고유값은 λ_1의 켤레복소수 $\lambda_2 = \widetilde{\lambda_1} = \alpha - \beta i$이며, 고유벡터도 켤레고유벡터 $\mathbf{v}_2 = \widetilde{\mathbf{v}_1}$이다. 연립 상미분방정식의 일반해는 다음과 같이 정리된다.

> ◉ **검토**   **복소 고유값에 대한 일반해**
>
> 제차 1계 연립 상미분방정식 $\mathbf{x}' = A\mathbf{x}$에서, 특성방정식 $\det(A - \lambda I) = 0$으로부터 복소 고유값 $\lambda_1 = \alpha + \beta i$이고 고유값에 상응하는 고유벡터 $\mathbf{v}_1$을 구하면, 방정식의 일반해는 다음과 같이 표현된다.
>
> $$\mathbf{x} = c_1 \mathbf{v}_1 e^{\lambda_1 t} + c_2 \tilde{\mathbf{v}}_1 e^{\tilde{\lambda}_1 t} \qquad (6.36)$$
>
> 여기서, c_1, c_2, $\cdots$는 상수이다.

따라서, 각각의 해 벡터에 복소 고유값 $\lambda_1 = \alpha + \beta i$를 적용하면 다음과 같다.

$$\mathbf{v}_1 e^{\lambda_1 t} = \mathbf{v}_1 e^{\alpha t} e^{i\beta t} = \mathbf{v}_1 e^{\alpha t} (\cos\beta t + i\sin\beta t)$$

$$\tilde{\mathbf{v}}_1 e^{\tilde{\lambda}_1 t} = \tilde{\mathbf{v}}_1 e^{\alpha t} e^{-i\beta t} = \tilde{\mathbf{v}}_1 e^{\alpha t} (\cos\beta t - i\sin\beta t)$$

실수부와 허수부를 별도로 정리하기 위하여 합과 차를 계산하여도 연립 상미분방정식의 해가 된다. 즉,

$$\mathbf{x}_1 = \frac{1}{2}\left(\mathbf{v}_1 e^{\lambda_1 t} + \tilde{\mathbf{v}}_1 e^{\tilde{\lambda}_1 t}\right) = \frac{1}{2}\left(\mathbf{v}_1 + \tilde{\mathbf{v}}_1\right)e^{\alpha t}\cos\beta t + \frac{i}{2}\left(\mathbf{v}_1 - \tilde{\mathbf{v}}_1\right)e^{\alpha t}\sin\beta t \qquad (6.37a)$$

$$\mathbf{x}_2 = \frac{1}{2}\left(-\mathbf{v}_1 e^{\lambda_1 t} + \tilde{\mathbf{v}}_1 e^{\tilde{\lambda}_1 t}\right) = -\frac{i}{2}\left(\mathbf{v}_1 - \tilde{\mathbf{v}}_1\right)e^{\alpha t}\cos\beta t + \frac{1}{2}\left(\mathbf{v}_1 + \tilde{\mathbf{v}}_1\right)e^{\alpha t}\sin\beta t \qquad (6.37b)$$

$\mathbf{v}_1$이 복소수인 경우 $\frac{1}{2}\left(\mathbf{v}_1 + \tilde{\mathbf{v}}_1\right)$와 $-\frac{i}{2}\left(\mathbf{v}_1 - \tilde{\mathbf{v}}_1\right)$가 실수가 되므로, 새로운 실수 고유벡터 $\mathbf{b}_1$과 $\mathbf{b}_2$를 다음과 같이 정의한다. 즉, $\mathbf{b}_1$과 $\mathbf{b}_2$는 각각 복소수 고유벡터 $\mathbf{v}_1$의 실수부와 허수부이다.

$$\mathbf{b}_1 = \frac{1}{2}\left(\mathbf{v}_1 + \tilde{\mathbf{v}}_1\right) = Re\left(\mathbf{v}_1\right) \qquad (6.38a)$$

$$\mathbf{b}_2 = -\frac{i}{2}\left(\mathbf{v}_1 - \tilde{\mathbf{v}}_1\right) = Im\left(\mathbf{v}_1\right) \qquad (6.38b)$$

따라서 연립미분방정식의 해인 식 (6.37a)와 식 (6.37b)는 다음과 같이 정리된다.

$$\mathbf{x}_1 = e^{\alpha t}\left(\mathbf{b}_1\cos\beta t - \mathbf{b}_2\sin\beta t\right) \qquad\text{(6.39a)}$$

$$\mathbf{x}_2 = e^{\alpha t}\left(\mathbf{b}_2\cos\beta t + \mathbf{b}_1\sin\beta t\right) \qquad\text{(6.39b)}$$

🧩 **CORE**   **복소 고유값에 대응하는 실수해**

복소 고유값 $\lambda_1 = \alpha + \beta i$ 이고 고유벡터 $\mathbf{v}_1$ 이라 할 때, 켤레 고유값 $\tilde{\lambda}_1$와 켤레 고유벡터 $\tilde{\mathbf{v}}_1$가 이의 쌍이 되며, 연립 상미분방정식의 실수해는 다음과 같다.

$$\mathbf{x}_1 = e^{\alpha t}\left(\mathbf{b}_1\cos\beta t - \mathbf{b}_2\sin\beta t\right) \qquad\text{(6.39a 반복)}$$

$$\mathbf{x}_2 = e^{\alpha t}\left(\mathbf{b}_2\cos\beta t + \mathbf{b}_1\sin\beta t\right) \qquad\text{(6.39b 반복)}$$

여기서, $\mathbf{b}_1 = Re(\mathbf{v}_1)$, $\mathbf{b}_2 = Im(\mathbf{v}_1)$이다.

⚙️ **예제 6.10**

다음 연립 상미분방정식의 해를 구하라.

$$\frac{dx_1}{dt} = 2x_1 + 4x_2$$

$$\frac{dx_2}{dt} = -2x_1 - 2x_2$$

풀이

상태 $\mathbf{x} = \begin{Bmatrix} x_1 \\ x_2 \end{Bmatrix}$라 놓고, 연립 상미분방정식을 행렬 형태로 나타내면,

$$\begin{Bmatrix} x_1{}' \\ x_2{}' \end{Bmatrix} = \begin{bmatrix} 2 & 4 \\ -2 & -2 \end{bmatrix}\begin{Bmatrix} x_1 \\ x_2 \end{Bmatrix}$$

이다. $\mathbf{A} - \lambda\,\mathbf{I} = \begin{bmatrix} 2-\lambda & 4 \\ -2 & -2-\lambda \end{bmatrix}$ 이므로, 특성방정식 $\det(\mathbf{A} - \lambda\,\mathbf{I}) = 0$으로부터

$$\lambda^2 + 4 = 0$$

이다. 즉,

$$\lambda_1 = 2i \ (\alpha = 0, \ \beta = 2)$$

i) $\lambda_1 = 2i$에서

$$(A - \lambda_1 I)\mathbf{x} = \begin{bmatrix} 2-\lambda_1 & 4 \\ -2 & -2-\lambda_1 \end{bmatrix} \begin{Bmatrix} x_1 \\ x_2 \end{Bmatrix} = \begin{bmatrix} 2-2i & 4 \\ -2 & -2-2i \end{bmatrix} \begin{Bmatrix} x_1 \\ x_2 \end{Bmatrix} = 0$$

첫 번째 고유벡터 $\mathbf{v}_1 = \begin{Bmatrix} 1+i \\ -1 \end{Bmatrix}$이다.

ii) $\mathbf{b}_1 = Re(\mathbf{v}_1) = \begin{Bmatrix} 1 \\ -1 \end{Bmatrix}$, $\mathbf{b}_2 = Im(\mathbf{v}_1) = \begin{Bmatrix} 1 \\ 0 \end{Bmatrix}$이므로, $\mathbf{x}_1 = e^{\alpha t}(\mathbf{b}_1 \cos\beta t - \mathbf{b}_2 \sin\beta t)$와

$\mathbf{x}_2 = e^{\alpha t}(\mathbf{b}_2 \cos\beta t + \mathbf{b}_1 \sin\beta t)$로부터

$$\mathbf{x}_1 = \begin{Bmatrix} 1 \\ -1 \end{Bmatrix} \cos 2t - \begin{Bmatrix} 1 \\ 0 \end{Bmatrix} \sin 2t$$

$$\mathbf{x}_2 = \begin{Bmatrix} 1 \\ 0 \end{Bmatrix} \cos 2t + \begin{Bmatrix} 1 \\ -1 \end{Bmatrix} \sin 2t$$

따라서

$$\mathbf{x} = c_1 \left[\begin{Bmatrix} 1 \\ -1 \end{Bmatrix} \cos 2t - \begin{Bmatrix} 1 \\ 0 \end{Bmatrix} \sin 2t \right] + c_2 \left[\begin{Bmatrix} 1 \\ 0 \end{Bmatrix} \cos 2t + \begin{Bmatrix} 1 \\ -1 \end{Bmatrix} \sin 2t \right]$$

이다. 여기서, 계수 c_1, c_2는 초기조건을 이용하여 구할 수 있다.

🔲 $x_1(t) = (c_1 + c_2)\cos 2t + (-c_1 + c_2)\sin 2t$, $x_2(t) = -c_1 \cos 2t - c_2 \sin 2t$

🔍 **검토**

$\begin{Bmatrix} x_1{}' \\ x_2{}' \end{Bmatrix} = \begin{bmatrix} 2 & 4 \\ -2 & -2 \end{bmatrix} \begin{Bmatrix} x_1 \\ x_2 \end{Bmatrix}$에 앞에서 구한 $x_1(t)$, $x_2(t)$를 대입하면 다음과 같다.

좌변: $\begin{Bmatrix} x_1{}' \\ x_2{}' \end{Bmatrix} = \begin{bmatrix} 2(-c_1 + c_2) & -2(c_1 + c_2) \\ -2c_2 & 2c_1 \end{bmatrix} \begin{Bmatrix} \cos 2t \\ \sin 2t \end{Bmatrix}$

우변: $\begin{bmatrix} 2 & 4 \\ -2 & -2 \end{bmatrix} \begin{Bmatrix} x_1 \\ x_2 \end{Bmatrix} = \begin{bmatrix} 2 & 4 \\ -2 & -2 \end{bmatrix} \begin{bmatrix} c_1 + c_2 & -c_1 + c_2 \\ -c_1 & -c_2 \end{bmatrix} \begin{Bmatrix} \cos 2t \\ \sin 2t \end{Bmatrix}$

$\qquad = \begin{bmatrix} 2(-c_1 + c_2) & -2(c_1 + c_2) \\ -2c_2 & 2c_1 \end{bmatrix} \begin{Bmatrix} \cos 2t \\ \sin 2t \end{Bmatrix}$

따라서, (좌변)=(우변)이 성립한다.

6.3.4* 위상평면(phase plane) (*선택 가능)

$n = 2$개의 변수 x_1, x_2에 관한 연립 선형 1계 미분방정식 $\mathbf{x}' = \mathbf{A}\mathbf{x}$로부터 일반해 $x_1(t)$와 $x_2(t)$를 구할 수 있었다. 이 때, 가로축을 $x_1(t)$, 세로축을 $x_2(t)$로 하는 평면을 위상평면(phase plane)이라 하며, 매개변수 t로 나타난다.

(i) 고유값이 서로 다른 부호($\lambda_2 < 0 < \lambda_1$)를 갖는 경우

예제 6.7에서 $x_1(t) = c_1 e^t + 2c_2 e^{-4t}$, $x_2(t) = c_1 e^t - 3c_2 e^{-4t}$을 구하였다. $c_1 = 1$, $c_2 = 1$로 가정하면,

$$x_1(t) = e^t + 2e^{-4t},$$
$$x_2(t) = e^t - 3e^{-4t}$$

이 되며 이에 대한 그래프를 그리면 [그림 6.1(a)]와 [그림 6.1(b)]가 된다.

또한, 이의 위상평면은 [그림 6.2]와 같이 나타난다. 여기서, 점근선은 고유벡터 $\mathbf{v}_1 = \{1 \ \ 1\}^T$에 의한 $y = x$와 $\mathbf{v}_2 = \{2 \ \ -3\}^T$에 의한 $y = -\dfrac{3}{2}x$이다.

$c_1 > 0$, $c_2 > 0$일 때, $t \to \infty$에 따라 $x_1(t) \to \infty$, $x_2(t) \to \infty$ ([그림 6.2(b)]의 1사분면)이므로, 원점에서 멀어지는 방향으로 화살표 방향이 된다. 또한, $c_1 < 0$, $c_2 < 0$일 때, $t \to \infty$에 따라 $x_1(t) \to -\infty$, $x_2(t) \to -\infty$ ([그림 6.2(b)]의 3사분면)이므로, 원점에서 멀어지는 방향으로 화살표 방향이 된다.

[그림 6.2]의 위상평면 형태는 고유값이 서로 다른 부호($\lambda_2 < 0 < \lambda_1$)인 경우의 전형이며, 이러한 불안정(unstable) 임계점을 안장점(saddle point)이라 칭한다.

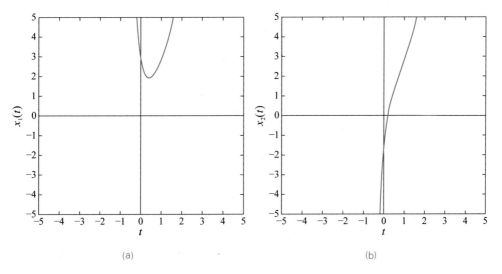

[그림 6.1] $x_1(t) = e^t + 2e^{-4t}$ 과 $x_2(t) = e^t - 3e^{-4t}$ 의 그래프

(a) $x_1(t) = e^t + 2e^{-4t}$, (b) $x_2(t) = e^t - 3e^{-4t}$

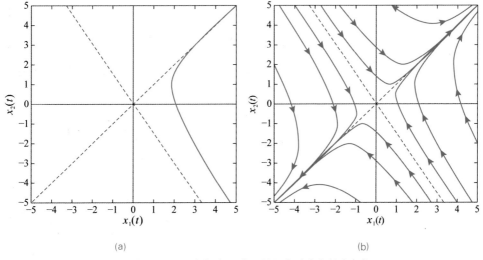

[그림 6.2] 고유값이 서로 다른 부호인 위상평면(안장점)

(a) $x_1(t) = e^t + 2e^{-4t}$ 과 $x_2(t) = e^t - 3e^{-4t}$ 의 위상평면

(b) $x_1(t) = c_1 e^t + 2c_2 e^{-4t}$ 과 $x_2(t) = c_1 e^t - 3c_2 e^{-4t}$ 의 위상평면

(ii) 고유값이 모두 음(λ_1, $\lambda_2 < 0$)인 경우

예제 6.8에서 $x_1(t) = (3c_1 + 3c_2 t)e^{-3t} + 0.5c_2 e^{-3t}$, $x_2(t) = (c_1 + c_2 t)e^{-3t}$을 구하였다. $c_1 = 1$, $c_2 = 1$로 가정하면,

$$x_1(t) = (3.5 + 3t)e^{-3t},$$
$$x_2(t) = (1 + t)e^{-3t}$$

이 되며, 이에 대한 그래프를 그리면 [그림 6.3(a)]와 [그림 6.3(b)]가 된다.

또한, 이의 위상평면은 [그림 6.4]와 같이 나타난다. 이는 음의 고유값이 중복된 경우에 나타나는 전형적인 위상평면의 그림이다. 여기서 점근선은 고유벡터 $\mathbf{v}_1 = \{3 \ 1\}^T$에 의한 $y = x/3$와 $\mathbf{v}_2 = \{0.5 \ 0\}^T$에 의한 $y = 0$이다.

$c_1 > 0$, $c_2 > 0$일 때, $t \to \infty$에 따라 $x_1(t) \to +0$, $x_2(t) \to +0$([그림 6.4(b)]의 1사분면)이므로 원점을 향하는 방향으로 화살표 방향이 된다. 또한, $c_1 < 0$, $c_2 < 0$일 때, $t \to \infty$에 따라 $x_1(t) \to -0$, $x_2(t) \to -0$([그림 6.4(b)]의 3사분면)이므로, 원점을 향하는 방향으로 화살표 방향이 된다.

[그림 6.4]의 위상평면 형태는 두 고유값이 모두 음(λ_1, $\lambda_2 < 0$)인 경우의 전형이며, 이러한 안정(stable) 임계점을 안정 마디점(stable node)이라 칭한다.

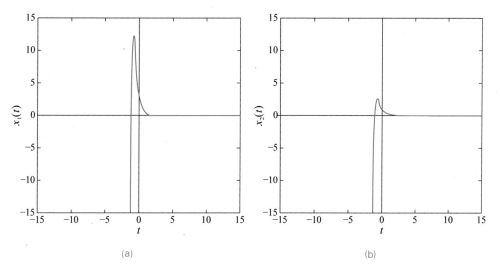

[그림 6.3] 고유값이 모두 음인 그래프

(a) $x_1(t) = (3.5 + 3t)e^{-3t}$, (b) $x_2(t) = (1+t)e^{-3t}$

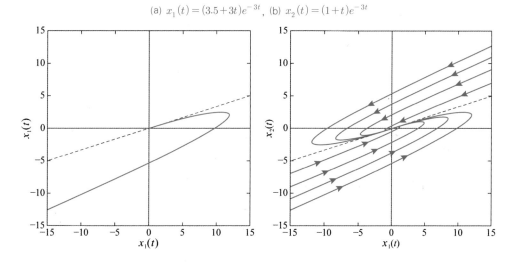

[그림 6.4] 고유값이 모두 음인 위상평면(안정 마디점)

(a) $x_1(t) = (3.5 + 3t)e^{-3t}$, $x_2(t) = (1+t)e^{-3t}$

(b) $x_1(t) = (3c_1 + 3c_2 t)e^{-3t} + 0.5c_2 e^{-3t}$, $x_2(t) = (c_1 + c_2 t)e^{-3t}$

(iii) 고유값이 모두 양(λ_1, $\lambda_2 > 0$)인 경우

[그림 6.5]는 두 고유값이 모두 양인(λ_1, $\lambda_2 > 0$)를 갖는 경우의 전형으로, [그림 6.4]과 같은 모양이나 방향이 반대이며, 불안정(unstable) 임계점을 불안정 마디점 (unstable node)이라 칭한다.

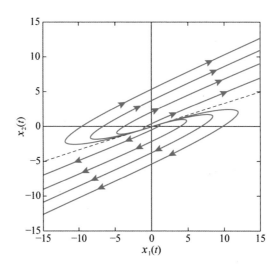

[그림 6.5] 고유값이 모두 양인 위상평면(불안정 마디점)

(iv) 고유값이 복소수인 경우

예제 6.10에서 $x_1(t) = (c_1 + c_2)\cos 2t + (-c_1 + c_2)\sin 2t$, $x_2(t) = -c_1 \cos 2t - c_2 \sin 2t$를 구하였다. $c_1 = 1$, $c_2 = 1$로 가정하면,

$$x_1(t) = 2\cos 2t,$$
$$x_2(t) = -\cos 2t - \sin 2t$$

가 되며, 이에 대한 위상평면은 [그림 6.6]과 같이 나타난다. 이 때, 화살표는 시계방향이다.

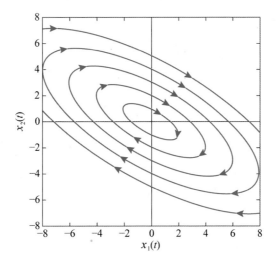

[그림 6.6] 고유값이 복소수인 위상평면(타원형)

※ 다음 연립 상미분방정식의 해를 구하라. [1 ~ 8]

1. $\dfrac{dx_1}{dt} = x_1 + 2x_2 \qquad \dfrac{dx_2}{dt} = 3x_1 + 2x_2$

2. $\dfrac{dx_1}{dt} = 2x_1 + 3x_2 \qquad \dfrac{dx_2}{dt} = 4x_1 + 3x_2$

3. $\dfrac{dx_1}{dt} = -3x_1 + x_2 \qquad \dfrac{dx_2}{dt} = 2x_1 - 2x_2$

4. $\dfrac{dx_1}{dt} = -6x_1 + 2x_2 \qquad \dfrac{dx_2}{dt} = -3x_1 + x_2$

5. $\dfrac{dx_1}{dt} = -2x_1 - 3x_2 \qquad \dfrac{dx_2}{dt} = -4x_1 + 2x_2$

6. $\dfrac{dx_1}{dt} = 2x_1 + x_2 \qquad \dfrac{dx_2}{dt} = x_1 + 2x_2$

7. $\dfrac{dx_1}{dt} = -x_1 + 2x_2, \qquad \dfrac{dx_2}{dt} = x_1 + 3x_2 + x_3, \qquad \dfrac{dx_3}{dt} = 3x_2 - x_3$

8. $\dfrac{dx_1}{dt} = x_1 + 2x_2 + x_3, \qquad \dfrac{dx_2}{dt} = x_2, \qquad \dfrac{dx_3}{dt} = x_1 + x_3$

※ 다음 연립 상미분방정식의 해를 구하라. (중복 고유값인 경우) [9 ~ 14]

9. $\dfrac{dx_1}{dt} = -x_1 + x_2, \qquad \dfrac{dx_2}{dt} = -x_1 - 3x_2$

10. $\dfrac{dx_1}{dt} = 3x_1 - x_2, \qquad \dfrac{dx_2}{dt} = x_1 + x_2$

11. $\dfrac{dx_1}{dt} = 2x_1 - x_2, \qquad \dfrac{dx_2}{dt} = 4x_1 - 2x_2$

12. $\dfrac{dx_1}{dt} = -6x_1 - 5x_2, \qquad \dfrac{dx_2}{dt} = 5x_1 + 4x_2$

※ 다음 연립 상미분방정식의 해를 구하라. (복소 고유값인 경우) [13 ~ 16]

13. $\dfrac{dx_1}{dt} = 6x_1 + x_2, \quad \dfrac{dx_2}{dt} = -5x_1 + 2x_2$

14. $\dfrac{dx_1}{dt} = x_1 + 5x_2, \quad \dfrac{dx_2}{dt} = -x_1 - x_2$

15. $\dfrac{dx_1}{dt} = 3x_1 + 2x_2, \quad \dfrac{dx_2}{dt} = -x_1 + x_2$

16. $\dfrac{dx_1}{dt} = 6x_1 + 2x_2, \quad \dfrac{dx_2}{dt} = -5x_1 + 4x_2$

6.4 비제차 연립 상미분방정식

비제차 연립 상미분방정식의 일반형은 다음과 같다.

$$\mathbf{x}' = A\mathbf{x} + R \tag{6.30 반복}$$

여기서, 상태(state) $\mathbf{x} = \begin{Bmatrix} x_1 \\ x_2 \\ \vdots \\ x_n \end{Bmatrix}$, 행렬 $A = \begin{bmatrix} a_{11} & a_{12} & \cdots & a_{1n} \\ a_{21} & a_{22} & \cdots & a_{2n} \\ \vdots & \vdots & \ddots & \vdots \\ a_{n1} & a_{n2} & \cdots & a_{nn} \end{bmatrix}$, $R = \begin{bmatrix} r_1(t) \\ r_2(t) \\ \vdots \\ r_n(t) \end{bmatrix}$ 이다.

식 (6.30)의 일반해는 $\mathbf{x}' = A\mathbf{x}$ 의 제차해 $\mathbf{x}_h$ 와 특수해 $\mathbf{x}_p$ 의 합으로 이루어진다. 특수해를 구하는 방법에는 2.4절에서 배운 바와 같이 미정계수법과 변수변환법이 있으나, 본 절에서는 편의상 미정계수법만을 다루기로 하자.

미정계수법은 벡터 R 의 성분에 따라서 특수해 $\mathbf{x}_p$ 의 성분을 결정하는 방법으로, <표 6.1>과 같이 벡터 R 의 성분이 상수이거나 지수함수, 사인 또는 코사인 함수일 때, 특수해 $\mathbf{x}_p$ 의 성분도 그와 유사한 형태라고 가정한다.

〈표 6.1〉 미정계수법

벡터 R	특수해 $\mathbf{x}_p$
$\mathbf{a}$ (상수 벡터)	$\mathbf{x}_p = \mathbf{u}$ (상수 벡터)
$\mathbf{a}\,t + \mathbf{b}$	$\mathbf{x}_p = \mathbf{u}\,t + \mathbf{v}$
$\mathbf{a}\cos pt$	$\mathbf{x}_p = \mathbf{u}\cos pt + \mathbf{v}\sin pt$
$\mathbf{b}\sin pt$	$\mathbf{x}_p = \mathbf{u}\cos pt + \mathbf{v}\sin pt$
$\mathbf{a}\,e^{pt}$	$\mathbf{x}_p = \mathbf{u}\,e^{pt}$

(여기서, $\mathbf{a}$, $\mathbf{b}$, $\mathbf{u}$, $\mathbf{v}$ 는 상수벡터, p 는 실수이다.)

예제 6.11

다음 연립 미분방정식의 일반해를 구하라.

$$\frac{dx_1}{dt} = -2x_1 + x_2 + 8e^t \qquad \frac{dx_2}{dt} = x_1 - 2x_2$$

풀이

상태 $\mathbf{x} = \begin{Bmatrix} x_1 \\ x_2 \end{Bmatrix}$라 놓고, 연립 상미분방정식을 행렬 형태로 나타내면,

$$\begin{Bmatrix} x_1' \\ x_2' \end{Bmatrix} = \begin{bmatrix} -2 & 1 \\ 1 & -2 \end{bmatrix} \begin{Bmatrix} x_1 \\ x_2 \end{Bmatrix} + \begin{Bmatrix} 8 \\ 0 \end{Bmatrix} e^t$$

이다.

먼저, 제차해를 구해보자.

$A - \lambda I = \begin{bmatrix} -2-\lambda & 1 \\ 1 & -2-\lambda \end{bmatrix}$ 이므로, 특성방정식 $\det(A - \lambda I) = 0$ 으로부터

$$\lambda^2 + 4\lambda + 3 = 0$$

이다. 즉,

$$\lambda_1 = -1, \quad \lambda_2 = -3$$

i) $\lambda_1 = -1$ 에서

$$(A - \lambda_1 I)\mathbf{x} = \begin{bmatrix} -2-\lambda_1 & 1 \\ 1 & -2-\lambda_1 \end{bmatrix} \begin{Bmatrix} x_1 \\ x_2 \end{Bmatrix} = \begin{bmatrix} -1 & 1 \\ 1 & -1 \end{bmatrix} \begin{Bmatrix} x_1 \\ x_2 \end{Bmatrix} = 0$$

첫 번째 고유벡터는 $\mathbf{v}_1 = \begin{Bmatrix} 1 \\ 1 \end{Bmatrix}$ 이다.

따라서

$$\mathbf{x}_1 = \begin{Bmatrix} 1 \\ 1 \end{Bmatrix} e^{-t}$$

이 된다.

ii) $\lambda_2 = -3$에서

$$(A - \lambda_2 I)x = \begin{bmatrix} -2-\lambda_2 & 1 \\ 1 & -2-\lambda_2 \end{bmatrix} \begin{Bmatrix} x_1 \\ x_2 \end{Bmatrix} = \begin{bmatrix} 1 & 1 \\ 1 & 1 \end{bmatrix} \begin{Bmatrix} x_1 \\ x_2 \end{Bmatrix} = 0$$

두 번째 고유벡터는 $v_2 = \begin{Bmatrix} 1 \\ -1 \end{Bmatrix}$이다.

따라서

$$x_2 = \begin{Bmatrix} 1 \\ -1 \end{Bmatrix} e^{-3t}$$

이 된다.

따라서, 연립방정식의 제차해는

$$x_h = c_1 \begin{Bmatrix} 1 \\ 1 \end{Bmatrix} e^{-t} + c_2 \begin{Bmatrix} 1 \\ -1 \end{Bmatrix} e^{-3t}$$

이다.

벡터 R의 성분이 지수함수 e^t이므로, 특수해를 $x_p = \begin{Bmatrix} a \\ b \end{Bmatrix} e^t$으로 가정한다. 이를 연립방정식 $x' = Ax + R$에 대입하면,

(좌변) $x_p' = \begin{Bmatrix} a \\ b \end{Bmatrix} e^t$

(우변) $Ax_p + R = \begin{bmatrix} -2 & 1 \\ 1 & -2 \end{bmatrix} \begin{Bmatrix} a \\ b \end{Bmatrix} e^t + \begin{Bmatrix} 8 \\ 0 \end{Bmatrix} e^t$

따라서

$$a = -2a + b + 8, \; b = a - 2b$$

가 된다. 즉,

$$a = 3, \; b = 1,$$

$$\therefore x_p = \begin{Bmatrix} 3 \\ 1 \end{Bmatrix} e^t$$

따라서, 일반해는

$$x = x_h + x_p = c_1 \begin{Bmatrix} 1 \\ 1 \end{Bmatrix} e^{-t} + c_2 \begin{Bmatrix} 1 \\ -1 \end{Bmatrix} e^{-3t} + \begin{Bmatrix} 3 \\ 1 \end{Bmatrix} e^t$$

이다.

답 $x_1 = c_1 e^{-t} + c_2 e^{-3t} + 3e^t, \; x_2 = c_1 e^{-t} - c_2 e^{-3t} + e^t$

검토

$\dfrac{dx_1}{dt} = -2x_1 + x_2 + 8e^t$에 앞에서 구한 $x_1(t)$, $x_2(t)$를 대입하면 다음과 같다.

　좌변: $-c_1 e^{-t} - 3c_2 e^{-3t} + 3e^t$

　우변: $-2\left(c_1 e^{-t} + c_2 e^{-3t} + 3e^t\right) + \left(c_1 e^{-t} - c_2 e^{-3t} + e^t\right) + 8e^t = -c_1 e^{-t} - 3c_2 e^{-3t} + 3e^t$

따라서, (좌변) = (우변)으로 성립한다.

$\dfrac{dx_2}{dt} = x_1 - 2x_2$에 앞에서 구한 $x_1(t)$, $x_2(t)$를 대입하면 다음과 같다.

　좌변: $-c_1 e^{-t} + 3c_2 e^{-3t} + e^t$

　우변: $\left(c_1 e^{-t} + c_2 e^{-3t} + 3e^t\right) - 2\left(c_1 e^{-t} - c_2 e^{-3t} + e^t\right) = -c_1 e^{-t} + 3c_2 e^{-3t} + e^t$

따라서, (좌변)=(우변)으로 성립한다.

예제 6.12

다음 연립 미분방정식의 일반해를 구하라.

$$\frac{dx_1}{dt} = -x_1 + 2x_2 + 3e^t \quad \frac{dx_2}{dt} = 3x_1 - 2x_2 - 2e^t$$

풀이

상태 $\mathbf{x} = \begin{Bmatrix} x_1 \\ x_2 \end{Bmatrix}$라 놓고, 연립 상미분방정식을 행렬 형태로 나타내면,

$$\begin{Bmatrix} x_1' \\ x_2' \end{Bmatrix} = \begin{bmatrix} -1 & 2 \\ 3 & -2 \end{bmatrix} \begin{Bmatrix} x_1 \\ x_2 \end{Bmatrix} + \begin{Bmatrix} 3 \\ -2 \end{Bmatrix} e^t$$

이다.

　먼저, 제차해를 구해보자.

$\mathbf{A} - \lambda\mathbf{I} = \begin{bmatrix} -1-\lambda & 2 \\ 3 & -2-\lambda \end{bmatrix}$이므로, 특성방정식 $\det(\mathbf{A} - \lambda\mathbf{I}) = 0$으로부터

$$\lambda^2 + 3\lambda - 4 = 0$$

이다. 즉,

$$\lambda_1 = 1, \quad \lambda_2 = -4$$

i) $\lambda_1 = 1$ 에서

$$(A - \lambda_1 I)x = \begin{bmatrix} -1-\lambda_1 & 2 \\ 3 & -2-\lambda_1 \end{bmatrix} \begin{Bmatrix} x_1 \\ x_2 \end{Bmatrix} = \begin{bmatrix} -2 & 2 \\ 3 & -3 \end{bmatrix} \begin{Bmatrix} x_1 \\ x_2 \end{Bmatrix} = 0$$

첫 번째 고유벡터는 $v_1 = \begin{Bmatrix} 1 \\ 1 \end{Bmatrix}$ 이다.

따라서

$$x_1 = \begin{Bmatrix} 1 \\ 1 \end{Bmatrix} e^t$$

이 된다.

ii) $\lambda_2 = -4$ 에서

$$(A - \lambda_2 I)x = \begin{bmatrix} -1-\lambda_2 & 2 \\ 3 & -2-\lambda_2 \end{bmatrix} \begin{Bmatrix} x_1 \\ x_2 \end{Bmatrix} = \begin{bmatrix} 3 & 2 \\ 3 & 3 \end{bmatrix} \begin{Bmatrix} x_1 \\ x_2 \end{Bmatrix} = 0$$

두 번째 고유벡터는 $v_2 = \begin{Bmatrix} 2 \\ -3 \end{Bmatrix}$ 이다.

따라서

$$x_2 = \begin{Bmatrix} 2 \\ -3 \end{Bmatrix} e^{-4t}$$

이 된다.

따라서, 연립방정식의 제차해는

$$x_h = c_1 \begin{Bmatrix} 1 \\ 1 \end{Bmatrix} e^t + c_2 \begin{Bmatrix} 2 \\ -3 \end{Bmatrix} e^{-4t}$$

이다.

벡터 R 의 성분이 지수함수 e^t 이므로, 제차해의 성분과 중복이 된다.

따라서, 특수해를 $x_p = \begin{Bmatrix} at+b \\ ct+d \end{Bmatrix} e^t$ 으로 가정한다. 이를 연립방정식 $x' = Ax + R$ 에 대입하면,

(좌변) $x_p' = \begin{Bmatrix} at+a+b \\ ct+c+d \end{Bmatrix} e^t$

(우변) $Ax_p + R = \begin{bmatrix} -1 & 2 \\ 3 & -2 \end{bmatrix} \begin{Bmatrix} at+b \\ ct+d \end{Bmatrix} e^t + \begin{Bmatrix} 3 \\ -2 \end{Bmatrix} e^t$

따라서

$$a = -a + 2c,$$
$$c = 3a - 2c,$$
$$a + b = -b + 2d + 3,$$
$$c + d = 3b - 2d - 2$$

가 된다. 즉,

$$a = 1, \ b = 2, \ c = 1, \ d = 1,$$
$$\therefore \ \mathbf{x}_p = \begin{Bmatrix} t+2 \\ t+1 \end{Bmatrix} e^t$$

따라서, 일반해는

$$\mathbf{x} = \mathbf{x}_h + \mathbf{x}_p = c_1 \begin{Bmatrix} 1 \\ 1 \end{Bmatrix} e^t + c_2 \begin{Bmatrix} 2 \\ -3 \end{Bmatrix} e^{-4t} + \begin{Bmatrix} t+2 \\ t+1 \end{Bmatrix} e^t$$

이다.

답 $x_1 = c_1 e^t + 2c_2 e^{-4t} + (t+2)e^t, \ x_2 = c_1 e^t - 3c_2 e^{-4t} + (t+1)e^t$

검토

$\dfrac{dx_1}{dt} = -x_1 + 2x_2 + 3e^t$ 에서

$$x_1 = c_1 e^t + 2c_2 e^{-4t} + (t+2)e^t,$$
$$x_2 = c_1 e^t - 3c_2 e^{-4t} + (t+1)e^t$$

좌변: $c_1 e^t - 8c_2 e^{-3t} + (t+3)e^t$

우변: $-\left(c_1 e^t + 2c_2 e^{-4t} + (t+2)e^t\right) + 2\left(c_1 e^t - 3c_2 e^{-4t} + (t+1)e^t\right) + 3e^t$

따라서, (좌변) = (우변)으로 성립한다.

$\dfrac{dx_2}{dt} = 3x_1 - 2x_2 - 2e^t$ 에서

좌변: $c_1 e^t + 12c_2 e^{-4t} + (t+2)e^t$

우변: $3\left(c_1 e^t + 2c_2 e^{-4t} + (t+2)e^t\right) - 2\left(c_1 e^t - 3c_2 e^{-4t} + (t+1)e^t\right) - 2e^t$

따라서, (좌변) = (우변)으로 성립한다.

※ 다음 연립 미분방정식의 일반해를 구하라. [1 ~ 6]

1. $\dfrac{dx_1}{dt} = x_2 - 2e^{2t}$, $\dfrac{dx_2}{dt} = x_1 + e^{2t}$

2. $\dfrac{dx_1}{dt} = x_1 + x_2 - 5e^{-t}$, $\dfrac{dx_2}{dt} = 3x_1 - x_2 - 6e^{-t}$

3. $\dfrac{dx_1}{dt} = 2x_1 - 4x_2$, $\dfrac{dx_2}{dt} = x_1 - 3x_2 + t$

4. $\dfrac{dx_1}{dt} = 4x_1 + 3x_2 - t - 2$, $\dfrac{dx_2}{dt} = -2x_1 - x_2 - t + 1$

5. $\dfrac{dx_1}{dt} = 2x_2 - 5\sin t$, $\dfrac{dx_2}{dt} = 2x_1$

6. $\dfrac{dx_1}{dt} = x_1 - x_2 - 5\cos t$, $\dfrac{dx_2}{dt} = 3x_1 - x_2 + 5\sin t$

6.5 연립 상미분방정식의 응용

연립 상미분방정식은 용액의 혼합, 전기회로(electric circuit) 등에서 응용된다.

6.5.1 용액의 혼합 문제

탱크 T_1과 T_2에는 초기에 각각 $1000\,l$의 용액이 들어 있다. 탱크 T_1에는 30kg의 비료가 용해되어 있으며, 탱크 T_2에는 순수한 물로 이루어져 있다. 액체는 서로 균질을 유지하면서 $20\,l/\mathrm{min}$으로 순환한다고 할 때, 탱크 T_1 내의 비료의 양 x_1과 탱크 T_2 내의 비료의 양 x_2는 시간 t에 따라 변한다. 탱크 T_1 내의 비료의 양이 25kg이 되려면 얼마의 시간이 경과하여야 하는가?

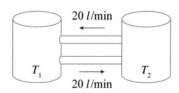

풀이

초기 조건은 $x_1(0) = 30,\ x_2(0) = 0$이다.

문제로부터 각 탱크 내의 비료의 양의 변화량은

$$x_1{}' = -\frac{20}{1000}x_1 + \frac{20}{1000}x_2$$

$$x_2{}' = \frac{20}{1000}x_1 - \frac{20}{1000}x_2$$

이다. 상태 $\mathbf{x} = \begin{Bmatrix} x_1 \\ x_2 \end{Bmatrix}$라 놓고, 연립 상미분방정식을 행렬 형태로 나타내면,

$$\begin{Bmatrix} x_1{}' \\ x_2{}' \end{Bmatrix} = \begin{bmatrix} -0.02 & 0.02 \\ 0.02 & -0.02 \end{bmatrix} \begin{Bmatrix} x_1 \\ x_2 \end{Bmatrix}$$

이다. $\mathbf{A} - \lambda\,\mathbf{I} = \begin{bmatrix} -0.02 - \lambda & 0.02 \\ 0.02 & -0.02 - \lambda \end{bmatrix}$ 이므로, 특성방정식 $\det(\mathbf{A} - \lambda\,\mathbf{I}) = 0$으로부터

$$\lambda^2 + 0.04\lambda = 0$$

이다. 즉,

$$\lambda_1 = 0, \quad \lambda_2 = -0.04$$

i) $\lambda_1 = 0$에서

$$(A - \lambda_1 I)x = \begin{bmatrix} -0.02 - \lambda_1 & 0.02 \\ 0.02 & -0.02 - \lambda_1 \end{bmatrix} \begin{Bmatrix} x_1 \\ x_2 \end{Bmatrix} = \begin{bmatrix} -0.02 & 0.02 \\ 0.02 & -0.02 \end{bmatrix} \begin{Bmatrix} x_1 \\ x_2 \end{Bmatrix} = 0$$

첫 번째 고유벡터는 $v_1 = \begin{Bmatrix} 1 \\ 1 \end{Bmatrix}$이다.

따라서

$$x_1 = \begin{Bmatrix} 1 \\ 1 \end{Bmatrix}$$

이 된다.

ii) $\lambda_2 = -0.04$에서

$$(A - \lambda_2 I)x = \begin{bmatrix} -0.02 - \lambda_2 & 0.02 \\ 0.02 & -0.02 - \lambda_2 \end{bmatrix} \begin{Bmatrix} x_1 \\ x_2 \end{Bmatrix} = \begin{bmatrix} 0.02 & 0.02 \\ 0.02 & 0.02 \end{bmatrix} \begin{Bmatrix} x_1 \\ x_2 \end{Bmatrix} = 0$$

두 번째 고유벡터는 $v_2 = \begin{Bmatrix} 1 \\ -1 \end{Bmatrix}$이다.

따라서

$$x_2 = \begin{Bmatrix} 1 \\ -1 \end{Bmatrix} e^{-0.04t}$$

이 된다.

따라서, 미분방정식의 일반해는

$$x = \begin{Bmatrix} x_1(t) \\ x_2(t) \end{Bmatrix} = c_1 \begin{Bmatrix} 1 \\ 1 \end{Bmatrix} + c_2 \begin{Bmatrix} 1 \\ -1 \end{Bmatrix} e^{-0.04t}$$

이다. 즉,

$$x_1(t) = c_1 + c_2 e^{-0.04t},$$
$$x_2(t) = c_1 - c_2 e^{-0.04t}$$

이다.

한편, 계수 c_1, c_2는 초기조건 $x_1(0) = 30$, $x_2(0) = 0$을 이용하여 구한다.

$$x_1(0) = 30 = c_1 + c_2,$$
$$x_2(0) = 0 = c_1 - c_2$$

으로부터 $c_1 = c_2 = 15$이므로

$$x_1(t) = 15 + 15 e^{-0.04t},$$

$$x_2(t) = 15 - 15e^{-0.04t}$$

이 된다. 시간 t 경과 후

$$25 = 15 + 15e^{-0.04t}$$

이 되므로,

$$t = \frac{\ln(3/2)}{0.04} = 10.14 \min$$

이다.

답 10.14 min

💡 **검토**

$\begin{Bmatrix} x_1' \\ x_2' \end{Bmatrix} = \begin{bmatrix} -0.02 & 0.02 \\ 0.02 & -0.02 \end{bmatrix} \begin{Bmatrix} x_1 \\ x_2 \end{Bmatrix}$ 에 앞에서 구한

$$x_1(t) = c_1 + c_2 e^{-0.04t},$$
$$x_2(t) = c_1 - c_2 e^{-0.04t}$$

을 대입하면 다음과 같다.

좌변: $\begin{Bmatrix} x_1' \\ x_2' \end{Bmatrix} = \begin{Bmatrix} -0.04\,c_2 e^{-0.04t} \\ 0.04\,c_2 e^{-0.04t} \end{Bmatrix}$

우변: $\begin{bmatrix} -0.02 & 0.02 \\ 0.02 & -0.02 \end{bmatrix} \begin{Bmatrix} c_1 + c_2 e^{-0.04t} \\ c_1 - c_2 e^{-0.04t} \end{Bmatrix} = \begin{Bmatrix} -0.04\,c_2 e^{-0.04t} \\ 0.04\,c_2 e^{-0.04t} \end{Bmatrix}$

따라서, (좌변)=(우변)이 성립한다.

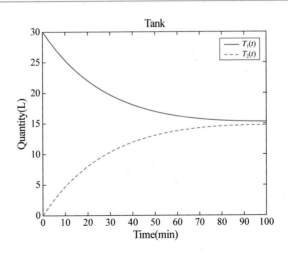

6.5.2 전기회로 문제

그림과 같은 전기회로망에서 전류 $i_1(t)$와 $i_2(t)$를 구하라. 스위치를 닫는 순간인 $t = 0$에서 모든 전류와 전하는 0이라고 가정한다.

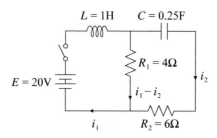

풀이

Kirchhoff의 전압법칙으로부터 다음 식을 얻는다.

$$E = Li_1' + R_1(i_1 - i_2) \qquad ①$$

$$0 = \frac{1}{C}\int i_2\, dt + R_2 i_2 - R_1(i_1 - i_2) \qquad ②$$

식 ①에 초기조건을 대입하면

$$20 = i_1' + 4(i_1 - i_2)$$

즉,

$$i_1' = -4i_1 + 4i_2 + 20 \qquad ③$$

식 ②를 미분하면

$$0 = \frac{1}{C}i_2 + R_2 i_2' - R_1(i_1' - i_2') \qquad ④$$

식 ④에 초기조건을 대입하면

$$0 = 4i_2 + 6i_2' - 4(i_1' - i_2') \qquad ⑤$$

이 되고, 여기에 식 ③을 대입하면

$$i_2' = -1.6i_1 + 1.2i_2 + 8 \qquad ⑥$$

이 된다. 상태 $\mathbf{x} = \begin{Bmatrix} i_1 \\ i_2 \end{Bmatrix}$라 놓고, 연립 상미분방정식을 행렬 형태로 나타내면,

$$\begin{Bmatrix} i_1' \\ i_2' \end{Bmatrix} = \begin{bmatrix} -4 & 4 \\ -1.6 & 1.2 \end{bmatrix} \begin{Bmatrix} i_1 \\ i_2 \end{Bmatrix} + \begin{Bmatrix} 20 \\ 8 \end{Bmatrix}$$

이다. $A - \lambda I = \begin{bmatrix} -4-\lambda & 4 \\ -1.6 & 1.2-\lambda \end{bmatrix}$ 이므로, 특성방정식 $\det(A - \lambda I) = 0$ 으로부터

$$\lambda^2 + 2.8\lambda + 1.6 = (\lambda+0.8)(\lambda+2) = 0$$

이다. 즉,

$$\lambda_1 = -0.8, \quad \lambda_2 = -2$$

i) $\lambda_1 = -0.8$ 에서

$$(A - \lambda_1 I)\mathbf{x} = \begin{bmatrix} -4-\lambda_1 & 4 \\ -1.6 & 1.2-\lambda_1 \end{bmatrix} \begin{Bmatrix} i_1 \\ i_2 \end{Bmatrix} = \begin{bmatrix} -3.2 & 4 \\ -1.6 & 2 \end{bmatrix} \begin{Bmatrix} i_1 \\ i_2 \end{Bmatrix} = 0$$

첫 번째 고유벡터는 $\mathbf{v}_1 = \begin{Bmatrix} 1 \\ 0.8 \end{Bmatrix}$ 이다.

따라서

$$\mathbf{x}_1 = \begin{Bmatrix} 1 \\ 0.8 \end{Bmatrix} e^{-0.8t}$$

이 된다.

ii) $\lambda_2 = -2$ 에서

$$(A - \lambda_2 I)\mathbf{x} = \begin{bmatrix} -4-\lambda_2 & 4 \\ -1.6 & 1.2-\lambda_2 \end{bmatrix} \begin{Bmatrix} i_1 \\ i_2 \end{Bmatrix} = \begin{bmatrix} -2 & 4 \\ -1.6 & 3.2 \end{bmatrix} \begin{Bmatrix} i_1 \\ i_2 \end{Bmatrix} = 0$$

두 번째 고유벡터는 $\mathbf{v}_2 = \begin{Bmatrix} 2 \\ 1 \end{Bmatrix}$ 이다.

따라서

$$\mathbf{x}_2 = \begin{Bmatrix} 2 \\ 1 \end{Bmatrix} e^{-2t}$$

이 된다.

따라서, 미분방정식의 제차해는

$$\mathbf{x}_h = c_1 \begin{Bmatrix} 1 \\ 0.8 \end{Bmatrix} e^{-0.8t} + c_2 \begin{Bmatrix} 2 \\ 1 \end{Bmatrix} e^{-2t}$$

이다.

벡터 R 의 성분이 상수이므로, 특수해를 $\mathbf{x}_p = \begin{Bmatrix} a \\ b \end{Bmatrix}$ 로 가정한다. 이를 연립방정식 $\mathbf{x}' = A\mathbf{x} + R$ 에 대입하면,

(좌변) $\mathbf{x}_p{}' = \begin{Bmatrix} 0 \\ 0 \end{Bmatrix}$

(우변) $A\mathbf{x}_p + R = \begin{bmatrix} -4 & 4 \\ -1.6 & 1.2 \end{bmatrix} \begin{Bmatrix} a \\ b \end{Bmatrix} + \begin{Bmatrix} 20 \\ 8 \end{Bmatrix}$

따라서

$$0 = -4a + 4b + 20,$$
$$0 = -1.6a + 1.2b + 8$$

이 된다. 즉,

$$a = 5, \ b = 0,$$
$$\therefore \ \mathbf{x}_p = \begin{Bmatrix} 5 \\ 0 \end{Bmatrix}$$

따라서, 일반해는

$$\mathbf{x} = \mathbf{x}_h + \mathbf{x}_p = c_1 \begin{Bmatrix} 1 \\ 0.8 \end{Bmatrix} e^{-0.8t} + c_2 \begin{Bmatrix} 2 \\ 1 \end{Bmatrix} e^{-2t} + \begin{Bmatrix} 5 \\ 0 \end{Bmatrix}$$

즉,

$$i_1(t) = c_1 e^{-0.8t} + 2c_2 e^{-2t} + 5, \ i_2(t) = 0.8c_1 e^{-0.8t} + c_2 e^{-2t}$$

이다.

한편, 계수 c_1, c_2는 초기조건 $i_1(0) = 0$, $i_2(0) = 0$을 이용하여 구한다.

$$0 = c_1 + 2c_2 + 5,$$
$$0 = 0.8c_1 + c_2$$

로부터, $c_1 = \dfrac{25}{3}$, $c_2 = -\dfrac{20}{3}$ 이므로

$$i_1(t) = \frac{25}{3} e^{-0.8t} - \frac{40}{3} e^{-2t} + 5,$$
$$i_2(t) = \frac{20}{3} e^{-0.8t} - \frac{20}{3} e^{-2t}$$

이다.

답 $i_1(t) = \dfrac{25}{3} e^{-0.8t} - \dfrac{40}{3} e^{-2t} + 5, \ i_2(t) = \dfrac{20}{3} e^{-0.8t} - \dfrac{20}{3} e^{-2t}$

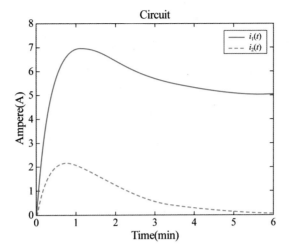

1. 탱크 T_1과 T_2에는 초기에 각각 100 l의 용액이 들어 있다. 탱크 T_1에는 2kg의 비료가 용해되어 있으며, 탱크 T_2에는 순수한 물로 이루어져 있다. 액체는 서로 균질을 유지하면서 5 l/min으로 순환한다고 할 때, 탱크 T_1 내의 비료의 양 $x_1(t)$와 탱크 T_2 내의 비료의 양 $x_2(t)$를 구하라.

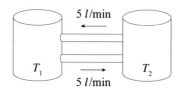

2. 탱크 T_1와 T_2에는 초기에 각각 100 l의 용액이 들어 있다. 탱크 T_1에는 1kg의 비료가 용해되어 있으며, 탱크 T_2에는 1kg의 비료가 용해되어 있다. 액체는 서로 균질을 유지하면서 2 l/min으로 순환한다고 하며, 탱크 T_1에는 순수한 물이 3 l/min으로 유입되며, 탱크 T_2로부터 용액이 3 l/min으로 유출된다. 탱크 T_1 내의 비료의 양 $x_1(t)$와 탱크 T_2 내의 비료의 양 $x_2(t)$를 구하라.

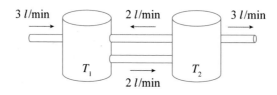

3. 그림과 같은 전기회로망에서 전류 $i_1(t)$와 $i_2(t)$를 구하라. 스위치를 닫는 순간인 $t=0$에서 모든 전류와 전하는 0이라고 가정한다.

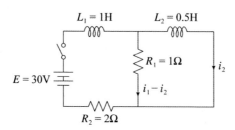

4. 그림과 같은 전기회로망에서 전류 $i_1(t)$와 $i_2(t)$를 구하라. 스위치를 닫는 순간인 $t = 0$에서 모든 전류와 전하는 0이라고 가정한다.

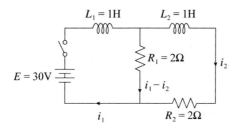

5. 그림과 같은 전기회로망에서 전류 $i_1(t)$와 $i_2(t)$를 구하라. 스위치를 닫는 순간인 $t = 0$에서 모든 전류와 전하는 0이라고 가정한다.

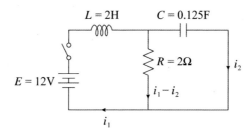

6. 그림과 같은 전기회로망에서 전류 $i_1(t)$와 $i_2(t)$를 구하라. 스위치를 닫는 순간인 $t = 0$에서 모든 전류와 전하는 0이라고 가정한다.

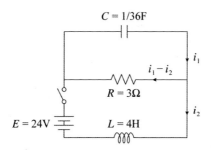

6.6* MATLAB의 활용 (*선택 가능)

M_prob 6.1 MATLAB을 활용하여 다음 연립 상미분방정식에 대한 해를 구하라.

$$\frac{dx_1}{dt} = -x_1 + 2x_2$$

$$\frac{dx_2}{dt} = 3x_1 - 2x_2$$

풀이

```
>> dsolve('Dx1=-x1+2*x2', 'Dx2=3*x1-2*x2')        % 초기조건이 없는 일반해

[x1, x2] =
      x1 = C1*exp(t)+2*C2*exp(-4*t), x2= C1*exp(t)-3*C2*exp(-4*t)
```

답 $x_1(t) = c_1 e^t + 2c_2 e^{-4t},$

$x_2(t) = c_1 e^t - 3c_2 e^{-4t}$

M_prob 6.2 MATLAB을 활용하여 다음 연립 상미분방정식에 대한 해를 구하라.

$$\frac{dx}{dt} = -x + 2y, \quad x(0) = 4$$

$$\frac{dy}{dt} = 3x - 2y, \quad y(0) = -1$$

풀이

```
>> dsolve('Dx=-x+2*y', 'Dy=3*x-2*y', 'x(0)=4', 'y(0)=-1')  % 초기조건이 있는 해

[x1, x2] =
      x1 = 2*exp(t)+2*exp(-4*t), x2= 2*exp(t)-3*exp(-4*t)
```

답 $x_1(t) = 2e^t + 2e^{-4t},$

$x_2(t) = 2e^t - 3e^{-4t}$

M_prob 6.3 MATLAB을 활용하여 다음 연립 상미분방정식에 대한 해를 구하라.

$$\frac{dx_1}{dt} = 2x_1 + 4x_2$$

$$\frac{dx_2}{dt} = -2x_1 - 2x_2$$

풀이

```
>> dsolve('Dx1=2*x1+4*x2', 'Dx2=-2*x1-2*x2')          % 초기조건이 없는 일반해

[x1, x2] =
      x1 = (C1+C2)*cos(2*t)+(-C1+C2)*sin(2*t), x2=  -C1*cos(2*t)-C2*sin(2*t)
```

$$\boxed{답}\quad x_1(t) = (c_1 + c_2)\cos 2t + (-c_1 + c_2)\sin 2t,$$
$$x_2(t) = -c_1\cos 2t - c_2\sin 2t$$

M_prob 6.4 다음 연립 미분방정식의 일반해를 구하라.

$$\frac{dx}{dt} = -x + 2y + 3e^t, \quad x(0) = 1$$

$$\frac{dy}{dt} = 3x - 2y - 2e^t, \quad y(0) = 5$$

풀이

```
>> dsolve('Dx=-x+2*y+3*exp(t)', 'Dy=3*x-2*y-2*exp(t)', 'x(0)=1', 'y(0)=5')

[x1, x2] =
      x1 = exp(t)-2*exp(-4*t)+(t+2)*exp(t), x2= exp(t)+3*exp(-4*t)+(t+1)*exp(t)
```

$$\boxed{답}\quad x_1 = e^t - 2e^{-4t} + (t+2)e^t,\ x_2 = e^t + 3e^{-4t} + (t+1)e^t$$

APPENDIX

A.1 삼각함수

(1) 삼각함수의 기본 공식

$$\sin(\alpha + \beta) = \sin\alpha\cos\beta + \cos\alpha\sin\beta \tag{A1.1}$$

$$\sin(\alpha - \beta) = \sin\alpha\cos\beta - \cos\alpha\sin\beta \tag{A1.2}$$

$$\cos(\alpha + \beta) = \cos\alpha\cos\beta - \sin\alpha\sin\beta \tag{A1.3}$$

$$\cos(\alpha - \beta) = \cos\alpha\cos\beta + \sin\alpha\sin\beta \tag{A1.4}$$

(2) 삼각함수의 변환공식(합을 곱으로)

$$\sin\alpha + \sin\beta = 2\sin\left(\frac{\alpha + \beta}{2}\right)\cos\left(\frac{\alpha - \beta}{2}\right) \tag{A1.5}$$

$$\sin\alpha - \sin\beta = 2\cos\left(\frac{\alpha + \beta}{2}\right)\sin\left(\frac{\alpha - \beta}{2}\right) \tag{A1.6}$$

$$\cos\alpha + \cos\beta = 2\cos\left(\frac{\alpha + \beta}{2}\right)\cos\left(\frac{\alpha - \beta}{2}\right) \tag{A1.7}$$

$$\cos\alpha - \cos\beta = -2\sin\left(\frac{\alpha + \beta}{2}\right)\sin\left(\frac{\alpha - \beta}{2}\right) \tag{A1.8}$$

(3) 삼각함수의 변환공식(곱을 합으로)

$$\sin A\cos B = \frac{1}{2}\{\sin(A + B) + \sin(A - B)\} \tag{A1.5}$$

$$\cos A\sin B = \frac{1}{2}\{\sin(A + B) - \sin(A - B)\} \tag{A1.6}$$

$$\cos A\cos B = \frac{1}{2}\{\cos(A + B) + \cos(A - B)\} \tag{A1.7}$$

$$\sin A\sin B = -\frac{1}{2}\{\cos(A + B) - \cos(A - B)\} \tag{A1.8}$$

A.2 도함수 공식 $(f = f(x),\ g = g(x),\ r = r(x)$일 때)

$$\frac{d}{dx} x^n = nx^{n-1} \tag{A2.1}$$

$$\frac{d}{dx}(fg) = f'g + fg' \tag{A2.2}$$

$$\frac{d}{dx}(fgr) = f'gr + fg'r + fgr' \tag{A2.3}$$

$$\frac{d}{dx}\left(\frac{f}{g}\right) = \frac{f'g - fg}{g^2} \tag{A2.4}$$

$$\frac{d}{dx}(u(t)) = \frac{du}{dt}\frac{dt}{dx} \tag{A2.5}$$

$$\frac{d}{dx}(u(t))^n = nu^{n-1}\frac{du}{dx} \tag{A2.6}$$

$$\frac{d}{dx}(e^u) = e^u \frac{du}{dx} \tag{A2.7}$$

$$\frac{d}{dx}(a^u) = a^u \ln a \frac{du}{dx} \tag{A2.8}$$

$$\frac{d}{dx}(\ln u) = \frac{1}{u}\frac{du}{dx} \tag{A2.9}$$

$$\frac{d}{dx}(\sin u) = \cos u \frac{du}{dx} \tag{A2.10}$$

$$\frac{d}{dx}(\cos u) = -\sin u \frac{du}{dx} \tag{A2.11}$$

$$\frac{d}{dx}(\tan u) = \sec^2 u \frac{du}{dx} \tag{A2.12}$$

$$\frac{d}{dx}(\cot u) = -\csc^2 u \frac{du}{dx} \tag{A2.13}$$

$$\frac{d}{dx}(\sec u) = \sec u \tan u \frac{du}{dx} \tag{A2.14}$$

$$\frac{d}{dx}(\csc u) = -\csc u \cot u \frac{du}{dx} \tag{A2.15}$$

$$\frac{d}{dx}(\tan^{-1} u) = \frac{1}{1+u^2}\frac{du}{dx} \tag{A2.16}$$

$$\frac{d}{dx}(\sinh u) = \cosh u \, \frac{du}{dx} \tag{A2.17}$$

$$\frac{d}{dx}(\cosh u) = \sinh u \, \frac{du}{dx} \tag{A2.18}$$

A.3 적분 공식 (C는 적분상수)

$$\int x^n dx = \frac{1}{n+1} x^{n+1} + C \quad (n \neq -1) \tag{A3.1}$$

$$\int \frac{1}{x} dx = \ln|x| + C \tag{A3.2}$$

$$\int e^x dx = e^x + C \tag{A3.3}$$

$$\int a^x dx = a^x \ln a + C \tag{A3.4}$$

$$\int \sin x \, dx = -\cos x + C \tag{A3.5}$$

$$\int \cos x \, dx = \sin x + C \tag{A3.6}$$

$$\int \tan x \, dx = -\ln|\cos x| + C \tag{A3.7}$$

$$\int \cot x \, dx = \ln|\sin x| + C \tag{A3.8}$$

$$\int \sec^2 x \, dx = \tan x + C \tag{A3.9}$$

$$\int \csc^2 x \, dx = -\cot x + C \tag{A3.10}$$

$$\int \sinh x \, dx = \cosh x + C \tag{A3.11}$$

$$\int \cosh x \, dx = \sinh x + C \tag{A3.12}$$

$$\int f' g \, dx = f g - \int f g' \, dx \quad \text{(부분적분법)} \tag{A3.13}$$

A.4 감마함수(gamma function)

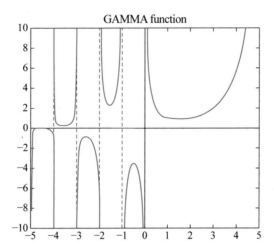

Fig. A.1 Graph of gamma function

$$\Gamma(\alpha) = \int_0^\infty e^{-t} t^{\alpha-1} dt \tag{A4.1}$$

$$\Gamma(\alpha+1) = \alpha\,\Gamma(\alpha) \tag{A4.2}$$

증명 $\Gamma(\alpha+1) = \alpha\,\Gamma(\alpha)$ 의 증명

$\Gamma(\alpha+1) = \displaystyle\int_0^\infty e^{-t} t^\alpha dt$ 에서

$$= (-e^{-t}) t^\alpha \big|_0^\infty - \int_0^\infty (-e^{-t})\,(\alpha t^{\alpha-1}) dt$$

$$= (-e^{-t}) t^\alpha \big|_0^\infty - \int_0^\infty (-e^{-t})\,(\alpha t^{\alpha-1}) dt$$

$$= \alpha \int_0^\infty e^{-t} t^{\alpha-1} dt$$

$$= \alpha\Gamma(\alpha)$$

$$\Gamma(1) = 1 \tag{A4.3}$$

증명 $\Gamma(1) = 1$의 증명

$\Gamma(1) = \displaystyle\int_0^\infty e^{-t} dt$ 에서

$\quad = -e^{-t} \big|_0^\infty = 1$

$$\Gamma(n+1) = n! \tag{A4.4}$$

증명 $\Gamma(n+1) = n!$의 증명

식 (A4.2) $\Gamma(n+1) = n\,\Gamma(n)$ 에서

$\quad \Gamma(n+1) = n(n-1)\Gamma(n-1) = \cdots = n(n-1)(n-2)\cdots 2\cdot 1\Gamma(1) = n!$

$$\Gamma(1/2) = \sqrt{\pi} \tag{A4.5}$$

증명 $\Gamma(1/2) = \sqrt{\pi}$ 의 증명

식 (A4.1) $\Gamma(1/2) = \displaystyle\int_0^\infty e^{-t} t^{-1/2} dt$ 에서 $t = p^2$ 으로 치환하면

$\Gamma(1/2) = 2\displaystyle\int_0^\infty e^{-p^2} dp$ 가 된다. $\displaystyle\int_0^\infty e^{-p^2} dp = \int_0^\infty e^{-q^2} dq$ 이므로

$[\Gamma(1/2)]^2 = 4\displaystyle\int_0^\infty e^{-p^2} dp \cdot \int_0^\infty e^{-q^2} dq$

$\qquad\qquad = 4\displaystyle\int_0^\infty \int_0^\infty e^{-(p^2+q^2)} dp\, dq$

가 된다. 다시 $p = r\cos\theta$, $q = r\sin\theta$ 로 치환하면

$[\Gamma(1/2)]^2 = 4\displaystyle\int_0^{\pi/2} \int_0^\infty e^{-r^2} r\, dr\, d\theta = 4 \cdot \frac{\pi}{2} \cdot \left[\frac{e^{-r^2}}{2}\right]_0^\infty = \pi$

이다. 따라서, $\Gamma(1/2) = \sqrt{\pi}$ 가 유도된다.

A.5 Laplace 연산자 ∇^2

(1) 직각좌표계(Cartesian coordinates) 표현

Laplace 연산자 ∇^2의 직각좌표계 표현은 다음과 같다.

i) 2차원 표현 : $\nabla^2 u = \dfrac{\partial^2 u}{\partial x^2} + \dfrac{\partial^2 u}{\partial y^2}$
$$\text{(A5.1)}$$

ii) 3차원 표현 : $\nabla^2 u = \dfrac{\partial^2 u}{\partial x^2} + \dfrac{\partial^2 u}{\partial y^2} + \dfrac{\partial^2 u}{\partial z^2}$
$$\text{(A5.2)}$$

(2) 극좌표계(polar coordinates) 표현

Laplace 연산자 ∇^2의 극좌표계 표현은 다음과 같다.

i) 2차원 표현 : $\nabla^2 u = \dfrac{\partial^2 u}{\partial r^2} + \dfrac{1}{r}\dfrac{\partial u}{\partial r} + \dfrac{1}{r^2}\dfrac{\partial^2 u}{\partial \theta^2}$
$$\text{(A5.3)}$$

ii) 3차원 실린더 표현 : $\nabla^2 u = \dfrac{\partial^2 u}{\partial r^2} + \dfrac{1}{r}\dfrac{\partial u}{\partial r} + \dfrac{1}{r^2}\dfrac{\partial^2 u}{\partial \theta^2} + \dfrac{\partial^2 u}{\partial z^2}$
$$\text{(A5.4)}$$

iii) 3차원 구 표현 : $\nabla^2 u = \dfrac{\partial^2 u}{\partial r^2} + \dfrac{2}{r}\dfrac{\partial u}{\partial r} + \dfrac{1}{r^2}\dfrac{\partial^2 u}{\partial \phi^2} + \dfrac{\cot\phi}{r^2}\dfrac{\partial u}{\partial \phi}$

$$+ \dfrac{1}{r^2\sin^2\phi}\dfrac{\partial^2 u}{\partial \theta^2} \qquad \text{(A5.5)}$$

> **》 참고 : 극좌표 표현 $\nabla^2 u = \dfrac{\partial^2 u}{\partial r^2} + \dfrac{1}{r}\dfrac{\partial u}{\partial r} + \dfrac{1}{r^2}\dfrac{\partial^2 u}{\partial \theta^2}$의 유도**

직각좌표계와 극좌표계의 관계는 다음과 같다.

$$x = x(r,\ \theta) = r\cos\theta$$
$$y = y(r,\ \theta) = r\sin\theta$$
$$r = r(x,\ y) = \sqrt{x^2 + y^2}$$
$$\theta = \theta(x,\ y) = \tan^{-1}(y/x)$$

먼저, 함수 u를 변수 x에 대한 편미분을 첨자로 나타내고 연쇄법칙을 이용하면 다음과 같다. 예를 들어 첨자 x는 x에 대한 편미분을 의미한다.

$$u_x = u_r r_x + u_\theta \theta_x \qquad ①$$

$$
\begin{aligned}
u_{xx} &= (u_r r_x + u_\theta \theta_x)_x \\
&= (u_r r_x)_x + (u_\theta \theta_x)_x \\
&= (u_r)_x r_x + u_r (r_x)_x + (u_\theta)_x \theta_x + u_\theta (\theta_x)_x \\
&= \{u_{rr} r_x + u_{\theta r} \theta_x\} r_x + u_r r_{xx} + \{u_{r\theta} r_x + u_{\theta\theta} \theta_x\} \theta_x + u_\theta \theta_{xx} \qquad ②
\end{aligned}
$$

여기에서 $r_x = \dfrac{\partial}{\partial x}\sqrt{x^2+y^2} = \dfrac{x}{\sqrt{x^2+y^2}} = \dfrac{x}{r}$,

$$\theta_x = \frac{\partial \tan^{-1}(y/x)}{\partial x} = \frac{1}{\sqrt{1+(y/x)^2}}\left(-\frac{y}{x^2}\right) = -\frac{y}{r^2} ,$$

$$r_{xx} = \frac{\partial}{\partial x}\left(\frac{x}{r}\right) = \frac{r-x\,r_x}{r^2} = \frac{r^2-x^2}{r^3} = \frac{y^2}{r^3} ,$$

$$\theta_{xx} = \frac{\partial}{\partial x}\left(-\frac{y}{r^2}\right) = -y(-2r^{-3}r_x) = \frac{2xy}{r^4}$$

이고, $u_{\theta r} = u_{r\theta}$이므로 이들을 식 (A.7)에 대입하여 정리하면

$$u_{xx} = u_{rr}\frac{x^2}{r^2} - 2u_{r\theta}\frac{xy}{r^3} + u_{\theta\theta}\frac{y^2}{r^4} + u_r\frac{y^2}{r^3} + u_\theta\frac{2xy}{r^4} \qquad ③$$

가 된다. 같은 방법으로 u_{yy}를 정리하면

$$u_{yy} = u_{rr}\frac{y^2}{r^2} + 2u_{r\theta}\frac{xy}{r^3} + u_{\theta\theta}\frac{x^2}{r^4} + u_r\frac{x^2}{r^3} - u_\theta\frac{2xy}{r^4} \qquad ④$$

가 된다. 식 ③과 ④를 더하면 다음의 Laplace 연산자가 유도된다.

$$\nabla^2 u = u_{rr} + \frac{1}{r}u_r + \frac{1}{r^2}u_{\theta\theta} \qquad ⑤$$

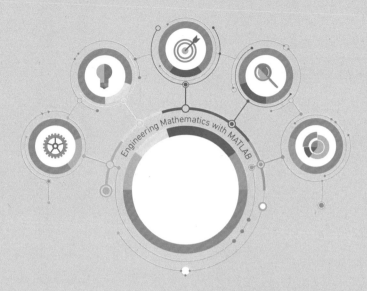

연습문제 해답

CHAPTER 1

연습문제 1.1

1. $y = -\dfrac{2}{3}\cos 3x + \dfrac{1}{2}x^2 + C$

2. $y = -\dfrac{1}{x} - \ln|x| + 3e^{-x} + C$

3. $y = e^{x^2} + C$

4. $y = \dfrac{1}{2}\sinh 2x + \dfrac{1}{\ln 3}3^x$

5. $y = \dfrac{1}{2}x^2\ln|x| - \dfrac{1}{4}x^2 + \dfrac{1}{2}(\ln|x|)^2 + C$

6. $y = \ln|\ln x| + \dfrac{1}{2}x^2 + C$

7. $y = (x-1)e^x + C$

8. $y = -(x+1)e^{-x} + C$

9. $y = -x\cos x + \sin x + C$

10. $y = \sin(x^4+1) + C$

11. $y = \dfrac{1}{2}e^x(\sin x + \cos x) + C$

12. $y = \dfrac{1}{2}e^x(-\cos x + \sin x) + C$

13. $y = 2e^{-2x} + 2$

14. $y = e^{-x^2}$

15. $y = 3e^{2x} - e^x$

16. $y^2 = 2x^2 - 1$

17. $y = \dfrac{1}{1+e^{-x}}$

연습문제 1.2

1. $y^3 - x^3 = C$

2. $y = \dfrac{1}{\ln|\cos x| + C}$

3. $y = \dfrac{2x^2}{C - x^2}$

4. $y = \dfrac{1}{e^{-x} + C}$

5. $y = Ce^{(\ln x)^2}$

6. $y^2 = \ln|x^2 + x + C|$

7. $y = -x\ln|x + C|$

8. $y = x - \dfrac{2}{Ce^{2x} - 1}$

9. $y = -2x - 1 + Ce^x$

10. $y = x(\ln x + C)$

11. $y = \dfrac{1}{x^2}$

12. $y^2 = \dfrac{1}{2}(e^{4x} - 1)$

13. $\sin y = e^{\arctan x}$

14. $y = e^{2\sin x}$

15. $y = x\arctan x^2$

16. $y = -x - 1 + \tan\left(x + \dfrac{\pi}{4}\right)$

연습문제 1.3

1. $\dfrac{x^3}{3} + xy = C$

2. $xe^y + y^3 = C$

3. $x\cos y - ye^{-x} = C$

4. $y\tan x + x^2\ln y = C$

5. $x^2 - y^2 = Cx$

6. $x^4e^y + x^3y = C$

7. $xy + e^x + e^{-y} = C$

8. $x\ln y + x^2 + y^2 = C$

9. $x^4 + xy^3 = 2$

10. $xy + y^2 - \sin xy = 0$

11. $-\cos 2x + x^2y^2 + y^2 = 0$

12. $2x^3 + x^2y^2 = 3$

13. $2(2-y)e^x + e^{2x} = 3$

14. $9x^2y^2 + 4y^3 = 4$

15. $ye^y\sin x = e$

연습문제 1.4

1. $y = Ce^x - 2$

2. $y = Ce^{-2x} - 2x + 1$

3. $y = e^{-x}(x^2 + C)$

4. $y = \dfrac{(x-1)e^x}{x} + \dfrac{C}{x}$

5. $y = e^{-2x}(x + C)$

6. $y = 2e^x \cos x + C \cos x$

7. $y = x^3 + \dfrac{C}{x}$

8. $y = Ce^{-x} + \cos x + \sin x$

9. $y = \sin x + 1$

10. $y(x) = \cos x \cdot (-\ln|\cos x| + 1)$

11. $y = x^2 + \dfrac{1}{x^2}$

12. $y = x^2 e^x$

13. $y = \dfrac{1}{1 + Ce^x}$

14. $y^3 = 1 + Ce^{-\frac{3}{2}x^2}$

15. $y = \cosh^2 x + 3$

16. $y^2 = \dfrac{3}{e^{-6x} + 2}$

17. (*선택 가능) $y^2 = -x + \dfrac{1}{2} + Ce^{-2x}$

18. (*선택 가능) $y = \dfrac{2x}{x^2 + 1}$

연습문제 1.5

1. $T = 5.5\,℃$

2. 9.38 시간

3. 약 28.05년

4. 약 13.3일

5. $i(t) = 10(1 - e^{-10t})$ [A]

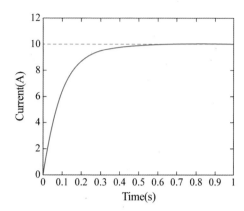

6. $i(t) = \begin{cases} 10(1 - e^{-10t}) \text{ [A]}, & 0 \le t \le 0.1 \text{ s} \\ 10(e-1)e^{-10t} \text{ [A]}, & t > 0.1 \text{ s} \end{cases}$

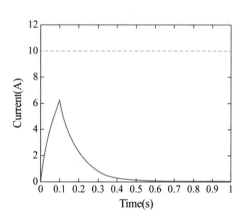

7. $i(t) = 10e^{-10t}$ [A]

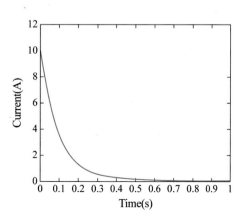

8. $i(t) = \begin{cases} 10\,e^{-10t}\ [\text{A}], & 0 \leq t \leq 0.1\ \text{s} \\ -10(e-1)\,e^{-10t}\ [\text{A}], & t > 0.1\ \text{s} \end{cases}$

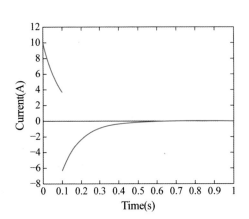

연습문제 1.7 (*선택 가능)

1. -18

2.   0.0476 -0.4762 0.3333

      0.2857   0.1429   0

      -0.0952 -0.0476 0.3333

3.

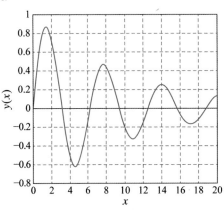

4.

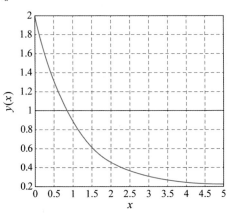

5.

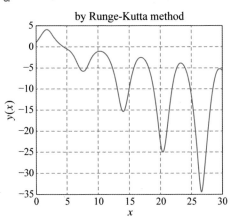

6.

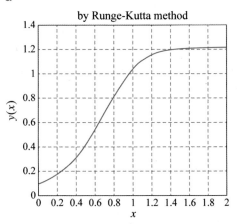

7. (a) $y = \dfrac{3}{4} - \dfrac{3}{4}e^{-2t} - \dfrac{3}{2}t$

(b) $y = \sin t + 1$

(c) $y = t^2 + \dfrac{2}{t^2}$

(d) $y = \dfrac{2}{2e^{2t}+3}$

(e) $y(t) = 3 - \cosh^2 t$

(f) $y^2 + 4e^t = 8$

CHAPTER 2

연습문제 2.1

1. $e^{-x}, \ e^{3x}$

2. $e^{-2x}, \ xe^{-2x}$

3. $x, \ x^{-2}$

4. $x^2, \ x^2 \ln|x|$

5. $\cos 2x, \ \sin 2x$

6. $e^{\lambda x}, \ xe^{\lambda x}$

연습문제 2.2

1. $y(x) = C_1 e^{2x} + C_2 e^{-2x} \ (C_1, \ C_2 \text{는 상수})$

2. $y(x) = C_1 e^{-3x} + C_2 e^{-\frac{1}{3}x} \ (C_1, \ C_2 \text{는 상수})$

3. $y(x) = (C_1 + C_2 x)e^{2x} \ (C_1, \ C_2 \text{는 상수})$

4. $y(x) = (C_1 + C_2 x)e^{-\frac{1}{3}x} \ (C_1, \ C_2 \text{는 상수})$

5. $y(x) = A\cos \sqrt{3}\,x + B\sin \sqrt{3}\,x$
    $(A, \ B \text{는 상수})$

6. $y(x) = e^{-\frac{1}{2}x}(A\cos \dfrac{\sqrt{3}}{2}x + B\sin \dfrac{\sqrt{3}}{2}x)$
    $(A, \ B \text{는 상수})$

7. $y(x) = e^{2x} + 2e^{-x}$

8. $y(x) = (-1 + 3x)e^{-1.5x}$

9. $y(x) = e^x \sin x$

10. $y = C_1 e^{\frac{1}{3}x} + C_2 e^{-\frac{1}{3}x} \ (C_1, \ C_2 \text{는 상수})$

11. $y = (C_1 + C_2 x)e^x \ (C_1, \ C_2 \text{는 상수})$

12. $y = C_1 + C_2 e^{3x} \ (C_1, \ C_2 \text{는 상수})$

13. $y = A\cos \sqrt{2}\,x + B\sin \sqrt{2}\,x \ (A, \ B \text{는 상수})$

연습문제 2.3

1. $y(x) = C_1 x^2 + C_2 x^{-2} \ (C_1, \ C_2 \text{는 상수})$

2. $y(x) = C_1 x^{1/3} + C_2 x^{-1} \ (C_1, \ C_2 \text{는 상수})$

3. $y(x) = (C_1 + C_2 \ln |x|) x^2$ (C_1, C_2는 상수)

4. $y(x) = (C_1 + C_2 \ln |x|) x^{1/2}$ (C_1, C_2는 상수)

5. $y = A \cos(\sqrt{3} \ln |x|) + B \sin(\sqrt{3} \ln |x|)$
   (A, B는 상수)

6. $y = x^{-2}[A \cos(\ln |x|) + B \sin(\ln |x|)]$
   (A, B는 상수)

7. $y(x) = 2\sqrt{x} - x$

8. $y(x) = x^2 (2 - 3 \ln |x|)$

9. $y(x) = x\{2 \cos(\sqrt{2} \ln|x|) + \sin(\sqrt{2} \ln|x|)\}$

(C_1, C_2는 상수)

13. $y(x) = -\cos x + \sin x + 1$

14. $y(x) = -e^x + e^{2x} + x^2 + 3x + \dfrac{7}{2}$

15. $y(x) = (1 - x)e^x + \cos x$

16. $y(x) = \dfrac{1}{x} + x^2 + \dfrac{1}{3} x^2 \ln |x|$

17. $y(x) = \dfrac{2}{x} - x + x^3$

18. $y(x) = (1 - 2x)e^{-x} + (1 + 2x)e^x$

연습문제 2.4

1. $y(x) = C_1 \cos 2x + C_2 \sin 2x + \sin x$
   (C_1, C_2는 상수)

2. $y(x) = C_1 e^{3x} + C_2 e^{-x} + x^2 - x + 1$
   (C_1, C_2는 상수)

3. $y(x) = e^{-x}(C_1 \cos x + C_2 \sin x) + e^{-2x}$
   (C_1, C_2는 상수)

4. $y(x) = (C_1 + C_2 x)e^{-2x} + x^2 e^{-2x}$
   (C_1, C_2는 상수)

5. $y(x) = (C_1 + C_2 x)e^x + x^2 e^x$
   (C_1, C_2는 상수)

6. $y(x) = C_1 e^{-x} + C_2 e^{2x} + x e^{2x}$
   (C_1, C_2는 상수)

7. $y(x) = C_1 \cos x + C_2 \sin x + x \sin x$
   (C_1, C_2는 상수)

8. $y(x) = C_1 \cos x + C_2 \sin x + x \sin x$
   $+ \cos x \cdot \ln|\cos x|$ (C_1, C_2는 상수)

9. $y(x) = C_1 \cos 2x + C_2 \sin 2x - 2x \cos 2x$
   $+ \sin 2x \cdot \ln|\sin 2x|$ (C_1, C_2는 상수)

10. $y(x) = C_1 x^2 + C_2 x^3 + \dfrac{1}{x}$
    (C_1, C_2는 상수)

11. $y(x) = C_1 x^{-2} + C_2 x^2 + x^2 \ln |x|$
    (C_1, C_2는 상수)

12. $y(x) = C_1 x^{-1} + C_2 x^2 - x$

연습문제 2.5

1. 8944 N s/m

2. $x(t) = e^{-t}(0.1 \cos 10t + 0.01 \sin 10t)$ [m]

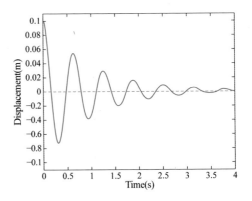

3. $x(t) = 1 - e^{-2t}(\cos 8t + 0.2\sin 8t)$ [m]

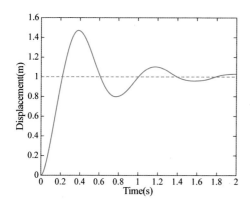

4. $x(t) = e^{-t}(1.1\cos\sqrt{20}\,t + 0.0224\sin\sqrt{20}\,t)$
$\quad - 0.1\cos t + \sin t$ [m]

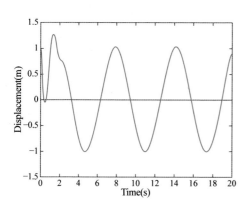

5. $i(t) = -10\sin 10t$ [A]

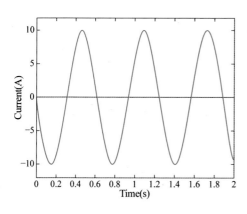

6. $Q(t) = 0.1(1 - \cos 10t)$ [C]

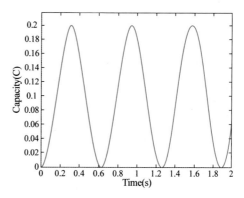

7. $i(t) = -400t\,e^{-20t}$ [A]

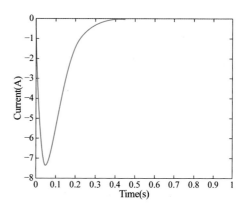

8. $i(t) = 100t\,e^{-20t}$ [A]

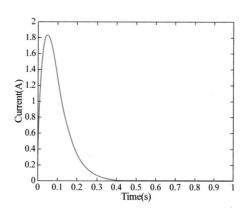

연습문제 2.6 (*선택 가능)

1.

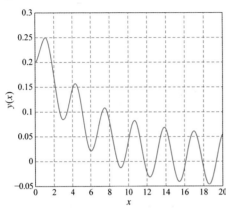

2.

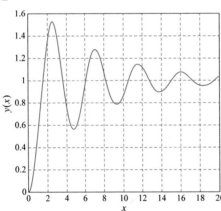

3. (a) $y(t) = e^t \sin t$

(b) $y(t) = t \left\{ 2\cos(\sqrt{2}\,\ln|t|) + \sin(\sqrt{2}\,\ln|t|) \right\}$

(c) $y(t) = \dfrac{1}{2} t \sin t$

(d) $y(t) = \cos t + (1-t)\, e^t$

(e) $y(t) = \dfrac{1}{2} t^4 - \dfrac{1}{6} t^2 - \dfrac{1}{3t}$

CHAPTER 3

연습문제 3.1

1. $y(x) = C_1 + C_2 x + C_3 e^{-3x} + C_4 e^{3x}$

$(C_1,\ C_2,\ C_3$는 상수$)$

2. $y(x) = (C_1 + C_2 x)\, e^{-x} + C_3 e^{x} + C_4 e^{-2x}$

$(C_1,\ C_2,\ C_3,\ C_4$는 상수$)$

3. $y(x) = (C_1 + C_2 x)\cos 2x + (C_3 + C_4 x)\sin 2x$

$(C_1,\ C_2,\ C_3,\ C_4$는 상수$)$

4. $y(x) = C_1 + C_2 x + e^x (C_3 + C_4 x + C_5 x^2)$

$(C_1,\ C_2,\ C_3,\ C_4,\ C_5$는 상수$)$

5. $y(x) = C_1 x^{-1} + C_2 + C_3 x$

$(C_1,\ C_2,\ C_3$는 상수$)$

6. $y(x) = C_1 x^{-1} + x \left\{ C_2 + C_3 \ln|x| \right\}$

$(C_1,\ C_2,\ C_3$는 상수$)$

7. $y(x) = C_1 x^{-1} + x \left\{ C_2 \cos(\ln|x|) \right.$

$\left. + C_3 \sin(\ln|x|) \right\}$

$(C_1,\ C_2,\ C_3$는 상수$)$

8. $y(x) = e^x (C_1 + C_2 x) + e^{-x} (C_3 + C_4 x)$

$(C_1,\ C_2,\ C_3,\ C_4$는 상수$)$

9. $y(x) = e^x + \cos\sqrt{2}\,x$

10. $y(x) = x^{-1} + x^2$

11. $y(x) = \dfrac{1 + 2\ln|x|}{x}$

연습문제 3.2

1. $y(x) = C_1 + C_2 \cos 2x + C_3 \sin 2x - \cos x$

$(C_1,\ C_2,\ C_3$는 상수$)$

2. $y(x) = C_1 e^{-x} + C_2 + C_3 e^{x} - x$

$(C_1,\ C_2,\ C_3$는 상수$)$

3. $y(x) = C_1 e^{x} + C_2 e^{-x} + C_3 e^{-2x} + \dfrac{1}{6} x e^{x}$

$(C_1,\ C_2,\ C_3$는 상수$)$

4. $y(x) = e^x (C_1 + C_2 x + C_3 x^2) + \dfrac{1}{3} x^3 e^{x}$

$(C_1,\ C_2,\ C_3$는 상수$)$

5. $y(x) = C_1 + C_2 \cos x + C_3 \sin x - x \cos x$
$+ x \sin x$ (C_1, C_2, C_3 는 상수)

6. $y(x) = C_1 + C_2 e^x + C_3 e^{-2x} + 3x^2 e^x$
$- 8x e^x$ (C_1, C_2, C_3 는 상수)

7. $y(x) = C_1 x^{-1} + C_2 x + C_3 x^2 + x^3$
(C_1, C_2, C_3 는 상수)

8. $y(x) = C_1 + C_2 \ln|x| + C_3 x + x \ln|x|$
(C_1, C_2, C_3 는 상수)

9. $y(x) = 2 + x e^{-x} + e^x$

10. $y(x) = 1 + \cos x + \sin x + e^x$

11. $y(x) = \dfrac{1}{3x} + \dfrac{1}{2} + x + \dfrac{x^2}{6}$

12. $y(x) = x \ln|x| + x^{-1} + x^2$ (수정함)

연습문제 3.3

1. $y(x) = -\dfrac{q_0 L^4}{24 EI} \left(\dfrac{x}{L}\right)^2 \left(1 - \dfrac{x}{L}\right)^2$

2. $y(x) = -\dfrac{q_0 L^4}{24 EI} \left(\dfrac{x}{L}\right)\left(1 - \dfrac{x}{L}\right)\left\{1 + \dfrac{x}{L} - \left(\dfrac{x}{L}\right)^2\right\}$

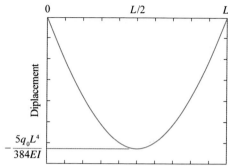

3. $y(x) = -\dfrac{q_0 L^4}{120 EI} \left(\dfrac{x}{L}\right)^2 \left\{\left(\dfrac{x}{L}\right)^3 - 10\left(\dfrac{x}{L}\right) + 20\right\}$

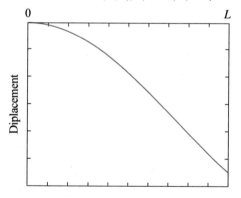

연습문제 3.4 (*선택 가능)

1.

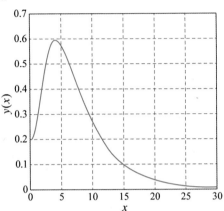

2

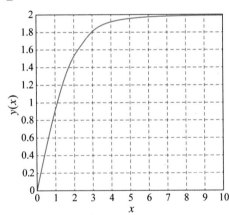

3. (a) $y(t) = te^t$

(b) $y(t) = \dfrac{2\ln t + 1}{t}$

(c) $y(t) = e^{-t} - \cos t + \dfrac{1}{2}\sin t + \dfrac{1}{2}te^{-t}$

(d) $y(t) = \left(1 + t + \dfrac{t^2}{2} + \dfrac{t^3}{6}\right)e^{-t}$

CHAPTER 4

연습문제 4.1

1. $F(s) = \dfrac{6\left(1 - s + s^2 + s^3\right)}{s^4}$

2. $F(s) = \dfrac{1}{s-2} + \dfrac{4}{s^2 + 2^2}$

3. $F(s) = \dfrac{s-2}{(s-2)^2 + 3^2} - \dfrac{3}{(s+1)^2 + 3^2}$

4. $F(s) = 2 \cdot \left(\dfrac{1}{s} + \dfrac{s}{s^2 + 6^2} + \dfrac{1}{s^3}\right)$

5. $F(s) = \dfrac{2(s+4)}{(s+3)^3}$

6. $F(s) = \dfrac{s+3}{s(s+6)}$

7. $f(t) = (t-1)^2$

8. $f(t) = 2(1+3t)e^{3t}$

9. $f(t) = 3e^{-t}\left(\sin 2t - \cos 2t\right)$

10. $f(t) = 2 + 3e^{-2t}$

11. $f(t) = e^{2t}\left(2t + 3t^2\right)$

12. $f(t) = 2 - e^{3t}\left(\cos t + \sin t\right)$

연습문제 4.2

1. $F(s) = \dfrac{6s}{(s^2 + 9)^2}$

2. $F(s) = \dfrac{1}{(s-3)^2}$

3. $F(s) = \dfrac{s^2 + \omega^2}{(s^2 - \omega^2)^2}$

4. $F(s) = \dfrac{s^2 + 2\omega^2}{s\left(s^2 + 4\omega^2\right)}$

5. $F(s) = \dfrac{2\omega^2}{s\left(s^2 + 4\omega^2\right)}$

6. $F(s) = \dfrac{2w^2}{s\left(s^2 - 4w^2\right)}$

7. $f(t) = 1 - e^{-3t}$

8. $f(t) = -1 - t + e^t$

9. $f(t) = 1 - \cos 3t$

10. $f(t) = -1 + \dfrac{1}{2}\left(e^{2t} + e^{-2t}\right)$ 또는

$\quad f(t) = \cosh 2t - 1$

11. $f(t) = 1 - e^{-t}\left(\cos 2t + \dfrac{1}{2}\sin 2t\right)$

12. $f(t) = 1 + 2t - (\cos 2t + \sin 2t)$

13. $y(t) = e^{-3t}$

14. $y(t) = \dfrac{5}{2}e^{t} - \dfrac{1}{2}(\cos t + \sin t)$

15. $y(t) = -\dfrac{1}{5}\left(e^{-2t} - e^{3t}\right)$

16. $y(t) = e^{-t} - \cos 2t + \dfrac{1}{2}\sin 2t$

17. $y(t) = 3\cosh 2t - 2\cos 2t$

18. $y(t) = 2e^{2t} - 4te^{2t}$

19. $y(t) = -1 + t + e^{-t}$

20. $y(t) = (2t^2 + t + 1)e^{-t}$

21. $y(t) = 2e^{3(t-1)}$

22. $y(t) = \dfrac{5}{4}e^{t-1} - \dfrac{1}{4}e^{-3(t-1)}$

23. $y(t) = t - \dfrac{2}{5}$

$\quad - \dfrac{1}{5}e^{-(t-2)}\left\{8\cos 2(t-2) + \dfrac{13}{2}\sin 2(t-2)\right\}$

24. $y(t) = \dfrac{6}{5}e^{-(t-2)} - \dfrac{1}{3}e^{t-2} + \dfrac{2}{15}e^{4(t-2)}$

연습문제 4.3

1. $F(s) = \dfrac{1}{s^2} - \left(\dfrac{1}{s^2} + \dfrac{2}{s}\right)e^{-2s}$

2. $F(s) = \dfrac{1}{s^2}e^{-s}$

3. $F(s) = \dfrac{1}{s^2+1}\left(1 + e^{-\pi s}\right)$

4. $F(s) = \dfrac{1}{s+1}\left\{1 - e^{-(s+1)}\right\}$

5. $F(s) = \left\{\dfrac{2}{s^3} + \dfrac{2}{s^2} + \dfrac{1}{s}\right\}e^{-s}$

$\quad - \left\{\dfrac{2}{s^3} + \dfrac{4}{s^2} + \dfrac{4}{s}\right\}e^{-2s}$

6. $F(s) = \dfrac{2}{s^3} - \left\{\dfrac{2}{s^3} + \dfrac{2}{s^2} + \dfrac{1}{s}\right\}e^{-s}$

$\quad + \left\{\dfrac{1}{s^2} + \dfrac{1}{s}\right\}e^{-2s}$

7. $f(t) = \begin{cases} 0 & (0 < t < 2) \\ (t-2)\,e^{t-2} & (t > 2) \end{cases}$

8. $f(t) = \begin{cases} \sin \pi t & (0 < t < 1) \\ 0 & (t > 1) \end{cases}$

9. $f(t) = \begin{cases} 0 & (0 < t < 2) \\ 1 & (2 < t < 3) \\ 0 & (t > 3) \end{cases}$

10. $f(t) = \begin{cases} 0 & (0 < t < 2) \\ \dfrac{1}{6}(t-2)^3 & (t > 2) \end{cases}$

11.

$f(t) = \begin{cases} 0 & (0 < t < 1) \\ \dfrac{1}{2}\sinh 2(t-1) & (1 < t < 2) \\ \dfrac{1}{2}\{\sinh 2(t-1) - \sinh 2(t-2)\} & (t > 2) \end{cases}$

12.

$f(t) = \begin{cases} e^{-t}\sin 2t & (0 < t < \pi) \\ \{e^{-t} + e^{-(t-\pi)}\}\sin 2t & (t > \pi) \end{cases}$

13.

$y(t) = \begin{cases} 2t - \sin 2t & (0 < t < 1) \\ 2 - \sin 2t + \sin(2t-2) & (t > 1) \end{cases}$

14.

$y(t) = \begin{cases} \dfrac{8}{3}(\cos t - \cos 2t) & (0 < t < \pi) \\ -\dfrac{16}{3}\cos 2t & (t > \pi) \end{cases}$

15.

$y(t) = \begin{cases} \dfrac{1}{2}(1 - 2e^{-t} + e^{-2t}) & (0 < t < 1) \\ \dfrac{1}{2}\{-2e^{-t} + e^{-2t} + 2e^{-(t-1)} - e^{-2(t-1)}\} & (t > 1) \end{cases}$

16. $y(t) = \begin{cases} -\dfrac{3}{2} + t + 2e^{-t} - \dfrac{1}{2}e^{-2t} & (0 < t < 1) \\[3mm] 2 + 2e^{-t} - \dfrac{1}{2}e^{-2t} - 4e^{-(t-1)} + \dfrac{3}{2}e^{-2(t-1)} & (t > 1) \end{cases}$

17. $y(t) = \begin{cases} -\dfrac{1}{2} + \dfrac{1}{2}e^{2t} & (0 < t < 2) \\[3mm] \dfrac{1}{2}e^{2t} - \dfrac{1}{3}e^{-(t-2)} - \dfrac{1}{6}e^{2(t-2)} & (t > 2) \end{cases}$

18. $y(t) = \begin{cases} -\dfrac{1}{3}e^{-t} + \dfrac{2}{15}e^{2t} + \dfrac{1}{5}(\cos t - 3\sin t) & (0 < t < 2\pi) \\[3mm] -\dfrac{1}{3}e^{-t} + \dfrac{1}{3}e^{-(t-2\pi)} + \dfrac{2}{15}e^{2t} - \dfrac{2}{15}e^{2(t-2\pi)} & (t > 2\pi) \end{cases}$

19. $y(t) = \begin{cases} \dfrac{1}{2}t - \dfrac{1}{2}\cos 2(t-1) + \dfrac{1}{4}\sin 2(t-1) & (0 < t < 2) \\[3mm] -\dfrac{1}{2}\cos 2(t-1) + \dfrac{1}{4}\sin 2(t-1) + \cos 2(t-2) + \dfrac{1}{4}\sin 2(t-2) & (t > 2) \end{cases}$

20. $y(t) = \begin{cases} -4\cos t + 2\sin t + e^{-(t-\pi)}(4\cos t + 2\sin t) & (0 < t < 2\pi) \\ \{e^{-(t-\pi)} - e^{-(t-2\pi)}\}(4\cos t + 2\sin t) & (t > 2) \end{cases}$

21. $y(t) = \dfrac{1}{3}e^{-t}\sin 3t \qquad (t > 0)$

22. $y(t) = \begin{cases} 0 & (0 < t < \pi) \\[2mm] \dfrac{1}{2}\sin 2t & (t > \pi) \end{cases}$

23. $y(t) = \begin{cases} \cos 4t & (0 < t < 2\pi) \\ \cos 4t + \sin 4t & (t > 2\pi) \end{cases}$

24. $y(t) = \begin{cases} \dfrac{1}{2}e^{-t}\sin 2t & (0 < t < 1) \\[3mm] \dfrac{1}{2}e^{-t}\sin 2t + \dfrac{1}{2}e^{-(t-1)}\sin 2(t-1) & (t > 1) \end{cases}$

25. $y(t) = \begin{cases} -2\cos t + \sin t + 3e^{-t}(\cos t + \sin t) & (0 < t < \pi) \\ -2\cos t + \sin t + 3e^{-t}(\cos t + \sin t) - 8e^{-(t-\pi)}\sin t & (t > \pi) \end{cases}$

26. $y(t) = \begin{cases} 0 & (0 < t < \pi) \\ e^{-(t-\pi)} - e^{-2(t-\pi)} & (\pi < t < 2\pi) \\ e^{-(t-\pi)} - e^{-2(t-\pi)} + \dfrac{1}{2}\{1 - 2e^{-(t-2\pi)} + e^{-2(t-2\pi)}\} & (t > 2\pi) \end{cases}$

27. $y(t) = \begin{cases} e^{-t} - e^{-2t}(\cos t + \sin t) & (0 < t < 1) \\ e^{-t} - e^{-2t}(\cos t + \sin t) + e^{-2(t-1)}\sin(t-1) & (t > 1) \end{cases}$

28. $y(t) = \begin{cases} -3 + 2t + 5e^{-t} - 2e^{-2t} & (0 < t < 1) \\ -3 + 2t + 5e^{-t} - 2e^{-2t} - 6\{e^{-(t-1)} - e^{-2(t-1)}\} & (t > 1) \end{cases}$

연습문제 4.4

1. t^2

2. $\dfrac{t^3}{6}$

3. $\dfrac{\sin\omega t}{\omega}$

4. $\dfrac{t}{\omega} - \dfrac{\sin\omega t}{\omega^2}$

5. $-t-1+e^t$

6. $\dfrac{1}{2}\, t\sin t$

7. $1-e^{-t}$

8. $\dfrac{e^{at}-e^{bt}}{a-b}$

9. $\dfrac{t}{2\omega}\,\sin\omega t$

10. $\dfrac{1}{2\omega^3}\left(-\omega t\cos\omega t + \sin\omega t\right)$

11. $\dfrac{1}{4}(\cosh 2t - 1)\cosh t - 1$

12. $e^{(t-a)}-1$

13. $y(t) = 2e^{-t}$

14. $y(t) = \cos t$

15. $y(t) = t - \dfrac{t^2}{2}$

16. $y(t) = \dfrac{1}{2}\, t\cos t + \dfrac{1}{2}\,\sin t$

17. $y(t) = 1 - \dfrac{2}{\sqrt{3}}\, e^{-\frac{1}{2}t}\sin\dfrac{\sqrt{3}}{2}t$

18. $y(t) = e^t\left(\dfrac{4}{5}t + \dfrac{12}{25}\right) - \dfrac{12}{25}\cos 2t + \dfrac{9}{25}\sin 2t$

19. $y(t) = \cosh t$

20. $y(t) = \begin{cases} 0 & (0 < t < 1) \\ 2(t-1)^2 & (t > 1) \end{cases}$

21. $f(t) = \dfrac{2\sinh t}{t}$

22. $\dfrac{1 - 2\cos\omega t}{t}$

23. $\dfrac{2(1 - e^{-2t}\cos t)}{t}$

24. $f(t) = \dfrac{2(e^t - \cos t)}{t}$

25. $\dfrac{4e^{-t}\cos 2t - e^{-3t}}{t}$

26. $\dfrac{2e^{-t}(2\cos 2t - \cos\sqrt{2}\,t)}{t}$

27. $\dfrac{t}{2\omega}\,\sin\omega t$

28. $-\dfrac{t}{2\omega^2}\cos\omega t + \dfrac{1}{2\omega^3}\sin\omega t$

29. $\dfrac{t}{2}\cos\omega t + \dfrac{1}{2\omega}\sin\omega t$

30. $f(t) = t\,\sinh 3t$

31. $\dfrac{4s}{(s^2+4)^2}$

32. $\dfrac{4s}{(s^2-4)^2}$

33. $\dfrac{2(s+1)}{(s^2+2s+2)^2}$

34. $\dfrac{s^2+4s-5}{(s^2+4s+13)^2}$

35. $\dfrac{2}{(s-2)^3}$

36. $\dfrac{2s(s^2-27)}{(s^2+9)^3}$

연습문제 4.5

1. $x(t) = -\cos t$

$$+ 50\sin t + e^{-t}\left(\cos 10t - \frac{49}{10}\sin 10t\right) \text{[mm]}$$

2

$$x(t) = \begin{cases} 0 & (0 < t < 1) \\ 1 - e^{-2(t-1)}\left\{\cos 10(t-1) + \frac{1}{5}\sin 10(t-1)\right\} \text{[m]} & (t > 1) \end{cases}$$

3. $i(t) = \sin 10t$ [A]

4.

$$i(t) = 100(10\sin 10t + \sin t)\{u(t-\pi) - u(t-3\pi)\} \text{[A]}$$

5. $i(t) = e^{-4t}\left(\frac{3}{26}\cos 3t - \frac{10}{39}\sin 3t\right) - \frac{3}{26}\cos 10t$

$$+ \frac{8}{65}\sin 10t \text{ [A]}$$

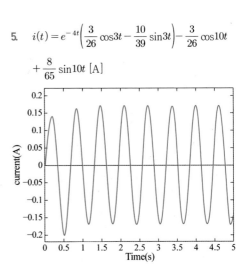

6. $i(t) = 1000e^{-t}\sin t$
$- 1000e^{-(t-2)}\sin(t-2)u(t-2)$ [A]

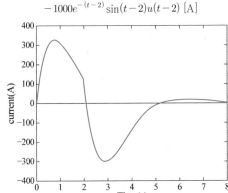

연습문제 4.7

1. $F(s) = \dfrac{1}{(s-a)^2}$

2. $F(s) = \dfrac{s^2 - \omega^2}{(s^2 + \omega^2)^2}$

3. $F(s) = \dfrac{\omega}{s^2 - \omega^2}$

4. $F(s) = \dfrac{2s(s^2-3)}{(s^2+1)^3}$

5. $f(t) = te^{at}$

6. $f(t) = \dfrac{1}{\omega}e^{at}\sin\omega t$

7. $f(t) = \dfrac{\omega t - \sin\omega t}{\omega^3}$

8. $f(t) = \dfrac{t\sin\omega t}{2\omega}$

CHAPTER 5

연습문제 5.1

1. 수렴반경 $R=1$, 수렴구간 $|x|<1$

2. 수렴반경 $R=\infty$, 모든 영역 x에서 수렴

3. 수렴반경 $R=\infty$, 모든 영역 x에서 수렴

4. 수렴반경 $R=2$, 수렴구간 $-5<x<-1$

5. 수렴반경 $\sqrt{\dfrac{3}{2}}$, 수렴구간 $|x|<\sqrt{\dfrac{3}{2}}$

6. 수렴반경 1, 수렴구간 $0<x<2$

7. $y(x) = Ae^x + Be^{-x}$

　　또는 $y = c_0\left(1 + \dfrac{x^2}{2!} + \dfrac{x^4}{4!} + \dfrac{x^6}{6!} + \cdots\right)$
　　$+ c_1\left(x + \dfrac{x^3}{3!} + \dfrac{x^5}{5!} + \dfrac{x^7}{7!} + \cdots\right)$

8. $y(x) = c_0\cos x + c_1\sin x$

9. $y(x) = c_0 y_1(x) + c_1 y_2(x)$에서
$$y_1(x) = 1 + \frac{1}{3\cdot 2}x^3 + \frac{1}{6\cdot 5\cdot 3\cdot 2}x^6,$$
$$+ \frac{1}{9\cdot 8\cdot 6\cdot 5\cdot 3\cdot 2}x^9 + \cdots$$
$$y_2(x) = x + \frac{1}{4\cdot 3}x^4 + \frac{1}{7\cdot 6\cdot 4\cdot 3}x^7$$
$$+ \frac{1}{10\cdot 9\cdot 7\cdot 6\cdot 4\cdot 3}x^{10} + \cdots$$

10. $y = c_0\left(1 - \dfrac{x^2}{2!} - \dfrac{x^4}{4!} - \dfrac{x^6}{6!} - \dfrac{x^8}{8!} - \cdots\right) + c_1 x$

11. $y(x) = c_0 y_1(x) + c_1 y_2(x)$에서
$$y_1(x) = 1 + \frac{1}{6}x^3 - \frac{1}{24}x^4 + \frac{1}{120}x^5,$$
$$+ \frac{7}{1800}x^6 + \cdots$$
$$y_2(x) = x + \frac{1}{6}x^3 + \frac{1}{24}x^4 - \frac{1}{30}x^5$$
$$+ \frac{11}{900}x^6 + \cdots$$

12. $y(x) = c_0 y_1(x) + c_1 y_2(x)$에서
$$y_1(x) = 1 + \frac{1}{2}x^2 + \frac{1}{8}x^4 + \frac{1}{48}x^6 + \cdots,$$
$$y_2(x) = x + \frac{1}{6}x^3 + \frac{7}{120}x^5 + \frac{3}{560}x^7 + \cdots$$

연습문제 5.2

1. $y(x) = Ay_1(x) + By_2(x)$에서

$$y_1(x) = x^{3/2}\left(1 - \frac{x}{5} + \frac{x^2}{70} - \frac{x^3}{1890} + - \cdots\right),$$

$$y_2(x) = 1 + x - \frac{x^2}{2} - \frac{x^3}{9} - \frac{x^4}{20} - \cdots$$

2. $y(x) = Ay_1(x) + By_2(x)$에서

$$y_1(x) = 1 + \frac{x^2}{14} + \frac{x^4}{616} + \cdots,$$

$$y_2(x) = x^{-3/2}\left(1 + \frac{x^2}{2} + \frac{x^4}{40} + \frac{x^6}{2160} + \cdots\right)$$

3. $y(x) = Ax + Bx^{-1}$

4. $y(x) = Ax^2 + Bx$

5. $y(x) = Ax + B(x\ln|x| + 1)$

6. $y(x) = Ay_1(x) + By_2(x)$에서

$$y_1(x) = 1 + \frac{x^2}{2^2} + \frac{x^4}{4^2 2^2} + \frac{x^6}{6^2 4^2 2^2} + \cdots,$$

$$y_2(x) = x^{-1}\left(1 + x^2 + \frac{x^4}{3^2} + \frac{x^6}{5^2 3^2} + \cdots\right)$$

7. $y(x) = Ay_1(x) + By_2(x)$에서

$$y_1(x) = x + \frac{x^2}{2} + \frac{x^3}{12} + \frac{x^4}{144} + \cdots,$$

$$y_2(x) = y_1\ln|x| + 1 - \frac{3}{4}x^2 - \frac{7}{36}x^3 - \cdots$$

8. $y(x) = Ay_1(x) + By_2(x)$에서

$$y_1(x) = x - \frac{x^2}{2} + \frac{x^3}{12} - \frac{x^4}{144} + -\cdots,$$

$$y_2(x) = y_1\ln|x| - 1 + \frac{3}{4}x^2 - \frac{7}{36}x^3 - \cdots$$

9. $y(x) = Ax^2 + Bx^2\ln|x|$

10. $y(x) = \dfrac{A}{x} + \dfrac{B}{x}\ln|x|$

11. $y(x) = \dfrac{A}{1-x} + \dfrac{B\ln|x|}{1-x}$

12. $y(x) = Ay_1(x) + By_2(x)$에서

$$y_1(x) = 1 + x + \frac{x^2}{(2!)^2} + \frac{x^3}{(3!)^2} + \frac{x^4}{(4!)^2} + \cdots,$$

$$y_2(x) = y_1\ln|x| + 1 - x - \frac{1}{2}x^2 + \frac{1}{27}x^3 - \cdots$$

연습문제 5.3

1. $y(x) = c_1 J_{2/3}(x) + c_2 J_{-2/3}(x)$

2. $y(x) = c_1 J_{1/2}(x) + c_2 J_{-1/2}(x)$

3. $y(x) = c_1 J_2(x) + c_2 Y_2(x)$

4. $y(x) = c_1 J_3(x) + c_2 Y_3(x)$

5. $y = c_1 J_{1/2}\left(\dfrac{x}{2}\right) + c_2 J_{-1/2}\left(\dfrac{x}{2}\right)$

6. $y = c_1 J_2(3x) + c_2 Y_2(3x)$

7. $y = c_1 J_0(2\sqrt{x}) + c_2 Y_0(2\sqrt{x})$

8. $y = c_1 J_1(x-1) + c_2 Y_1(x-1)$

9. $y(x) = c_0\left(1 - x^2 - \dfrac{1}{3}x^4 - \cdots\right) + c_1 x$

10. $y(x) = c_0(1 - x^2) + c_1\left(x - \dfrac{2x^3}{3} - \dfrac{x^5}{5} - \cdots\right)$

CHAPTER 6

연습문제 6.1

없음

연습문제 6.2

1. $\mathbf{x}' = \mathbf{A}\mathbf{x} + \mathbf{R}$, where $\mathbf{x} = \begin{Bmatrix} x \\ x' \end{Bmatrix}$, $\mathbf{A} = \begin{bmatrix} 0 & 1 \\ 2 & 1 \end{bmatrix}$,

   $\mathbf{R} = \begin{bmatrix} 0 \\ e^{-2t} \end{bmatrix}$

2. $\mathbf{x}' = \mathbf{A}\mathbf{x} + \mathbf{R}$, where $\mathbf{x} = \begin{Bmatrix} x \\ x' \end{Bmatrix}$,

   $\mathbf{A} = \begin{bmatrix} 0 & 1 \\ -1 & 2 \end{bmatrix}$, $\mathbf{R} = \begin{bmatrix} 0 \\ \sin 2t \end{bmatrix}$

3. $\mathbf{x}' = \mathbf{A}\mathbf{x} + \mathbf{R}$, where $\mathbf{x} = \begin{Bmatrix} x \\ x' \\ x'' \end{Bmatrix}$,

   $\mathbf{A} = \begin{bmatrix} 0 & 1 & 0 \\ 0 & 0 & 1 \\ 2 & -3 & 2 \end{bmatrix}$, $\mathbf{R} = \begin{bmatrix} 0 \\ 0 \\ e^{-t}\cos 2t \end{bmatrix}$

4. $\mathbf{x}' = \mathbf{A}\mathbf{x} + \mathbf{R}$, where $\mathbf{x} = \begin{Bmatrix} x \\ x' \\ x'' \\ x''' \end{Bmatrix}$,

   $\mathbf{A} = \begin{bmatrix} 0 & 1 & 0 & 0 \\ 0 & 0 & 1 & 0 \\ 0 & 0 & 0 & 1 \\ 1 & -3 & 0 & -2 \end{bmatrix}$, $\mathbf{R} = \begin{bmatrix} 0 \\ 0 \\ 0 \\ \sin t \end{bmatrix}$

5. $x(t) = c_1 e^{-t} + c_2 e^{-2t}$

6. $x(t) = c_1 e^{t} + c_2 e^{3t}$

7. $x(t) = (c_1 + c_2 t)e^{t}$

8. $x(t) = (c_1 + c_2 t)e^{-2t}$

9. $x(t) = c_1 e^{t} + c_2 e^{-t} + c_3 e^{-2t}$

10. $x(t) = c_1 e^{2t} + c_2 e^{-t} + c_3 e^{-2t}$

11. $x = x_h + x_p = c_1 e^{t} + c_2 e^{4t} - e^{2t}$

12. $x = x_h + x_p = (c_1 + c_2 t)e^{t} - \sin t$

13. $x = x_h + x_p = c_1 e^{t} + c_2 e^{2t} - t e^{t}$

14. $x = x_h + x_p = (c_1 + c_2 t)e^{-t} + \dfrac{1}{2}t^2 e^{-t}$

연습문제 6.3

1. $x_1(t) = c_1 e^{-t} + 2c_2 e^{4t}$,

   $x_2(t) = -c_1 e^{-t} + 3c_2 e^{4t}$

2. $x_1(t) = c_1 e^{-t} + 3c_2 e^{6t}$,

   $x_2(t) = -c_1 e^{-t} + 4c_2 e^{6t}$

3. $x_1(t) = c_1 e^{-t} + c_2 e^{-4t}$,

   $x_2(t) = 2c_1 e^{-t} - c_2 e^{-4t}$

4. $x_1(t) = c_1 + 2c_2 e^{-5t}$,

   $x_2(t) = 3c_1 + c_2 e^{-5t}$

5. $x_1(t) = 3c_1 e^{-4t} + c_2 e^{4t}$,

   $x_2(t) = 2c_1 e^{-4t} - 2c_2 e^{4t}$

6. $x_1(t) = c_1 e^{t} + c_2 e^{3t}$,

   $x_2(t) = -c_1 e^{t} + c_2 e^{3t}$

7. $x_1(t) = c_1 e^{-t} + 2c_2 e^{-2t} + 2c_3 e^{4t}$,

   $x_2(t) = -c_2 e^{-2t} + 5c_3 e^{4t}$,

   $x_3(t) = -c_1 e^{-t} + 3c_2 e^{-2t} + 3c_3 e^{4t}$

8. $x_1(t) = c_1 + c_3 e^{2t}$,

   $x_2(t) = c_2 e^{t}$,

   $x_3(t) = -c_1 - 2c_2 e^{t} + c_3 e^{2t}$

9. $x_1(t) = (c_1 + c_2 t)e^{-2t}$,

   $x_2(t) = (-c_1 + c_2 - c_2 t)e^{-2t}$

10. $x_1(t) = (c_1 + c_2 + c_2 t)e^{2t}$,

    $x_2(t) = (c_1 + c_2 t)e^{2t}$

11. $x_1(t) = c_1 + c_2 t$,

    $x_2(t) = 2c_1 - c_2 + 2c_2 t$

12. $x_1(t) = (c_1 - 0.2c_2 + c_2 t)e^{-t}$,

    $x_2(t) = -(c_1 + c_2 t)e^{-t}$

13. $x_1(t) = e^{4t}(c_1 \cos t + c_2 \sin t)$,

    $x_2(t) = e^{4t}\{(-2c_1 + c_2)\cos t - (c_1 + 2c_2)\sin t\}$

14. $x_1(t) = (c_1 + 2c_2)\cos 2t + (-2c_1 + c_2)\sin 2t$,

    $x_2(t) = -c_1 \cos 2t - c_2 \sin 2t$

15. $x_1(t) = e^{2t}\{(c_1 + c_2)\cos t + (-c_1 + c_2)\sin t\}$,

    $x_2(t) = e^{2t}\{-c_1 \cos t - c_2 \sin t\}$

16. $x_1(t) = e^{5t}\{(c_1 + 3c_2)\cos 3t,$
$+ (-3c_1 + c_2)\sin 3t\}$
$x_2(t) = e^{5t}\{-5c_1\cos 3t - 5c_2\sin 3t\}$

연습문제 6.4

1. $x_1 = c_1 e^{-t} + c_2 e^t - e^{2t},$
$x_2 = -c_1 e^{-t} + c_2 e^t$

2. $x_1 = c_1 e^{-2t} + c_2 e^{2t} + 2e^{-t},$
$x_2 = -3c_1 e^{-2t} + c_2 e^{2t} + e^{-t}$

3. $x_1 = c_1 e^{-2t} + 4c_2 e^t + 2t + 1,$
$x_2 = c_1 e^{-2t} + c_2 e^t + t$

4. $x_1 = c_1 e^t + 3c_2 e^{2t} - 2t - 3,$
$x_2 = -c_1 e^t - 2c_2 e^{2t} + 3t + 4$

5. $x_1 = c_1 e^{2t} + c_2 e^{-2t} + \cos t,$
$x_2 = c_1 e^{2t} - c_2 e^{-2t} + 2\sin t$

6. $x_1 = c_1 e^{2t} + c_2 e^{-2t} + \cos t - 2\sin t,$
$x_2 = c_1 e^{2t} - 3c_2 e^{-2t} + 2\cos t + \sin t$

연습문제 6.5

1. $x_1(t) = 1 + e^{-0.1t},$
$x_2(t) = 1 - e^{-0.1t}$

2. $x_1(t) = 1.6e^{-0.01t} - 0.6e^{-0.06t},$
$x_2(t) = 0.8e^{-0.01t} + 1.2e^{-0.06t}$

3. $i_1(t) = -10e^{-t} - 5e^{-4t} + 15,$
$i_2(t) = -20e^{-t} + 5e^{-4t} + 15$

4. $i_1(t) = -24e^{-t} - e^{-6t} + 25,$
$i_2(t) = -12e^{-t} + 2e^{-6t} + 10$

5. $i_1(t) = -6(t+1)e^{-2t} + 6,$
$i_2(t) = 6t e^{-2t}$

6. $i_1(t) = 6t e^{-6t},$
$i_2(t) = (-2 - 6t)e^{-6t} + 2$

참고문헌

[1] 서진헌 외 공역, *Kreyszig 공업수학*, 개정 10판, 상 하, 범한서적, 2014

[2] Erwin Kreyszig, *Advanced Engineering Mathematics*, 10th ed., John Wiley & Sons, Inc., 2014

[3] 고형종 외 공역, *공업수학I*, 개정4판, 텍스트북스, 2018

[4] Dennis G, Zill and Warren S. Wright, *Advanced Engineering Mathematics*, 6th ed., Jones and Bartlett Publishers, Inc., 2018

[5] Michael D. Greenberg, *Foundations of Applied Mathematics*, Prentice Hall, Inc., 1978

[6] 이상구 외, 최신공학수학 with Sage, 한빛아카데미, 2016

[7] 김우식 외 공역, *매트랩의 기초* (원저자: William J. Palm III), 교보문고, 2009

[8] 이준탁, *공업수학 - 기본 개념부터 응용까지*, 한빛미디어, 2010

[9] 수학교재편찬위원회 역, *미분적분학*, 5판, 청문각, 2008

[10] 송철기 외, *진동학 코어*, 제3판, 교보문고, 2021

[11] 송철기, 홍장표, 동역학 원리와 응용, 제4판, 교보문고, 2021

[12] J. P. Holman, *Heat Transfer*, Tower Press, 1976

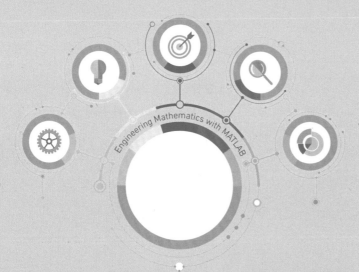

Engineering Mathematics with MATLAB

INDEX

Engineering Mathematics
with MATLAB

Engineering Mathematics
with MATLAB

Engineering Mathematics
with MATLAB